U0213181

刘小河 管萍 编著

先进控制理论

清华大学出版社

北京

内 容 简 介

本书主要阐述了目前在工程技术领域备受关注的先进控制理论分支，如最优控制、自适应控制、非线性控制初步、模糊控制、神经网络控制等。在分析各种控制理论各自特点的同时重点着眼于对它们的理解与应用，力求浅显易懂，避免深奥枯燥的纯理论证明与论述。突出实践应用，以实例给出各控制理论在工程领域的应用效果，以体现应用中最先进的理论与技术前沿。

本书可作为高等学校自动化、电气工程及其自动化等专业的教材，也可作为测控技术与仪器、机电一体化等相关专业的教学参考书。对从事控制工程领域研究、设计和开发的工程技术人员，本书也具有较好的参考价值。

本书封面贴有清华大学出版社防伪标签，无标签者不得销售。
版权所有，侵权必究。侵权举报电话：010-62782989　13701121933

图书在版编目（CIP）数据

先进控制理论/刘小河，管萍编著. —北京：清华大学出版社，2019
ISBN 978-7-302-52634-6

Ⅰ. ①先…　Ⅱ. ①刘… ②管…　Ⅲ. ①自动控制理论－高等学校－教材　Ⅳ. ①TP13

中国版本图书馆 CIP 数据核字(2019)第 047087 号

责任编辑：王一玲　赵　凯
封面设计：常雪影
责任校对：李建庄
责任印制：宋　林

出版发行：清华大学出版社
网　　址：http：//www. tup. com. cn，http：//www. wqbook. com
地　　址：北京清华大学学研大厦 A 座　　**邮　　编**：100084
社 总 机：010-62770175　　**邮　　购**：010-62786544
投稿与读者服务：010-62776969，c-service@tup. tsinghua. edu. cn
质量反馈：010-62772015，zhiliang@tup. tsinghua. edu. cn
课件下载：http：//www. tup. com. cn，010-62795954
印 刷 者：北京鑫丰华彩印有限公司
装 订 者：三河市溧源装订厂
经　　销：全国新华书店
开　　本：175mm×245mm　　**印　　张**：12.25　　**字　　数**：271 千字
版　　次：2019 年 7 月第 1 版　　**印　　次**：2019 年 7 月第 1 次印刷
定　　价：69.00 元

产品编号：057162-01

前 言

先进控制理论内容广泛，一般包含线性系统理论、最优控制、最优估计、系统辨识、自适应控制、非线性系统控制、神经元网络、模糊控制、专家系统与专家系统控制、大系统理论等多个学科分支，是现代控制理论在深度和广度上的拓展。其中多个学科分支不但在理论上涌现出新的方法和研究成果，而且在现代控制系统与控制工程中的应用呈现出蓬勃发展的特点。随着现代科学技术的发展，高技术机电一体化设备的广泛应用，以经典控制理论为基础的传统控制技术已经无法满足现代工程技术人员的需要，电气工程、控制工程、航空航天工程、化工及机械工程等领域的工程技术人员需要对先进控制理论及应用有一定的了解，因此需要对相关专业的大学生在知识结构上增加先进控制理论的基本内容。近年来，不但自动化专业已经把先进控制理论作为高年级的重要专业课之一，而且越来越多的电气工程及其自动化、机电控制、测控技术等专业的高年级大学生及相关学科的研究生开设了相关课程。本书就是在这样的背景下产生的。

本书是在作者数次进行先进控制理论课程教学实践的基础上，根据相关专业大学生学习和工程创新的需要编写的。本书共分 5 章，除第 1 章介绍状态变量法分析与最优控制等现代控制理论的基础知识外，其余各章重点介绍了先进控制理论中近年来得到较多应用的学科分支，包括自适应控制、非线性系统控制初步、模糊控制和神经网络控制等领域的基本理论和基本分析设计方法。本书在分析各种控制理论各自特点的同时，重点着眼于对它们的理解与应用，力求浅显易懂，避免深奥枯燥的纯理论证明与论述。突出实践应用，以实例给出各控制理论在工程领域的应用效果，引导读者灵活应用书中理论进一步实现自己的应用目标。

本书具有如下特点：

(1) 注重理论体系的完整性，注意基本概念和基本方法的介绍，内容突出重点，力求深入浅出，易于理解。通过合适的例题引入概念或帮助学生掌握主要分析和设计方法。

(2) 言简意赅，尽量以简洁的语言介绍各先进控制理论的发展过程、目前的研究状况、存在的主要问题、学科前沿、发展趋势以及应用概况。

(3) 注重联系实际，突出实践应用，并在相关章节介绍了包括作者在内的相关领域专家的研究成果及应用实例，以体现先进理论的前沿应用方法。

先进控制理论各个学科分支内容广泛，研究深入，常常应用现代数学工具论证相关结论。为了减少学生学习的难度，本书尽量采用比较浅显的表述方式来说明问题。对于某些定理(例如李雅普诺夫稳定性定理和极小值原理)及控制方法省略了证明或论证过程，主要通过例子理解定理相关条件的意义及应用条件。对相关理论感兴趣的读者可以参阅书末给出的参考文献，以获得更为系统、深入的知识。如果学生学习过现代控制理论的课程，教师在讲授中对第1章中的前两节可以略过或简要复习。全书内容可供2学分32学时的课程讲授。每章后的习题供教师选用，教师也可根据实际工程提炼出相关问题，采用相关理论的主要方法进行仿真作为大作业，这样的方式有助于帮助学生理解先进控制理论的各种方法的核心知识。

本书主要面向高等学校自动化专业的高年级学生，兼顾电气工程及其自动化、机电控制、测控技术等专业高年级大学生的学习需要，为他们提供合适的先进控制理论的教材，使他们全面了解、掌握当前在工程应用中成功或颇具前景的控制方法。对于需要先进控制理论知识的相关学科(例如电气工程学科、机械工程学科、测试技术学科及航空航天工程学科等)专业的研究生，本书也可以作为简明的入门参考书，为进一步掌握先进控制理论和方法提供基础。

本书由刘小河教授、管萍副教授编著。刘小河教授负责起草本书编写大纲，制定编写体例，并编写第1章至第3章，管萍副教授编写第4章和第5章。全书由刘小河统稿。在编写过程中，作者参阅了多部相关参考文献，引用了一些研究成果，同时也参考了作者及其学科团队成员以前编写的相关专著，参考了团队相关教师的研究成果。在此向相关文献作者及作者所在团队的相关教师表示衷心的感谢。

本书的出版得到北京市教学名师专项资金的资助，在此向北京市教委表示由衷的感谢。

在本书的立项、编写和出版过程中，得到了清华大学出版社的指导和大力支持，在此表示诚挚的感谢。

限于作者的能力和水平，书中谬误之处在所难免，恳请各位专家、学者及读者给予批评指正。

作　者

2019年4月

目录

第1章

状态空间方法基础与最优控制

在经典控制理论中，通常采用输入输出描述法，即用微分方程或传递函数作为描述系统动态特性的数学模型。一般地说，输入输出描述是对系统的一种不完全的描述。

在现代控制理论中，主要采用状态空间表达式作为系统的数学模型。状态空间描述法是以系统内部状态变量为基础的描述方法，也称内部法。它既表征了输入和输出对于系统内部状态的因果关系，又反映了内部状态和输入对外部输出的影响，状态空间表达式是对系统的一种完全描述。

状态空间方法将对系统的分析与综合直接置于时域中进行，既可适用于单输入单输出系统，也可适用于多输入多输出系统，大大扩展了处理问题的领域。更为重要的是，在状态空间描述的基础上引入的可控性和可观测性的概念，使得现代控制理论建立在非常严格的理论基础之上，形成了与传统控制理论完全不同的一整套分析方法。

现代控制理论的描述是基于系统的“状态”，输入控制系统状态，系统状态影响系统输出，控制结果的变化可看成系统状态的转移。在状态空间里这种转移路径是无限多的，这就为寻求最优控制提供了空间，为按某种定义前提下选择最优的路径(或时间最短，花费最省，能量消耗最小等)提供了可能。

本章简要介绍控制系统的状态变量分析与设计的基础知识，在此基础上概要介绍最优控制的主要内容。

1.1 控制系统的状态变量描述及求解

1.1.1 控制系统的状态变量描述

一个系统的动态行为由系统的一组合适的变量随时间的变化过程来描述，通常，可以把系统的数学描述区分为“外部描述”和“内部描述”两种基本类型。

系统的外部描述通常称为输入输出描述，其特点是涉及的变量总是物理上可以测量的，对于集中参数的单输入单输出(SISO)系统，其数学描述通常为一个单变量高阶常微分方程。一般地，典型单输入单输出线性控制系统的微分方程可以表示为

$$a_n \frac{d^n y}{dt^n} + a_{n-1} \frac{d^{n-1} y}{dt^{n-1}} + \cdots + a_1 \frac{dy}{dt} + a_0 y = b_m \frac{d^m u}{dt^m} + b_{m-1} \frac{d^{m-1} u}{dt^{m-1}} + \cdots + b_1 \frac{du}{dt} + b_0 u \tag{1-1}$$

其中，y 为系统输出信号；u 为系统输出信号。或者采用传递函数描述

$$\Phi(s) = \frac{b_m s^m + b_{m-1} s^{m-1} + \cdots + b_1 s + b_0}{a_n s^n + a_{n-1} s^{n-1} + \cdots + a_1 s + a_0} \tag{1-2}$$

但对于非线性系统，由于叠加定理不再有效，基于传递函数的描述方式对非线性系统不再适用，只能采用常微分方程来描述系统，此时系统的数学描述可以写为

$$\frac{d^n y}{dt^n} + f\left(\frac{d^{n-1} y}{dt^{n-1}}, \frac{d^{n-2} y}{dt^{n-2}}, \cdots, \frac{dy}{dt}, y, \frac{d^m u}{dt^m}, \frac{d^{m-1} u}{dt^{m-1}}, \cdots, \frac{du}{dt}, u\right) = 0 \tag{1-3}$$

对于多输入多输出(MIMO)的高阶系统，一般多采用内部描述的方式。

状态变量描述是系统的内部描述的基本形式，对于多输入多输出控制系统来说，状态变量法是最重要的分析方法之一。事实上，控制系统的许多重要性质，只有通过状态变量的概念才能准确描述。其次，在求状态方程的数值解时，可以利用已有丰富的数值算法，适合计算机求解。

所谓状态变量，就是系统中一组独立的、最少且充分的动态变量，当已知状态变量及系统输入时，系统所有变量的变化规律都可以用纯代数的方式得到。但是，状态变量之间的关系只能通过微分方程组来联系。关于状态变量的联立的一阶微分方程组称为状态方程。

应当注意，在状态方程中，每一式的左端要求表示成为状态变量的一阶导数，而右端要表示成为状态变量及输入的函数。

需要说明的是，一个系统可以有多组可以选择的状态变量，这些不同组的状态变量相互之间是线性相关的。

对于非线性系统，采用状态变量的数学描述一般可以写为

$$\begin{cases} \dfrac{d\boldsymbol{x}}{dt} = \boldsymbol{f}(\boldsymbol{x}, \boldsymbol{u}, t) \\ \boldsymbol{y}(t) = \boldsymbol{h}(\boldsymbol{x}, \boldsymbol{u}, t) \end{cases} \tag{1-4}$$

式中第一式称为系统的状态方程，第二式称为系统的输出方程。其中，$\boldsymbol{x}\in R^n$ 为状态向量；$\boldsymbol{u}\in R^m$ 为输入向量；$\boldsymbol{y}\in R^p$ 为输出向量；$t\in R$ 为时间变量；$\boldsymbol{f}(\cdot)\in R^n$ 为 n 维向量函数；$\boldsymbol{h}(\cdot)\in R^p$ 为 p 维向量函数。如果式(1-4)右端函数不显含 t，则称为自治系统，否则称为非自治系统。对于非线性系统，自治系统的分析要比非自治系统的分析容易得多。

对于线性系统，其状态变量的数学描述一般为

$$\begin{cases}\dfrac{\mathrm{d}\boldsymbol{x}}{\mathrm{d}t}=\boldsymbol{A}(t)\boldsymbol{x}(t)+\boldsymbol{B}(t)\boldsymbol{u}(t)\\ \boldsymbol{y}(t)=\boldsymbol{C}(t)\boldsymbol{x}(t)+\boldsymbol{D}(t)\boldsymbol{u}(t)\end{cases}\tag{1-5}$$

式中，$\boldsymbol{u}\in R^m$，$\boldsymbol{x}\in R^n$，$\boldsymbol{y}\in R^p$，$\boldsymbol{A}(t)$，$\boldsymbol{B}(t)$，$\boldsymbol{C}(t)$，$\boldsymbol{D}(t)$分别称为 $n\times n$ 维状态矩阵，$n\times m$ 维输入(控制)矩阵，$p\times n$ 维输出矩阵和 $p\times m$ 维直接传递矩阵。其元素都是时间 t 的函数。如果这些矩阵的所有元素都是与 t 无关的常数，则称为线性时不变或线性定常系统。线性定常系统的状态空间描述可以写为

$$\begin{cases}\dot{\boldsymbol{x}}(t)=\boldsymbol{A}\boldsymbol{x}(t)+\boldsymbol{B}\boldsymbol{u}(t)\\ \boldsymbol{y}=\boldsymbol{C}\boldsymbol{x}(t)+\boldsymbol{D}\boldsymbol{u}(t)\end{cases}\tag{1-6}$$

在工程实际中，通常 $n>m$，且传递矩阵 $\boldsymbol{D}$ 常为零；时间变量 $\boldsymbol{u}(t)$、$\boldsymbol{x}(t)$和 $\boldsymbol{y}(t)$可以简写成 $\boldsymbol{u}$，$\boldsymbol{x}$ 和 $\boldsymbol{y}$，因此，线性定常系统可用 $\Sigma(\boldsymbol{A},\boldsymbol{B},\boldsymbol{C})$ 表示，也可简写成如下形式

$$\begin{cases}\dot{\boldsymbol{x}}=\boldsymbol{A}\boldsymbol{x}+\boldsymbol{B}\boldsymbol{u}\\ \boldsymbol{y}=\boldsymbol{C}\boldsymbol{x}\end{cases}\tag{1-7}$$

如果是单输入单输出线性定常系统，则 $\boldsymbol{B}$ 为 $n\times 1$ 维输入矩阵；$\boldsymbol{C}$ 为 $1\times n$ 维输出矩阵。

线性定常系统的数学特性相对简单，因此对线性定常系统的讨论结果更加完整。线性定常系统的分析也是进一步分析更复杂的控制系统的基础。对于线性定常系统式(1-6)、式(1-7)，$n\times n$ 维矩阵 $\boldsymbol{A}$ 的特征值定义为

$$|s\boldsymbol{I}-\boldsymbol{A}|=0\tag{1-8}$$

的根。$|s\boldsymbol{I}-\boldsymbol{A}|=0$ 称为系统的特征方程，$\boldsymbol{A}$ 的特征值也称为特征根。

根据矩阵 $\boldsymbol{A}$ 的特征值的不同类型，可以把状态方程化为不同的标准形式，下面分别讨论。

1. 对角线标准型

若系统矩阵 $\boldsymbol{A}$ 的特征值互异，则存在非奇异变换阵 $\boldsymbol{P}$，经过变换 $\boldsymbol{x}=\boldsymbol{P}\bar{\boldsymbol{x}}$，将系统变换为

$$\begin{cases}\dot{\bar{\boldsymbol{x}}}=\boldsymbol{P}^{-1}\boldsymbol{A}\boldsymbol{P}\,\bar{\boldsymbol{x}}+\boldsymbol{P}^{-1}\boldsymbol{B}\boldsymbol{u}=\bar{\boldsymbol{A}}\,\bar{\boldsymbol{x}}+\bar{\boldsymbol{B}}\boldsymbol{u}\\ \boldsymbol{y}=\bar{\boldsymbol{C}}\,\bar{\boldsymbol{x}}\end{cases}\tag{1-9}$$

式中

$$\bar{\boldsymbol{A}}=\boldsymbol{P}^{-1}\boldsymbol{A}\boldsymbol{P}=\begin{bmatrix}\lambda_1 & 0 & \cdots & 0\\ 0 & \lambda_2 & \cdots & 0\\ \vdots & \vdots & \ddots & \vdots\\ 0 & 0 & \cdots & \lambda_n\end{bmatrix}\tag{1-10}$$

$$\bar{\boldsymbol{B}} = \boldsymbol{P}^{-1}\boldsymbol{B} \tag{1-11}$$

$$\bar{\boldsymbol{C}} = \boldsymbol{CP} \tag{1-12}$$

$\lambda_1, \lambda_2, \cdots, \lambda_n$ 为矩阵 $\boldsymbol{A}$ 的相异特征值。

2. 约当标准型

若系统矩阵 $\boldsymbol{A}$ 有重特征值时，经线性变换，可将矩阵 $\boldsymbol{A}$ 化为约当标准型 $\boldsymbol{J}$。

$$\boldsymbol{J} = \boldsymbol{P}^{-1}\boldsymbol{AP} = \begin{bmatrix} \boldsymbol{J}_1 & & \boldsymbol{0} \\ & \ddots & \\ \boldsymbol{0} & & \boldsymbol{J}_l \end{bmatrix} \tag{1-13}$$

其中，$\boldsymbol{J}_i$ 为主对角线上元素为 m_i 重特征值 λ_i，次对角线上的元素均为 1，而其余为零的 m_i 阶约当块，即

$$\boldsymbol{J}_i = \begin{bmatrix} \lambda_i & 1 & \cdots & 0 \\ 0 & \lambda_i & \ddots & 0 \\ 0 & 0 & \ddots & 1 \\ 0 & 0 & \cdots & \lambda_i \end{bmatrix}_{m_i \times m_i} \tag{1-14}$$

所有约当块的阶数之和满足

$$m_1 + m_2 + \cdots + m_l = n \tag{1-15}$$

1.1.2 状态空间描述与传递函数阵的相互转换

1. 由状态空间表达式转换成传递函数阵

在工程设计中，一个系统通常要用多种方法分析。比如，把现代控制理论设计的系统用经典控制理论的方法进行分析或验证，而传递函数又是经典控制理论中主要的数学模型之一，这就提出了把状态空间模型转换成传递函数阵问题。对于 SISO 系统，传递函数阵就退化成传递函数。

状态空间表达式实际上是对 MIMO 系统的时域描述，而传递函数阵则是对系统的复频域描述，把时域的数学模型转换成复频域的数学模型，其基本方法是在零初始条件下求取拉普拉斯变换（简称拉氏变换）。因此，对式(1-6)在零初始条件下求取拉氏变换，则有传递函数阵描述

$$\boldsymbol{Y}(s) = \boldsymbol{G}(s)\boldsymbol{U}(s) = [\boldsymbol{C}(s\boldsymbol{I} - \boldsymbol{A})^{-1}\boldsymbol{B} + \boldsymbol{D}]\boldsymbol{U}(s) \tag{1-16}$$

例 1-1 已知 SISO 系统的状态空间表达式，试求其传递函数阵。

$$\begin{bmatrix} \dot{x}_1 \\ \dot{x}_2 \\ \dot{x}_3 \end{bmatrix} = \begin{bmatrix} 0 & 1 & 0 \\ 0 & 0 & 1 \\ -4 & -3 & -2 \end{bmatrix} \begin{bmatrix} x_1 \\ x_2 \\ x_3 \end{bmatrix} + \begin{bmatrix} 1 \\ 3 \\ -6 \end{bmatrix} u$$

$$y = \begin{bmatrix} 1 & 0 & 0 \end{bmatrix} \begin{bmatrix} x_1 \\ x_2 \\ x_3 \end{bmatrix}$$

解：显然此系统中 $\boldsymbol{D}=\boldsymbol{0}$，根据式(1-16)，可得

$$\boldsymbol{G}(s)=\boldsymbol{C}(s\boldsymbol{I}-\boldsymbol{A})^{-1}\boldsymbol{B}=\boldsymbol{C}\frac{(s\boldsymbol{I}-\boldsymbol{A})^{*}}{|s\boldsymbol{I}-\boldsymbol{A}|}\boldsymbol{B}$$

$$=\begin{bmatrix}1 & 0 & 0\end{bmatrix}\frac{\begin{bmatrix}s & -1 & 0\\ 0 & s & -1\\ 4 & 3 & s+2\end{bmatrix}^{*}}{\begin{vmatrix}s & -1 & 0\\ 0 & s & -1\\ 4 & 3 & s+2\end{vmatrix}}\begin{bmatrix}1\\ 3\\ -6\end{bmatrix}$$

$$=\frac{\begin{bmatrix}(s^2+2s+3) & s+2 & 1\end{bmatrix}\begin{bmatrix}1 & 3 & -6\end{bmatrix}^{\mathrm{T}}}{s^3+2s^2+3s+4}$$

$$=\frac{s^2+5s+3}{s^3+2s^2+3s+4}$$

□

例 1-2 已知 MIMO 系统的状态空间表达式如下，试求其传递函数阵。

$$\begin{bmatrix}\dot{x}_1\\ \dot{x}_2\\ \dot{x}_3\end{bmatrix}=\begin{bmatrix}0 & 1 & 0\\ 0 & 0 & 1\\ -6 & -11 & -6\end{bmatrix}\begin{bmatrix}x_1\\ x_2\\ x_3\end{bmatrix}+\begin{bmatrix}1 & 0\\ 2 & -1\\ 0 & 2\end{bmatrix}\begin{bmatrix}u_1\\ u_2\end{bmatrix}$$

$$\begin{bmatrix}y_1\\ y_2\end{bmatrix}=\begin{bmatrix}1 & -1 & 0\\ 2 & 1 & -1\end{bmatrix}\begin{bmatrix}x_1\\ x_2\\ x_3\end{bmatrix}$$

解：根据式(1-16)，可得

$$\boldsymbol{G}(s)=\boldsymbol{C}(s\boldsymbol{I}-\boldsymbol{A})^{-1}\boldsymbol{B}=\boldsymbol{C}\frac{(s\boldsymbol{I}-\boldsymbol{A})^{*}}{|s\boldsymbol{I}-\boldsymbol{A}|}\boldsymbol{B}$$

$$=\begin{bmatrix}1 & -1 & 0\\ 2 & 1 & -1\end{bmatrix}\frac{\begin{bmatrix}s & -1 & 0\\ 0 & s & -1\\ 6 & 11 & s+6\end{bmatrix}^{*}}{\begin{vmatrix}s & -1 & 0\\ 0 & s & -1\\ 6 & 11 & s+6\end{vmatrix}}\begin{bmatrix}1 & 0\\ 2 & -1\\ 0 & 2\end{bmatrix}$$

即有

$$\boldsymbol{G}(s)=\frac{1}{s^3+6s^2+11s+6}\begin{bmatrix}1 & -1 & 0\\ 2 & 1 & -1\end{bmatrix}\begin{bmatrix}s^2+6s+11 & s+6 & 1\\ -6 & s(s+6) & s\\ -6s & -11s-6 & s^2\end{bmatrix}\begin{bmatrix}1 & 0\\ 2 & -1\\ 0 & 2\end{bmatrix}$$

$$=\frac{1}{s^3+6s^2+11s+6}\begin{bmatrix}-s^2-4s+29 & s^2+3s-4\\ 4s^2+56s+52 & -3s^2-17s-14\end{bmatrix}=\begin{bmatrix}g_{11} & g_{12}\\ g_{21} & g_{22}\end{bmatrix}$$

式中，该系统的传递函数矩阵包括四个元素，它们均是 s 的有理真分式，即 g_{11}，g_{12}，g_{21}，g_{22}，它们代表 MIMO 系统的子系统的传递函数，如图 1-1 所示。

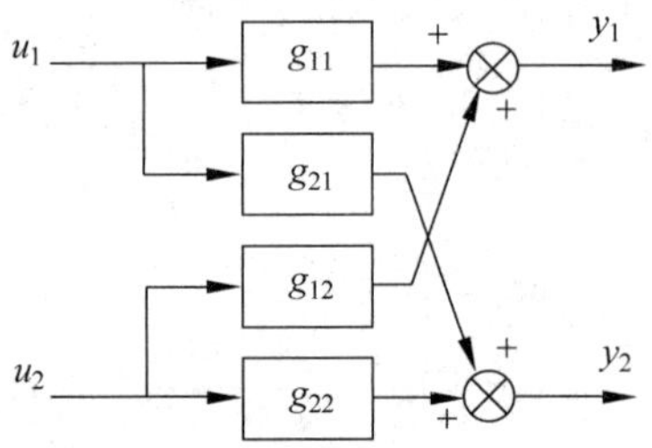

图 1-1　多输入多输出系统示意图

该系统的传递函数矩阵还可以写成

$$\boldsymbol{G}(s)=\frac{\begin{bmatrix}-1 & 1\\ 4 & -3\end{bmatrix}s^2+\begin{bmatrix}-4 & 3\\ 56 & -17\end{bmatrix}s+\begin{bmatrix}29 & -4\\ 52 & -14\end{bmatrix}}{s^3+6s^2+11s+6}$$ □

显然，MIMO 系统的这种表述形式和 SISO 系统的传递函数相类似，其区别仅在于分子多项式的系数是 $p\times m$ 矩阵，而不是标量。

2. 由传递函数转换为状态变量描述

由系统的传递函数转换为状态空间描述，被称为系统的实现问题，这是控制工程中的一个基本问题。对于机理复杂的系统，往往难于直接建立状态变量模型，这时可采用实验建模的方式，先建立传递函数描述的输入输出模型，再将其转换为状态空间的描述方式。本小节仅以单输入单输出系统的传递函数转换为状态方程为例，介绍两种基本转换方法。

1）直接转换法

设单输入单输出系统传递函数为

$$G(s)=\frac{Y(s)}{U(s)}=\frac{b_m s^m+b_{m-1}s^{m-1}+\cdots+b_1 s+b_0}{s^n+a_{n-1}s^{n-1}+\cdots+a_1 s+a_0} \tag{1-17}$$

设 $n\geqslant m$，将 $G(s)$ 记为 $G(s)=\dfrac{Y(s)}{\bar{X}(s)}\cdot\dfrac{\bar{X}(s)}{U(s)}$，其中

$$\frac{Y(s)}{\bar{X}(s)}=b_m s^m+b_{m-1}s^{m-1}+\cdots+b_1 s+b_0$$

$$\frac{\bar{X}(s)}{U(s)}=\frac{1}{s^n+a_{n-1}s^{n-1}+\cdots+a_1 s+a_0}$$

将上述两式转换为时域形式有

$$y(t)=b_m\frac{\mathrm{d}^m\bar{x}}{\mathrm{d}t^m}+b_{m-1}\frac{\mathrm{d}^{m-1}\bar{x}}{\mathrm{d}t^{m-1}}+\cdots+b_1\frac{\mathrm{d}\bar{x}}{\mathrm{d}t}+b_0\bar{x}$$

$$\frac{\mathrm{d}^n\bar{x}}{\mathrm{d}t^n}+a_{n-1}\frac{\mathrm{d}^{n-1}\bar{x}}{\mathrm{d}t^{n-1}}+\cdots+a_1\frac{\mathrm{d}\bar{x}}{\mathrm{d}t}+a_0\bar{x}=u(t)$$

令 $x_1=\bar{x}$，$x_2=\dfrac{\mathrm{d}\bar{x}}{\mathrm{d}t}$，$\cdots$，$x_n=\dfrac{\mathrm{d}^{n-1}\bar{x}}{\mathrm{d}t^{n-1}}$，$\boldsymbol{x}=[x_1\quad x_2\quad\cdots\quad x_n]^{\mathrm{T}}$，则有

$$\begin{cases}\dfrac{\mathrm{d}x}{\mathrm{d}t}=\begin{bmatrix}0 & 1 & 0 & \cdots & 0\\ 0 & 0 & 1 & \cdots & 0\\ \vdots & & & & \vdots\\ 0 & 0 & & \cdots & 1\\ -a_0 & -a_1 & -a_2 & \cdots & -a_{n-1}\end{bmatrix}\boldsymbol{x}+\begin{bmatrix}0\\0\\\vdots\\0\\1\end{bmatrix}u\\ y=[b_0 \quad b_1 \quad \cdots \quad b_m \quad 0 \quad \cdots \quad 0]\boldsymbol{x}\end{cases} \tag{1-18}$$

式(1-18)所表示的状态方程描述称为可控标准型。后面还要对此进行进一步讨论。

2）极点分解法

设传递函数式(1-17)为真有理分式，且所有极点各不相同时，应用部分分式分解可以将传递函数展开为

$$G(s)=\frac{Y(s)}{U(s)}=\sum_{i=1}^{n}\frac{k_i}{s-\lambda_i}$$

或

$$Y(s)=\sum_{i=1}^{n}\frac{k_i}{s-\lambda_i}U(s)=\sum_{i=1}^{n}k_iX_i$$

其中 $X_i(s)=\dfrac{U(s)}{s-\lambda_i}$。转换为时域形式有

$$\frac{\mathrm{d}x_i}{\mathrm{d}t}=\lambda_i x_i+u \quad (i=1,2,\cdots,n)$$

$$y(t)=\sum_{i=1}^{n}k_i x_i(t)$$

整理为矩阵形式

$$\begin{cases}\dfrac{\mathrm{d}\boldsymbol{x}}{\mathrm{d}t}=\begin{bmatrix}\lambda_1 & & & \\ & \lambda_2 & & \\ & & \ddots & \\ & & & \lambda_n\end{bmatrix}\boldsymbol{x}+\begin{bmatrix}1\\1\\\vdots\\1\end{bmatrix}u\\ y(t)=[k_1 \quad k_2 \quad \cdots \quad k_n]\boldsymbol{x}\end{cases} \tag{1-19}$$

此种状态方程称为对角线规范型。如果传递函数具有重极点，不妨设 λ_1 为二重根，而其余的极点均为单根，则传递函数可以展开为

$$G(s)=\frac{Y(s)}{U(s)}=\frac{k_{11}}{(s-\lambda_1)^2}+\frac{k_{12}}{s-\lambda_1}+\sum_{i=3}^{n}\frac{k_i}{s-\lambda_i}=\frac{1}{s-\lambda_1}\left(k_{11}+\frac{k_{12}}{s-\lambda_1}\right)+\sum_{i=3}^{n}\frac{k_i}{s-\lambda_i}$$

根据前述分析，可以写出时域表达式为

$$\frac{\mathrm{d}x_1}{\mathrm{d}t}=\lambda_1 x_1+x_2, \quad \frac{\mathrm{d}x_2}{\mathrm{d}t}=\lambda_1 x_2+u$$

$$\frac{\mathrm{d}x_i}{\mathrm{d}t}=\lambda_i x_i+u \quad (i=3,\cdots,n)$$

$$y(t)=k_{11}x_1+k_{12}x_2+\sum_{i=3}^{n}k_i x_i(t)$$

整理为矩阵形式

$$\begin{cases}\dfrac{\mathrm{d}\boldsymbol{x}}{\mathrm{d}t}=\begin{bmatrix}\lambda_1 & 1 & 0 & \cdots & 0\\ 0 & \lambda_1 & 0 & \cdots & 0\\ 0 & 0 & \lambda_3 & & 0\\ \vdots & & & \ddots & \vdots\\ 0 & 0 & \cdots & 0 & \lambda_n\end{bmatrix}\boldsymbol{x}+\begin{bmatrix}1\\ 1\\ \vdots\\ 1\end{bmatrix}u \\ y(t)=[k_{11}\quad k_{12}\quad k_3\quad \cdots\quad k_n]\boldsymbol{x}\end{cases} \tag{1-20}$$

这种状态方程描述方式称为约当标准型。约当标准型在系统分析与综合中得到广泛的应用。

1.1.3 线性定常连续系统状态方程的求解

1. 齐次状态方程的求解

考虑线性定常系统

$$\begin{cases}\dot{\boldsymbol{x}}(t)=\boldsymbol{A}\boldsymbol{x}(t)+\boldsymbol{B}\boldsymbol{u}(t)\\ \boldsymbol{x}(t_0)=\boldsymbol{x}_0\end{cases}\quad t\geqslant t_0 \tag{1-21}$$

式中，$\boldsymbol{x}(t)\in R^n$，$\boldsymbol{u}(t)\in R^m$。

考虑仅由初始状态引起的自由运动，即 $\boldsymbol{u}(t)\equiv\boldsymbol{0}$，则上式变为

$$\begin{cases}\dot{\boldsymbol{x}}(t)=\boldsymbol{A}\boldsymbol{x}(t)\\ \boldsymbol{x}(t_0)=x_0\end{cases}\quad t\geqslant t_0 \tag{1-22}$$

式(1-22)即为齐次状态方程。为求解齐次状态方程，首先考察标量齐次微分方程

$$\begin{cases}\dot{x}(t)=ax(t)\\ x(t_0)=x_0\end{cases}\quad t\geqslant t_0$$

式中，$x(t)\in R$。上式的解答为

$$x(t)=\mathrm{e}^{-a(t-t_0)}x_0$$

对比向量齐次微分方程，可以很自然地设想其解答具有

$$\boldsymbol{x}(t)=\mathrm{e}^{\boldsymbol{A}(t-t_0)}\boldsymbol{x}_0$$

的形式，其中 $\mathrm{e}^{\boldsymbol{A}t}$ 称为矩阵指数函数。这里需要对矩阵指数函数进行定义，使其具有一些特定的性质并满足齐次状态方程式(1-22)，从而得到齐次状态方程的解答。

定义矩阵指数函数为

$$\mathrm{e}^{\boldsymbol{A}t}=\boldsymbol{I}+\boldsymbol{A}t+\frac{1}{2!}\boldsymbol{A}^2t^2+\frac{1}{3!}\boldsymbol{A}^3t^3+\cdots==\sum_{k=0}^{\infty}\frac{1}{k!}\boldsymbol{A}^kt^k \tag{1-23}$$

由定义可见，$\mathrm{e}^{\boldsymbol{A}t}$ 也是 n 阶方阵。矩阵指数函数 $\mathrm{e}^{\boldsymbol{A}t}$ 也称为系统的状态转移矩阵，记为$\boldsymbol{\Phi}(t)=\mathrm{e}^{\boldsymbol{A}t}$。矩阵指数函数具有如下性质：

(1) $\boldsymbol{\Phi}(0)=\boldsymbol{I}$；

(2) $\mathrm{e}^{\boldsymbol{A}t}$ 总是非奇异的，且其逆为$(\mathrm{e}^{\boldsymbol{A}t})^{-1}=\mathrm{e}^{-\boldsymbol{A}t}$，即$\boldsymbol{\Phi}^{-1}(t)=\boldsymbol{\Phi}(-t)$。

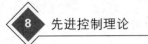

(3) 对 $n\times n$ 阶常数矩阵 $\boldsymbol{A},\boldsymbol{B}$，若满足交换律，即 $\boldsymbol{AB}=\boldsymbol{BA}$，则有

$$\mathrm{e}^{(\boldsymbol{A}+\boldsymbol{B})t}=\mathrm{e}^{\boldsymbol{A}t}\cdot\mathrm{e}^{\boldsymbol{B}t}=\mathrm{e}^{\boldsymbol{B}t}\cdot\mathrm{e}^{\boldsymbol{A}t}$$

(4) 对于给定方阵 $\boldsymbol{A}$，有 $(\mathrm{e}^{\boldsymbol{A}t})^k=\mathrm{e}^{k\boldsymbol{A}t}$，即 $[\boldsymbol{\Phi}(t)]^k=\boldsymbol{\Phi}(kt)$。

(5) $\mathrm{e}^{\boldsymbol{A}t}$ 对 t 的导数为 $\dfrac{\mathrm{d}}{\mathrm{d}t}\mathrm{e}^{\boldsymbol{A}t}=\boldsymbol{A}\mathrm{e}^{\boldsymbol{A}t}=\mathrm{e}^{\boldsymbol{A}t}\boldsymbol{A}$，即 $\dot{\boldsymbol{\Phi}}(t)=\boldsymbol{A\Phi}(t)$。

由性质(5)可见，矩阵指数函数满足齐次状态方程，现进一步写出状态方程的解答形式。

对方程式(1-22)第一式两端进行拉氏变换，则有

$$s\boldsymbol{X}(s)-\boldsymbol{x}(0)=\boldsymbol{AX}(s)$$
$$\boldsymbol{X}(s)=(s\boldsymbol{I}-\boldsymbol{A})^{-1}\boldsymbol{x}(0)$$

故

$$\boldsymbol{x}(t)=\mathcal{L}^{-1}[(s\boldsymbol{I}-\boldsymbol{A})^{-1}]\boldsymbol{x}(0)$$

注意

$$(s\boldsymbol{I}-\boldsymbol{A})^{-1}=\frac{1}{s}+\frac{\boldsymbol{A}}{s^2}+\frac{\boldsymbol{A}^2}{s^3}+\cdots$$

所以 $[(s\boldsymbol{I}-\boldsymbol{A})^{-1}]$ 的拉氏反变换为

$$\mathcal{L}^{-1}[(s\boldsymbol{I}-\boldsymbol{A})^{-1}]=\boldsymbol{I}+\boldsymbol{A}t+\frac{\boldsymbol{A}^2t^2}{2!}+\frac{\boldsymbol{A}^3t^3}{3!}+\cdots=\mathrm{e}^{\boldsymbol{A}t}$$

故有

$$\boldsymbol{x}(t)=\mathrm{e}^{\boldsymbol{A}t}\boldsymbol{x}(0)\quad t\geqslant 0$$

注意到 $\boldsymbol{x}_0=\boldsymbol{x}(t_0)=\mathrm{e}^{\boldsymbol{A}t_0}\boldsymbol{x}(0)$，故 $\boldsymbol{x}(0)=(\mathrm{e}^{\boldsymbol{A}t_0})^{-1}\boldsymbol{x}_0=\mathrm{e}^{-\boldsymbol{A}t_0}\boldsymbol{x}_0$，因此齐次状态方程式(1-22)的解答可以写为

$$\boldsymbol{x}(t)=\mathrm{e}^{\boldsymbol{A}(t-t_0)}\boldsymbol{x}_0\quad t\geqslant t_0 \tag{1-24}$$

例 1-3 已知 $\boldsymbol{\Phi}(t)=\begin{bmatrix}2\mathrm{e}^{-t}-\mathrm{e}^{-2t} & 2(\mathrm{e}^{-2t}-\mathrm{e}^{-t})\\ \mathrm{e}^{-t}-\mathrm{e}^{-2t} & 2\mathrm{e}^{-2t}-\mathrm{e}^{-t}\end{bmatrix}$，求系统矩阵 $\boldsymbol{A}$。

解：由状态转移矩阵的性质：$\dot{\boldsymbol{\Phi}}(t)=\boldsymbol{A\Phi}(t)$

令 $t=0$，$\boldsymbol{\Phi}(0)=\boldsymbol{I}$，从而有

$$\boldsymbol{A}=\dot{\boldsymbol{\Phi}}(t)\big|_{t=0}=\frac{\mathrm{d}}{\mathrm{d}t}\begin{bmatrix}2\mathrm{e}^{-t}-\mathrm{e}^{-2t} & 2(\mathrm{e}^{-2t}-\mathrm{e}^{-t})\\ \mathrm{e}^{-t}-\mathrm{e}^{-2t} & 2\mathrm{e}^{-2t}-\mathrm{e}^{-t}\end{bmatrix}\Bigg|_{t=0}$$

$$=\begin{bmatrix}-2\mathrm{e}^{-t}+2\mathrm{e}^{-2t} & 2(-2\mathrm{e}^{-2t}+\mathrm{e}^{-t})\\ -\mathrm{e}^{-t}+2\mathrm{e}^{-2t} & -4\mathrm{e}^{-2t}+\mathrm{e}^{-t}\end{bmatrix}\Bigg|_{t=0}=\begin{bmatrix}0 & -2\\ 1 & -3\end{bmatrix}$$

□

2. 非齐次状态方程的求解

现考虑非齐次状态方程

$$\begin{cases}\dot{\boldsymbol{x}}(t)=\boldsymbol{Ax}(t)+\boldsymbol{Bu}(t)\\ \boldsymbol{x}(t_0)=\boldsymbol{x}_0\end{cases}\quad t\geqslant t_0 \tag{1-25}$$

的求解。采用参数变易法来求解，设 $\boldsymbol{x}(t)=\mathrm{e}^{\boldsymbol{A}t}\boldsymbol{x}_1(t)$，则$\dot{\boldsymbol{x}}(t)=\mathrm{e}^{\boldsymbol{A}t}\dot{\boldsymbol{x}}_1(t)+\frac{\mathrm{d}}{\mathrm{d}t}(\mathrm{e}^{\boldsymbol{A}t})\boldsymbol{x}_1(t)$，代入状态方程整理有

$$\left[\frac{\mathrm{d}}{\mathrm{d}t}(\mathrm{e}^{\boldsymbol{A}t})-\boldsymbol{A}\mathrm{e}^{\boldsymbol{A}t}\right]\boldsymbol{x}_1(t)=-\mathrm{e}^{\boldsymbol{A}t}\dot{\boldsymbol{x}}_1(t)+\boldsymbol{B}\boldsymbol{u}(t)$$

由矩阵指数函数的性质可知上式左端为零，故有

$$\dot{\boldsymbol{x}}_1(t)=(\mathrm{e}^{\boldsymbol{A}t})^{-1}\boldsymbol{B}\boldsymbol{u}(t)=\mathrm{e}^{-\boldsymbol{A}t}\boldsymbol{B}\boldsymbol{u}(t)$$

上式两端积分求得

$$\boldsymbol{x}_1(t)=\boldsymbol{x}_1(t_0)+\int_{t_0}^{t}\mathrm{e}^{-\boldsymbol{A}\tau}\boldsymbol{B}\boldsymbol{u}(\tau)\mathrm{d}\tau \tag{1-26}$$

考虑到 $\boldsymbol{x}_1(t)=\mathrm{e}^{-\boldsymbol{A}t}\boldsymbol{x}(t)$，$\boldsymbol{x}_1(t_0)=\mathrm{e}^{-\boldsymbol{A}t_0}\boldsymbol{x}(t_0)=\mathrm{e}^{-\boldsymbol{A}t_0}\boldsymbol{x}_0$ 可得

$$\mathrm{e}^{-\boldsymbol{A}t}x(t)=\mathrm{e}^{-\boldsymbol{A}t_0}\boldsymbol{x}_0+\int_{t_0}^{t}\mathrm{e}^{-\boldsymbol{A}\tau}\boldsymbol{B}\boldsymbol{u}(\tau)\mathrm{d}\tau$$

上式两端同右乘 $\mathrm{e}^{\boldsymbol{A}t}$ 有

$$\boldsymbol{x}(t)=\mathrm{e}^{\boldsymbol{A}(t-t_0)}\boldsymbol{x}_0+\int_{t_0}^{t}\mathrm{e}^{\boldsymbol{A}(t-\tau)}\boldsymbol{B}\boldsymbol{u}(\tau)\mathrm{d}\tau \tag{1-27}$$

由式(1-27)可见，当初始条件 $\boldsymbol{x}_0=\boldsymbol{0}$ 时，状态方程的解答为 $\boldsymbol{x}(t)=\int_{t_0}^{t}\mathrm{e}^{\boldsymbol{A}(t-\tau)}\boldsymbol{B}\boldsymbol{u}(\tau)\mathrm{d}\tau$，称为零状态响应；当输入 $\boldsymbol{u}(t)\equiv\boldsymbol{0}$ 时，仅由初始条件 $\boldsymbol{x}_0$ 引起的响应为 $\boldsymbol{x}(t)=\mathrm{e}^{\boldsymbol{A}(t-t_0)}\boldsymbol{x}_0$，称为零输入响应。一般情况下，线性定常系统状态方程的解是零输入响应和零状态响应的叠加。

从式(1-27)可以看到，要得到线性定常系统状态方程的解答，关键是得到矩阵指数函数的具体表达式。下面讨论一些矩阵指数函数的求解方法。

3. 矩阵指数函数的求解方法

1）直接展开法

根据矩阵指数的定义直接计算

$$\mathrm{e}^{\boldsymbol{A}t}=\boldsymbol{I}+\boldsymbol{A}t+\frac{1}{2!}\boldsymbol{A}^2t^2+\frac{1}{3!}\boldsymbol{A}^3t^3+\cdots=\sum_{k=0}^{\infty}\frac{1}{k!}\boldsymbol{A}^kt^k$$

该方法具有步骤简单、易于编程的优点，适用于计算机求解。其缺点是计算结果是一个无穷级数，难以获得解析式，不适合手工计算。

例 1-4 已知 $\boldsymbol{A}=\begin{bmatrix}0&1\\0&2\end{bmatrix}$，求 $\mathrm{e}^{\boldsymbol{A}t}$。

解：由于

$$\boldsymbol{A}^2=\begin{bmatrix}0&2\\0&4\end{bmatrix},\quad \boldsymbol{A}^3=\begin{bmatrix}0&4\\0&8\end{bmatrix}$$

所以

$$\mathrm{e}^{\boldsymbol{A}t}=\boldsymbol{I}+\boldsymbol{A}t+\frac{1}{2!}\boldsymbol{A}^2t^2+\frac{1}{3!}\boldsymbol{A}^3t^3+\cdots$$

$$=\begin{bmatrix}1&0\\0&1\end{bmatrix}+\begin{bmatrix}0&1\\0&2\end{bmatrix}t+\frac{1}{2}\begin{bmatrix}0&2\\0&4\end{bmatrix}t^2+\frac{1}{3!}\begin{bmatrix}0&4\\0&8\end{bmatrix}t^3+\cdots$$

$$=\begin{bmatrix}1&t+t^2+\frac{2}{3}t^3+\cdots\\0&1+2t+2t^2+\frac{4}{3}t^3+\cdots\end{bmatrix}$$ □

2）拉氏变换法

根据 $e^{\boldsymbol{A}t}=\mathcal{L}^{-1}[(s\boldsymbol{I}-\boldsymbol{A})^{-1}]$，先求出矩阵 $(s\boldsymbol{I}-\boldsymbol{A})^{-1}$，求拉氏反变换便可求出 $e^{\boldsymbol{A}t}$。当 $\boldsymbol{A}$ 维数较高时，直接求逆比较困难。

例 1-5 已知 $\boldsymbol{A}=\begin{bmatrix}0&1\\0&2\end{bmatrix}$，求 $e^{\boldsymbol{A}t}$。

解：$(s\boldsymbol{I}-\boldsymbol{A})^{-1}=\begin{bmatrix}s&-1\\0&s-2\end{bmatrix}^{-1}=\frac{1}{s^2-2s}\begin{bmatrix}s-2&1\\0&s\end{bmatrix}$

$$e^{\boldsymbol{A}t}=\mathcal{L}^{-1}[(s\boldsymbol{I}-\boldsymbol{A})^{-1}]=\mathcal{L}^{-1}\begin{bmatrix}\frac{1}{s}&\frac{-\frac{1}{2}}{s}+\frac{\frac{1}{2}}{s-2}\\0&\frac{1}{s-2}\end{bmatrix}=\begin{bmatrix}1&\frac{1}{2}(e^{2t}-1)\\0&e^{2t}\end{bmatrix}$$ □

3）凯莱-哈密尔顿法

这种方法利用凯莱-哈密尔顿定理，将 $e^{\boldsymbol{A}t}$ 的无穷级数表为矩阵 $\boldsymbol{A}$ 的有限项之和进行计算，是一种常用的计算方法。

对给定 $n\times n$ 常数阵 $\boldsymbol{A}$，其特征多项式为

$$|s\boldsymbol{I}-\boldsymbol{A}|=s^n+a_1s^{n-1}+\cdots+a_{n-1}s+a_n \tag{1-28}$$

根据凯莱-哈密尔顿定理，矩阵 $\boldsymbol{A}$ 必满足其自身的特征方程，即

$$\boldsymbol{A}^n+a_1\boldsymbol{A}^{n-1}+\cdots+a_{n-1}\boldsymbol{A}+a_n\boldsymbol{I}=0 \tag{1-29}$$

这表明，$\boldsymbol{A}^n$ 可表为 $\boldsymbol{A}^{n-1},\boldsymbol{A}^{n-2},\cdots,\boldsymbol{A},\boldsymbol{I}$ 的线性组合，即

$$\boldsymbol{A}^n=-a_1\boldsymbol{A}^{n-1}-\cdots-a_{n-1}\boldsymbol{A}-a_n\boldsymbol{I}$$

而

$$\begin{aligned}\boldsymbol{A}^{n+1}&=\boldsymbol{A}\cdot\boldsymbol{A}^n=\boldsymbol{A}\cdot(-a_1\boldsymbol{A}^{n-1}-\cdots-a_{n-1}\boldsymbol{A}-a_n\boldsymbol{I})\\&=-a_1(-a_1\boldsymbol{A}^{n-1}-\cdots-a_{n-1}\boldsymbol{A}-a_n\boldsymbol{I})-a_2\boldsymbol{A}^{n-1}-\cdots-a_n\boldsymbol{A}^2-a_n\boldsymbol{A}\\&=(a_1^2-a_2)\boldsymbol{A}^{n-1}+\cdots+(a_1a_{n-1}-a_n)\boldsymbol{A}+a_1a_n\boldsymbol{I}\end{aligned}$$

上式表明，$\boldsymbol{A}^{n+1}$ 也可表为 $\boldsymbol{A}^{n-1},\boldsymbol{A}^{n-2},\cdots,\boldsymbol{A},\boldsymbol{I}$ 的线性组合，由此可归纳出 $\boldsymbol{A}^n,\boldsymbol{A}^{n+1},\boldsymbol{A}^{n+2},\cdots$ 都可表为 $\boldsymbol{A}^{n-1},\boldsymbol{A}^{n-2},\cdots,\boldsymbol{A},\boldsymbol{I}$ 的线性组合。为了利用凯莱-哈密尔顿定理求矩阵指数函数，还需要扩展矩阵函数的概念。

若标量函数 $f(\lambda)$ 可用收敛的幂级数表示为

$$f(\lambda)=\sum_{i=0}^{\infty}a_i\lambda^i$$

则称

$$f(\mathbf{A}) = \sum_{i=0}^{\infty} a_i \mathbf{A}^i \tag{1-30}$$

为矩阵的函数。由于 $e^{\lambda t} = \sum_{i=0}^{\infty} \frac{1}{i!}(\lambda t)^i$ 是上述 $f(\lambda)$ 的一个特定函数，故矩阵指数函数 $e^{\mathbf{A}t} = \sum_{i=0}^{\infty} \frac{1}{i!}(\mathbf{A}t)^i$ 是矩阵 $\mathbf{A}$ 的一个特定函数。

现在讨论如何通过比较简单的方式来计算 $e^{\mathbf{A}t}$。首先讨论多项式以获得处理的线索。设有两个多项式 $p_1(\lambda)$ 和 $p_2(\lambda)$，其中 $p_2(\lambda)$ 的阶次低于 $p_1(\lambda)$ 的阶次。两者相除

$$\frac{p_1(\lambda)}{p_2(\lambda)} = g(\lambda) + \frac{r(\lambda)}{p_2(\lambda)}$$

$r(\lambda)$ 的阶次应比 $p_2(\lambda)$ 低一阶。例如，当 $p_1(\lambda)=2+3\lambda+4\lambda^2+5\lambda^3+6\lambda^4$，$p_2(\lambda)=1+\lambda+\lambda^2$，则

$$\frac{p_1(\lambda)}{p_2(\lambda)} = 6\lambda^2 - \lambda - 1 + \frac{5\lambda+3}{\lambda^2+\lambda+1}$$

$r(\lambda)=3+5\lambda$，它正好比 $p_2(\lambda)$ 的阶次低一阶。上式又可以写为

$$p_1(\lambda) = g(\lambda)p_2(\lambda) + r(\lambda)$$

如果有一个关于 λ 的无穷收敛级数 $f(\lambda)$，类似上述讨论，可以将 $f(\lambda)$ 写为

$$f(\lambda) = g(\lambda)q(\lambda) + r(\lambda) \tag{1-31}$$

其中，$g(\lambda)$ 为一个无穷收敛级数，$q(\lambda)$ 和 $r(\lambda)$ 均为多项式，$r(\lambda)$ 比 $q(\lambda)$ 的阶次低一阶。设 $q(\lambda)$ 为方阵 $\mathbf{A}$ 的特征多项式，将上式 λ 用 $\mathbf{A}$ 替代后，由凯莱-哈密尔顿定理，$q(\mathbf{A})=0$，于是

$$f(\mathbf{A}) = r(\mathbf{A}) \tag{1-32}$$

其中，$r(\mathbf{A})$ 中矩阵 $\mathbf{A}$ 的最高方幂为 $\mathbf{A}^{n-1}$。根据以上讨论可以将矩阵指数函数写为

$$e^{\mathbf{A}t} = \alpha_0(t)\mathbf{I} + \alpha_1(t)\mathbf{A} + \alpha_2(t)\mathbf{A}^2 + \cdots + \alpha_{n-1}(t)\mathbf{A}^{n-1} \tag{1-33}$$

式中，$\alpha_i(t)$ 是待定时间函数，这样求 $e^{\mathbf{A}t}$ 的问题就转化为如何求 $\alpha_i(t)$ 的问题。下面按 $\mathbf{A}$ 的特征值形态分两种情况讨论。

(1) $\mathbf{A}$ 有 n 个互异特征值时

设 $\mathbf{A}$ 的特征值为 $\lambda_1,\lambda_2,\cdots,\lambda_n$，特征方程为

$$q(\lambda) = a_n(\lambda-\lambda_1)(\lambda-\lambda_2)\cdots(\lambda-\lambda_n)$$

令 $f(\lambda)=g(\lambda)q(\lambda)+r(\lambda)=e^{\lambda t}$ 则有

$$e^{\lambda t} = a_n g(\lambda)(\lambda-\lambda_1)(\lambda-\lambda_2)\cdots(\lambda-\lambda_n) + \sum_{k=0}^{n-1}\alpha_k\lambda^k \tag{1-34}$$

注意到 $\lambda=\lambda_i(i=1,2,\cdots,n)$ 时，$g(\lambda_i)q(\lambda_i)=0$，将 n 个特征值代入式(1-34)，得到 n 个独立方程

$$\begin{cases} e^{\lambda_1 t} = \alpha_0(t) + \alpha_1(t)\lambda_1 + \alpha_2(t)\lambda_1^2 + \cdots + \alpha_{n-1}(t)\lambda_1^{n-1} \\ e^{\lambda_2 t} = \alpha_0(t) + \alpha_1(t)\lambda_2 + \alpha_2(t)\lambda_2^2 + \cdots + \alpha_{n-1}(t)\lambda_2^{n-1} \\ \vdots \\ e^{\lambda_n t} = \alpha_0(t) + \alpha_1(t)\lambda_n + \alpha_2(t)\lambda_n^2 + \cdots + \alpha_{n-1}(t)\lambda_n^{n-1} \end{cases} \tag{1-35}$$

联立求解可以唯一确定 n 个待定系数 $\alpha_i(t)$，其解的形式为

$$\begin{bmatrix} \alpha_0(t) \\ \alpha_1(t) \\ \vdots \\ \alpha_{n-1}(t) \end{bmatrix} = \begin{bmatrix} 1 & \lambda_1 & \lambda_1^2 & \cdots & \lambda_1^{n-1} \\ 1 & \lambda_2 & \lambda_2^2 & \cdots & \lambda_2^{n-1} \\ \vdots & \vdots & \vdots & \ddots & \vdots \\ 1 & \lambda_n & \lambda_n^2 & \cdots & \lambda_n^{n-1} \end{bmatrix}^{-1} \begin{bmatrix} e^{\lambda_1 t} \\ e^{\lambda_2 t} \\ \vdots \\ e^{\lambda_n t} \end{bmatrix} \tag{1-36}$$

(2) A 有重特征值时

设 A 的 n 个特征值中，λ_1 为 m 重根，其余 $n-m$ 个根为互异特征值，即

$$\underbrace{\lambda_1, \lambda_1, \cdots, \lambda_1}_{m个}, \lambda_{m+1}, \lambda_{m+2}, \cdots, \lambda_n$$

将 $n-m$ 个单根代入式(1-34)后，得到 $n-m$ 个独立的方程如下

$$\begin{aligned} &e^{\lambda_i t} = \alpha_0(t) + \alpha_1(t)\lambda_i + \alpha_2(t)\lambda_i^2 + \cdots + \alpha_{n-1}(t)\lambda_i^{n-1} \\ &i = m+1, m+2, \cdots, n \end{aligned} \tag{1-37}$$

将 λ_1 代入方程后，得到下式

$$e^{\lambda_1 t} = \alpha_0(t) + \alpha_1(t)\lambda_1 + \alpha_2(t)\lambda_1^2 + \cdots + \alpha_{n-1}(t)\lambda_1^{n-1} \tag{1-38}$$

上式对 λ_1 求一次导数，得到一个方程，求 $m-1$ 次导数，便可得到 $m-1$ 个独立方程，将这 $m-1$ 个方程与式(1-37)、式(1-38)联立求解，即可求出 n 个待定系数 $\alpha_i(t)$。

设 $\boldsymbol{A}$ 的特征值中，λ_1 为三重根，λ_2 为二重根，其余为单根，则其解的表达形式为

$$\begin{bmatrix} \alpha_0(t) \\ \alpha_1(t) \\ \alpha_2(t) \\ \hdashline \alpha_3(t) \\ \alpha_4(t) \\ \hdashline \alpha_5(t) \\ \alpha_6(t) \\ \vdots \\ \alpha_{n-1}(t) \end{bmatrix} = \begin{bmatrix} 1 & \lambda_1 & \lambda_1^2 & \lambda_1^3 & \cdots & \lambda_1^{n-1} \\ 0 & 1 & 2\lambda_1 & 3\lambda_1^2 & \cdots & \dfrac{(n-1)}{1!}\lambda_1^{n-2} \\ 0 & 0 & 1 & 3\lambda_1 & \cdots & \dfrac{(n-1)(n-2)}{2!}\lambda_1^{n-3} \\ \hdashline 1 & \lambda_2 & \lambda_2^2 & \lambda_2^3 & \cdots & \lambda_2^{n-1} \\ 0 & 1 & 2\lambda_2 & 3\lambda_2^2 & \cdots & \dfrac{(n-1)}{1!}\lambda_2^{n-2} \\ \hdashline 1 & \lambda_3 & \lambda_3^2 & \lambda_3^3 & \cdots & \lambda_3^{n-1} \\ 1 & \lambda_4 & \lambda_4^2 & \lambda_4^3 & \cdots & \lambda_4^{n-1} \\ \vdots & \vdots & \vdots & \vdots & \ddots & \vdots \\ 1 & \lambda_{n-1} & \lambda_{n-3}^2 & \lambda_{n-3}^3 & \cdots & \lambda_{n-3}^{n-1} \end{bmatrix}^{-1} \begin{bmatrix} e^{\lambda_1 t} \\ \dfrac{1}{1!}te^{\lambda_1 t} \\ \dfrac{1}{2!}t^2 e^{\lambda_1 t} \\ \hdashline e^{\lambda_2 t} \\ \dfrac{1}{1!}te^{\lambda_2 t} \\ \hdashline e^{\lambda_3 t} \\ e^{\lambda_4 t} \\ \vdots \\ e^{\lambda_{n-3} t} \end{bmatrix}$$

例 1-6　已知 $\boldsymbol{A} = \begin{bmatrix} 0 & 1 \\ 0 & 2 \end{bmatrix}$，求 $e^{\boldsymbol{A}t}$。

解：$|\lambda \boldsymbol{I} - \boldsymbol{A}| = \lambda^2 - 2\lambda$，所以有 $\lambda_1 = 0, \lambda_2 = 2$。根据式(1-35)有

$$e^{0t} = \alpha_0(t) + \alpha_1(t) \cdot 0$$
$$e^{2t} = \alpha_0(t) + \alpha_1(t) \cdot 2$$

解之得

$$\alpha_0(t) = 1, \quad \alpha_1(t) = \frac{1}{2}(e^{2t} - 1)$$

$$e^{\boldsymbol{A}t}=\alpha_0(t)\boldsymbol{I}+\alpha_1(t)\boldsymbol{A}=\begin{bmatrix}1&0\\0&1\end{bmatrix}+\frac{1}{2}(e^{2t}-1)\begin{bmatrix}0&1\\0&2\end{bmatrix}=\begin{bmatrix}1&\frac{1}{2}(e^{2t}-1)\\0&e^{2t}\end{bmatrix}$$ □

例 1-7 已知 $\boldsymbol{A}=\begin{bmatrix}0&1&0\\0&0&1\\2&3&0\end{bmatrix}$，求 $e^{\boldsymbol{A}t}$。

解：$|\lambda\boldsymbol{I}-\boldsymbol{A}|=\begin{vmatrix}\lambda&-1&0\\0&\lambda&-1\\-2&-3&\lambda\end{vmatrix}=\lambda^3-3\lambda-2=(\lambda+1)^2(\lambda-2)$，所以有 $\lambda_1=2$，$\lambda_2=\lambda_3=-1$。则

$$e^{\lambda_1 t}=\alpha_0(t)+\alpha_1(t)\lambda_1+\alpha_2(t)\lambda_1^2$$
$$e^{\lambda_2 t}=\alpha_0(t)+\alpha_1(t)\lambda_2+\alpha_2(t)\lambda_2^2$$
$$te^{\lambda_2 t}=\alpha_1(t)+2\alpha_2(t)\lambda_2$$

代入 λ_1,λ_2，联立求解上三式，得

$$\begin{bmatrix}\alpha_0(t)\\\alpha_1(t)\\\alpha_2(t)\end{bmatrix}=\begin{bmatrix}1&2&4\\1&-1&1\\0&1&-2\end{bmatrix}^{-1}\begin{bmatrix}e^{2t}\\e^{-t}\\te^{-t}\end{bmatrix}=\frac{1}{9}\begin{bmatrix}e^{-2t}-8e^{-t}+6te^{-t}\\2e^{-2t}-2e^{-t}+3te^{-t}\\e^{-2t}-e^{-t}-3te^{-t}\end{bmatrix}$$

$$\begin{aligned}e^{\boldsymbol{A}t}&=\alpha_0(t)\boldsymbol{I}+\alpha_1(t)\boldsymbol{A}+\alpha_2(t)\boldsymbol{A}^2\\&=\frac{1}{9}(e^{-2t}-8e^{-t}+6te^{-t})\begin{bmatrix}1&0&0\\0&1&0\\0&0&1\end{bmatrix}+\frac{1}{9}(2e^{-2t}-2e^{-t}+3te^{-t})\begin{bmatrix}0&1&0\\0&0&1\\2&3&0\end{bmatrix}+\\&\quad\frac{1}{9}(e^{-2t}-e^{-t}-3te^{-t})\begin{bmatrix}0&1&0\\0&0&1\\2&3&0\end{bmatrix}\begin{bmatrix}0&1&0\\0&0&1\\2&3&0\end{bmatrix}\\&=\frac{1}{9}\begin{bmatrix}e^{-2t}+(8+6t)e^{-t}&2e^{-2t}+(-2+3t)e^{-t}&e^{-2t}-(1+3t)e^{-t}\\2e^{-2t}-(2+6t)e^{-t}&e^{-2t}+(5-3t)e^{-t}&2e^{-2t}+(-2+3t)e^{-t}\\4e^{-2t}+(-4+6t)e^{-t}&8e^{-2t}+(-8+3t)e^{-t}&4e^{-2t}+(5-3t)e^{-t}\end{bmatrix}\end{aligned}$$ □

最后给出一个完整的状态方程求解的例子。

例 1-8 已知系统的状态空间模型为

$$\dot{\boldsymbol{x}}=\begin{bmatrix}-1&0\\0&-2\end{bmatrix}\boldsymbol{x}+\begin{bmatrix}1\\1\end{bmatrix}u,\quad \boldsymbol{x}(0)=\begin{bmatrix}2\\3\end{bmatrix}$$
$$y=[1.5\quad 0.5]\boldsymbol{x}$$

求当(1)$u(t)=0$；(2)$u(t)=1(t)$时，系统的状态响应和输出响应。

解：首先求状态转移矩阵，由于 $\boldsymbol{A}$ 是对角形式，所以 $e^{\boldsymbol{A}t}=\begin{bmatrix}e^{-t}&0\\0&e^{-2t}\end{bmatrix}$

(1) 当 $u(t)=0$ 时

$$x(t)=e^{At}x_0=\begin{bmatrix}e^{-t} & \\ & e^{-2t}\end{bmatrix}\begin{bmatrix}2\\3\end{bmatrix}=\begin{bmatrix}2e^{-t}\\3e^{-2t}\end{bmatrix}$$

$$y(t)=[1.5\quad 0.5]x(t)=3e^{-t}+1.5e^{-2t}$$

（2）当 $u(t)=1(t)$ 时

$$\int_0^t e^{-A(t-\tau)}bu(\tau)d\tau=\begin{bmatrix}e^{-t}\int_0^t e^{\tau}d\tau\\ e^{-2t}\int_0^t e^{2\tau}d\tau\end{bmatrix}=\begin{bmatrix}1-e^{-t}\\ \frac{1}{2}(1-e^{-2t})\end{bmatrix}$$

$$x(t)=e^{At}x_0+\int_0^t e^{-A(t-\tau)}bu(\tau)d\tau=\begin{bmatrix}2e^{-t}\\3e^{-2t}\end{bmatrix}+\begin{bmatrix}1-e^{-t}\\ \frac{1}{2}(1-e^{-2t})\end{bmatrix}=\begin{bmatrix}1+e^{-t}\\ \frac{1}{2}(1+5e^{-2t})\end{bmatrix}$$

$$y(t)=[1.5\quad 0.5]x(t)=\frac{7}{4}+\frac{3}{2}e^{-t}+\frac{5}{4}e^{-2t}$$ □

1.2　线性系统的可控性和可观测性

1.2.1　可控性和可观测性的概念

可控性和可观测性是现代控制理论中两个重要的基本概念，是卡尔曼在1960年首先提出的。在现代控制理论中，分析和设计控制系统时，必须研究系统的可控性和可观测性。

1. 线性系统的可控性定义

状态的可控性是指系统的输入能否控制状态的变化。

设线性定常系统的状态方程为

$$\begin{cases}\dot{x}(t)=Ax(t)+Bu(t)\\ x(t_0)=x_0\end{cases}\quad t\geqslant t_0 \tag{1-39}$$

式中，$x(t)\in R^n$，$u(t)\in R^m$。对于系统式(1-39)，可控性定义如下：

（1）对于 $t_0\in J$ 时刻的初始状态 $x_0\neq 0$，存在 $t_1\in J$，$t_1>t_0$ 和容许控制 $u(t)$，使 $x(t_1)=0$，则称系统的状态 x_0 在 t_0 时刻是可控的；

（2）如果状态空间中的所有非零状态在 $t_0\in J$ 时刻为可控的，则称系统的状态在 t_0 时刻完全可控，简称系统完全可控，或系统可控；

（3）若状态空间中有一个或多个非零状态在 $t_0\in J$ 时刻是不可控状态，则称系统是不完全可控的。

2. 线性系统的可观测性定义

可观测性表征系统状态可由输出的完全反映性。对线性定常系统，设无外部作用时，系统方程为

$$\begin{cases}\dot{\boldsymbol{x}}(t)=\boldsymbol{A}\boldsymbol{x}(t) & t\in J\\ \boldsymbol{y}(t)=\boldsymbol{C}\boldsymbol{x}(t) & \boldsymbol{x}(t_0)=\boldsymbol{x}_0\end{cases}\tag{1-40}$$

对于式(1-40)描述的系统,可观测性定义如下:

(1) 若存在 $t_1\in J$,根据$[t_0,t_1]$上的 $\boldsymbol{y}(t)$的量测值,能够唯一地确定系统在 t_0 时刻的状态 $\boldsymbol{x}_0$,则称 $\boldsymbol{x}_0$ 在时刻 t_0 是可观测状态;

(2) 若根据$[t_0,t_1]$上的 $y(t)$的量测值,能够唯一地确定系统在 t_0 时刻的任意初始状态 $\boldsymbol{x}_0$,则称系统状态完全可观测,简称系统完全可观测;

(3) 若根据$[t_0,t_1]$上的 $\boldsymbol{y}(t)$的量测值,不能唯一地确定系统所有初始状态,则称系统状态不完全可观测,简称系统不完全可观测。

可观测性的概念非常重要,这是因为在实际问题中,常常会遇到某些状态变量不易测量的情形。而为利用状态反馈来构造控制信号,必须估计出不可测量的状态变量。

1.2.2 线性连续系统的可控性和可观测性判据

1. 线性定常系统的可控性判据

首先以单输入情形讨论线性定常系统的可控性条件。设线性定常系统的状态方程由式(1-39)描述,不失一般性,设初始时刻为 $t_0=0$,终止状态为状态空间原点。则系统式(1-39)的解为

$$\boldsymbol{x}(t)=\mathrm{e}^{\boldsymbol{A}t}\boldsymbol{x}(0)+\int_0^t \mathrm{e}^{\boldsymbol{A}(t-\tau)}\boldsymbol{B}\boldsymbol{u}(\tau)\mathrm{d}\tau$$

根据状态完全可控性定义得

$$\boldsymbol{x}(t_1)=\mathrm{e}^{\boldsymbol{A}t_1}\boldsymbol{x}(0)+\int_0^{t_1} \mathrm{e}^{\boldsymbol{A}(t-\tau)}\boldsymbol{B}\boldsymbol{u}(\tau)\mathrm{d}\tau=0$$

即

$$\boldsymbol{x}(0)=-\int_0^{t_1} \mathrm{e}^{-\boldsymbol{A}\tau}\boldsymbol{B}\boldsymbol{u}(\tau)\mathrm{d}\tau=0$$

由于 $\mathrm{e}^{\boldsymbol{A}\tau}=\sum_{k=0}^{n-1}\alpha_k(\tau)\boldsymbol{A}^k$,故 $\mathrm{e}^{-\boldsymbol{A}\tau}=\mathrm{e}^{\boldsymbol{A}(-\tau)}=\sum_{k=0}^{n-1}\alpha_k(-\tau)\boldsymbol{A}^k$。因此

$$\boldsymbol{x}(0)=-\sum_{k=0}^{n-1}\left[\boldsymbol{A}^k\boldsymbol{B}\int_0^{t_1}\alpha_k(-\tau)\boldsymbol{u}(\tau)\mathrm{d}\tau\right]$$

记 $\int_0^{t_1}\alpha_k(-\tau)\boldsymbol{u}(\tau)\mathrm{d}\tau=\boldsymbol{\beta}_k$,则

$$\boldsymbol{x}(0)=-\sum_{k=0}^{n-1}\boldsymbol{A}^k\boldsymbol{B}\boldsymbol{\beta}_k=-[\boldsymbol{B}\quad \boldsymbol{A}\boldsymbol{B}\quad\cdots\quad \boldsymbol{A}^{n-1}\boldsymbol{B}]\begin{bmatrix}\beta_0\\ \beta_1\\ \vdots\\ \beta_{n-1}\end{bmatrix}\tag{1-41}$$

如果系统是状态完全可控的,那么对于任一初始状态 $\boldsymbol{x}(0)$,式(1-41)均能满足。

这就要求矩阵 $\boldsymbol{Q}_c=[\boldsymbol{B}\quad \boldsymbol{AB}\quad \cdots\quad \boldsymbol{A}^{n-1}\boldsymbol{B}]_{n\times nm}$ 的秩为 n。$\boldsymbol{Q}_c$ 称为系统的可控性判别矩阵。

对于 $\boldsymbol{u}\in R^p$ 的多输入线性定常系统的可控性条件也可同样讨论，得到和式(1-41)类似的条件。此时可控性判别矩阵 $\boldsymbol{Q}_c=[\boldsymbol{B}\quad \boldsymbol{AB}\quad \cdots\quad \boldsymbol{A}^{n-1}\boldsymbol{B}]_{n\times np}$ 每个子矩阵单元 $\boldsymbol{B}$，$\boldsymbol{AB}$，$\cdots$，$\boldsymbol{A}^{n-1}\boldsymbol{B}$ 都是 n 行 p 列，共有 n 个子矩阵，$\boldsymbol{Q}_c$ 为 n 行 $n_p(n_p=n\times p)$ 列。

根据以上讨论可得到状态完全可控条件如下。

定理 1-1　由式(1-39)描述的线性定常系统完全可控的充分必要条件是

$$\operatorname{rank}\boldsymbol{Q}_c=\operatorname{rank}[\boldsymbol{B}\quad \boldsymbol{AB}\quad \cdots\quad \boldsymbol{A}^{n-1}\boldsymbol{B}]=n \tag{1-42}$$

例 1-9　两个蓄水池系统如图 1-2 所示。设两个蓄水池的横截面积分别为 S_1，S_2，液面高度为 h_1，h_2，平衡工作状态为 (Q_0,C_{10},C_{20})，离开平衡状态单位时间的流量为 Q，通过阀的流量为 C_1，阀和漏流量的阻抗为 R_1，R_2。分析以流量 Q 为输入，蓄水池 2 的液位 h_2 为输出时系统的可控性。

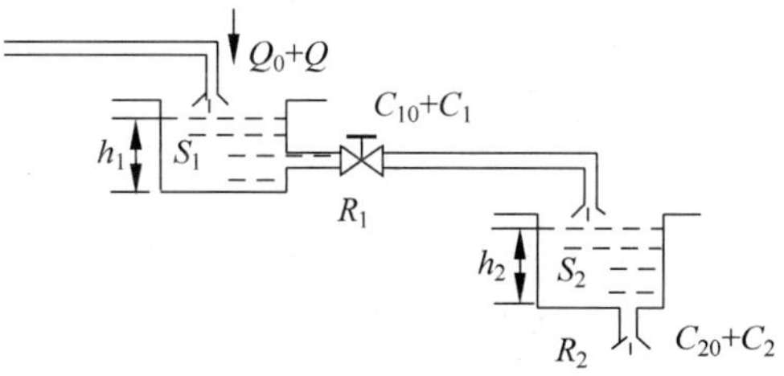

图 1-2　液位系统示意图

解：首先列写系统的状态方程。根据流体力学定律，考虑到离开平衡状态的液面变化，可列写下面一组微分方程

$$\begin{cases} S_1\dfrac{\mathrm{d}h_1}{\mathrm{d}t}=Q-C_1 \\ S_2\dfrac{\mathrm{d}h_2}{\mathrm{d}t}=C_1-C_2 \end{cases}$$

这里选取 $x_1=h_1$，$x_2=h_2$，$u=Q$，且 C_1，C_2 与液位关系为

$$C_1=\frac{x_1}{R_1},\quad C_2=\frac{x_2}{R_2}$$

经整理可写出状态空间表达式

$$\begin{bmatrix}\dot{x}_1\\ \dot{x}_2\end{bmatrix}=\begin{bmatrix}-\dfrac{1}{S_1R_1} & 0\\ \dfrac{1}{S_2R_1} & -\dfrac{1}{S_2R_2}\end{bmatrix}\begin{bmatrix}x_1\\ x_2\end{bmatrix}+\begin{bmatrix}\dfrac{1}{S_1}\\ 0\end{bmatrix}u$$

$$y=[0\quad 1]\begin{bmatrix}x_1(t)\\ x_2(t)\end{bmatrix}$$

可控性判别矩阵

$$Q_c = [B \quad AB] = \begin{bmatrix} \dfrac{1}{S_1} & -\dfrac{1}{S_1^2 R_1} \\ 0 & \dfrac{1}{S_1 S_2 R_1} \end{bmatrix}$$

因为 rank$Q_c=2=n$，所以系统是状态完全可控的，说明输入量能够引起两个水槽的水位 h_1，h_2 的变化。 □

例 1-10 人造地球卫星运行的示意图如图 1-3 所示。

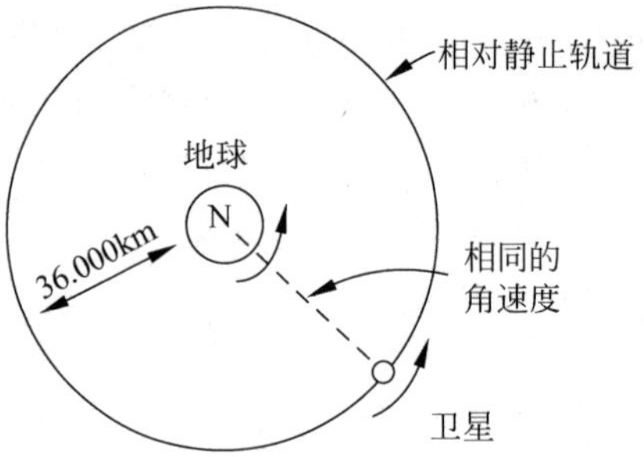

图 1-3 赤道上的人造地球卫星

一个运行在圆形赤道上的人造地球卫星的状态方程为

$$\dot{x} = Ax + Bu = \begin{bmatrix} 0 & 1 & 0 & 0 \\ 3\omega^2 & 0 & 0 & 2\omega \\ 0 & 0 & 0 & 1 \\ 0 & -2\omega & 0 & 0 \end{bmatrix} x + \begin{bmatrix} 0 & 0 \\ 1 & 0 \\ 0 & 0 \\ 0 & 1 \end{bmatrix} u$$

其中

$$x = \begin{bmatrix} r \\ \dot{r} \\ \theta \\ \dot{\theta} \end{bmatrix}, \quad u = \begin{bmatrix} u_r \\ u_\theta \end{bmatrix}$$

ω 是人造卫星绕地球转动的角速度；r 为人造卫星与地球间的距离；θ 为人造卫星在赤道平面绕地球的旋转角度；u_r，u_θ 分别为卫星的径向和切线推力。试判断卫星的可控性。

解：因为 $Q_c = [B \quad AB \quad A^2B] = \begin{bmatrix} 0 & 0 & 1 & 0 & 0 & 2\omega \\ 1 & 0 & 0 & 2\omega & -\omega^2 & 0 \\ 0 & 0 & 0 & 1 & -2\omega & 0 \\ 0 & 1 & -2\omega & 0 & 0 & -4\omega^2 \end{bmatrix}$

rank$Q_c=4=n$，系统完全可控。 □

判断线性定常系统 $\dot{x}(t)=Ax(t)+Bu(t)$ 状态可控的另一种方法是利用线性变换将系统的系数矩阵 A 对角化（或约当化），然后根据变换后相应的控制矩阵 $\bar{B}$ 来判别。

限于篇幅，对这种判断方法这里不再讨论，读者可参阅现代控制理论的相关书籍。

2. 线性定常系统的可观测性判据

系统的可观测性定义只涉及状态变量 $\boldsymbol{x}$ 和输出 $\boldsymbol{y}$，而与输入 $\boldsymbol{u}$ 没有关系。因此在讨论可观测性的判据时，可以只考虑无外部输入作用的系统。设线性定常系统的状态方程和输出方程为

$$\begin{cases}\dot{\boldsymbol{x}}(t)=\boldsymbol{A}\boldsymbol{x}(t)\\ \boldsymbol{y}(t)=\boldsymbol{C}\boldsymbol{x}(t)\end{cases}\quad \boldsymbol{x}(0)=\boldsymbol{x}_0,\quad t\geqslant 0 \tag{1-43}$$

式中，$\boldsymbol{x}\in R^n$，$\boldsymbol{y}\in R^m$。式(1-43)所描述系统的解可以写为

$$\boldsymbol{x}(t)=\mathrm{e}^{\boldsymbol{A}t}\boldsymbol{x}_0$$
$$\boldsymbol{y}(t)=\boldsymbol{C}\mathrm{e}^{\boldsymbol{A}t}\boldsymbol{x}_0$$

由于 $\mathrm{e}^{\boldsymbol{A}t}=\sum_{k=0}^{n-1}\alpha_k(t)\boldsymbol{A}^k$，故有

$$\boldsymbol{y}(t)=\sum_{k=0}^{n-1}\boldsymbol{C}\alpha_k(t)\boldsymbol{A}^k\boldsymbol{x}_0 \tag{1-44}$$

如果系统是完全可观测的，那么在 $0\leqslant t\leqslant t_1$ 时间间隔内，给出输出 $\boldsymbol{y}(t)$，就能由式(1-44)唯一确定 $\boldsymbol{x}_0$。可以证明[4,6]，这就要求 $nm\times n$ 维矩阵

$$\begin{bmatrix}\boldsymbol{C}\\ \boldsymbol{C}\boldsymbol{A}\\ \vdots\\ \boldsymbol{C}\boldsymbol{A}^{n-1}\end{bmatrix}$$

的秩为 n。由此得到完全可观测的条件如下。

定理 1-2　由式(1-43)描述的线性定常系统完全可观测的充分必要条件是

$$\operatorname{rank}\boldsymbol{Q}_\mathrm{o}=\operatorname{rank}\begin{bmatrix}\boldsymbol{C}\\ \boldsymbol{C}\boldsymbol{A}\\ \vdots\\ \boldsymbol{C}\boldsymbol{A}^{n-1}\end{bmatrix}=n \tag{1-45}$$

其中，n 为矩阵 $\boldsymbol{A}$ 的维数；$\boldsymbol{Q}_\mathrm{o}$ 称为系统的可观测性判别矩阵。

例 1-11　已知系统状态方程和输出方程为

$$\begin{bmatrix}\dot{x}_1\\ \dot{x}_2\\ \dot{x}_3\end{bmatrix}=\begin{bmatrix}1&1&0\\0&1&0\\0&1&1\end{bmatrix}\begin{bmatrix}x_1\\x_2\\x_3\end{bmatrix}+\begin{bmatrix}0&1\\1&0\\0&1\end{bmatrix}\begin{bmatrix}u_1\\u_2\end{bmatrix}$$

$$\begin{bmatrix}y_1\\y_2\end{bmatrix}=\begin{bmatrix}1&0&1\\0&1&0\end{bmatrix}\begin{bmatrix}x_1\\x_2\\x_3\end{bmatrix}$$

试判断系统的可观测性。

解：构造可观测性判别矩阵

$$\boldsymbol{Q}_{\mathrm{o}}=\begin{bmatrix}\boldsymbol{C}\\ \boldsymbol{CA}\\ \boldsymbol{CA}^2\end{bmatrix}=\begin{bmatrix}1 & 0 & 1\\ 0 & 1 & 0\\ 1 & 2 & 1\\ 0 & 1 & 0\\ 1 & 4 & 1\\ 0 & 1 & 0\end{bmatrix}$$

因为 $\mathrm{rank}\boldsymbol{Q}_{\mathrm{o}}=2<n$，所以系统是状态不完全可观测的。 □

例 1-12 判断例 1-9 所示的两个蓄水槽系统的可观测性。

解：由例 1-9 建立系统的状态方程

$$\begin{bmatrix}\dot{x}_1\\ \dot{x}_2\end{bmatrix}=\begin{bmatrix}-\dfrac{1}{S_1R_1} & 0\\ \dfrac{1}{S_2R_1} & -\dfrac{1}{S_2R_2}\end{bmatrix}\begin{bmatrix}x_1\\ x_2\end{bmatrix}+\begin{bmatrix}\dfrac{1}{S_1}\\ 0\end{bmatrix}u$$

$$y=\begin{bmatrix}0 & 1\end{bmatrix}\begin{bmatrix}x_1\\ x_2\end{bmatrix}$$

$$\boldsymbol{Q}_{\mathrm{o}}=\begin{bmatrix}c\\ c\boldsymbol{A}\end{bmatrix}=\begin{bmatrix}0 & 1\\ \dfrac{1}{S_2R_1} & -\dfrac{1}{S_2R_2}\end{bmatrix}$$

因为 $\mathrm{rank}\boldsymbol{Q}_{\mathrm{o}}=2=n$，所以系统是状态完全可观测的。 □

若改变系统的被控量为蓄水槽 1 的液位 h_1，则系统的 $\boldsymbol{A}$ 阵不变，$\boldsymbol{C}$ 阵变为 $[1\quad 0]$，这时系统的可观测性矩阵为 $\boldsymbol{Q}_{\mathrm{o}}=\begin{bmatrix}c\\ c\boldsymbol{A}\end{bmatrix}=\begin{bmatrix}1 & 0\\ -\dfrac{1}{S_1R_1} & 0\end{bmatrix}$

显然，$\mathrm{rank}\boldsymbol{Q}_{\mathrm{o}}=1<n$，这说明该系统选择蓄水槽 1 的液位 h_1 作为输出量不合适。

和判断系统的可控性类似，同样可以利用线性变换将系统的 $\boldsymbol{A}$ 阵变换为对角阵或约当阵，再根据变换后相应的输出矩阵 $\bar{\boldsymbol{C}}$ 来判断系统的可观测性。此种方法这里不再讨论，读者可以参阅现代控制理论方面的书籍。

3. 可控性、可观测性与传递函数(阵)的关系

首先通过一些例子观察可控性、可观测性和对应传递函数(阵)的关系。

例 1-13 判断下列系统

$$\begin{bmatrix}\dot{x}_1\\ \dot{x}_2\\ \dot{x}_3\end{bmatrix}=\begin{bmatrix}0 & 0 & -1\\ 1 & 0 & -3\\ 0 & 1 & -3\end{bmatrix}\begin{bmatrix}x_1\\ x_2\\ x_3\end{bmatrix}+\begin{bmatrix}1\\ 1\\ 0\end{bmatrix}u$$

$$y=\begin{bmatrix}0 & 1 & -2\end{bmatrix}\begin{bmatrix}x_1\\ x_2\\ x_3\end{bmatrix}$$

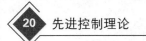

的可控性，并求输入-状态间的传递函数阵$(s\boldsymbol{I}-\boldsymbol{A})^{-1}\boldsymbol{B}$。

解：因为

$$\begin{bmatrix}\dot{x}_1\\ \dot{x}_2\\ \dot{x}_3\end{bmatrix}=\begin{bmatrix}0 & 0 & -1\\ 1 & 0 & -3\\ 0 & 1 & -3\end{bmatrix}\begin{bmatrix}x_1\\ x_2\\ x_3\end{bmatrix}+\begin{bmatrix}1\\ 1\\ 0\end{bmatrix}u$$

$$y=\begin{bmatrix}0 & 1 & -2\end{bmatrix}\begin{bmatrix}x_1\\ x_2\\ x_3\end{bmatrix}$$

$$\text{rank}\boldsymbol{Q}_c=\text{rank}[\boldsymbol{B}\quad \boldsymbol{AB}\quad \boldsymbol{A}^2\boldsymbol{B}]=\text{rank}\begin{bmatrix}1 & 0 & -1\\ 1 & 1 & -3\\ 0 & 1 & -2\end{bmatrix}=2$$

所以系统是不完全可控的。

输入-状态间的传递函数

$$(s\boldsymbol{I}-\boldsymbol{A})^{-1}\boldsymbol{B}=\begin{bmatrix}s & 0 & 1\\ -1 & s & 3\\ 0 & -1 & s+3\end{bmatrix}^{-1}\begin{bmatrix}1\\ 1\\ 0\end{bmatrix}=\begin{bmatrix}\dfrac{s^2+3s+2}{(s+1)^3}\\ \dfrac{s^2+4s+3}{(s+1)^3}\\ \dfrac{s+1}{(s+1)^3}\end{bmatrix}=\begin{bmatrix}\dfrac{s+2}{(s+1)^2}\\ \dfrac{s+3}{(s+1)^2}\\ \dfrac{1}{(s+1)^2}\end{bmatrix}$$ □

由此例可以看出，当系统不完全可控，求输入-状态传递函数阵时，元素出现了零极点对消现象，显然此时系统的传递函数$\boldsymbol{G}(s)=\boldsymbol{C}(s\boldsymbol{I}-\boldsymbol{A})^{-1}\boldsymbol{B}$中必会出现零极点对消现象。

例 1-14 判断下列系统的可观测性，并求状态-输出间的传递函数阵$\boldsymbol{C}(s\boldsymbol{I}-\boldsymbol{A})^{-1}$和系统传递函数$\boldsymbol{C}(s\boldsymbol{I}-\boldsymbol{A})^{-1}\boldsymbol{B}$。

$$\begin{bmatrix}\dot{x}_1\\ \dot{x}_2\\ \dot{x}_3\end{bmatrix}=\begin{bmatrix}0 & 0 & -1\\ 1 & 0 & -3\\ 0 & 1 & -3\end{bmatrix}\begin{bmatrix}x_1\\ x_2\\ x_3\end{bmatrix}+\begin{bmatrix}1\\ 1\\ 0\end{bmatrix}u$$

$$y=\begin{bmatrix}0 & 1 & -2\end{bmatrix}\begin{bmatrix}x_1\\ x_2\\ x_3\end{bmatrix}$$

解：因为 $\text{rank}\boldsymbol{Q}_o=\text{rank}\begin{bmatrix}c\\ c\boldsymbol{A}\\ c\boldsymbol{A}^2\end{bmatrix}=\text{rank}\begin{bmatrix}0 & 1 & -2\\ 1 & -2 & 3\\ -2 & 3 & -4\end{bmatrix}=2$

所以系统不完全可观测。

状态-输出间的传递函数阵$\boldsymbol{C}(s\boldsymbol{I}-\boldsymbol{A})^{-1}$为

$$C(sI-A)^{-1}=[0\quad 1\quad -2]\begin{bmatrix} s & 0 & 1 \\ -1 & s & 3 \\ 0 & -1 & s+3 \end{bmatrix}^{-1}$$

$$=\frac{1}{(s+1)^3}[s+1\quad s^2+s\quad -(2s^2+3s+1)]$$

$$=\frac{1}{(s+1)^2}[1\quad s\quad -(2s+1)]$$

系统的传递函数为

$$G(s)=\frac{Y(s)}{U(s)}=C(sI-A)^{-1}B=[0\quad 1\quad -2]\begin{bmatrix} s & 0 & 1 \\ -1 & s & 3 \\ 0 & -1 & s+3 \end{bmatrix}^{-1}\begin{bmatrix} 1 \\ 1 \\ 0 \end{bmatrix}$$

$$=\frac{(s+1)^2}{(s+1)^3}=\frac{1}{s+1}$$ □

由此例可以看出，当系统不完全可观测时，在求状态-输出间的传递函数阵时出现了零极点对消现象，此时系统的传递函数 $C(sI-A)^{-1}B$ 中必会出现零极点对消现象。

从以上例子可以看出，系统的可控性、可观测性和系统的传递函数能否完全表征之间是密切相关的，这揭示了系统的传递函数和动态方程之间的内在关系。下面通过图 1-4 的单输入单输出系统对这个问题做进一步讨论。

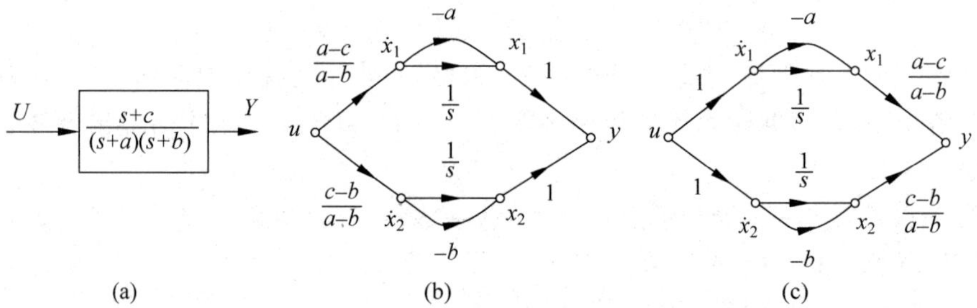

图 1-4 讨论传递函数与可控性、可观测性关系示意图

图 1-4(a)中给出了一个单输入单输出系统，其传递函数为

$$G(s)=\frac{s+c}{(s+a)(s+b)}$$

假定它是一个不可约的真有理函数，即 $b\neq c, a\neq b, c\neq a$，则有

$$Y(s)=\frac{\frac{a-c}{a-b}}{s+a}U(s)+\frac{\frac{c-b}{a-b}}{s+b}U(s)$$

对应的系统状态图分别如图 1-4(b)、(c)所示。由图可以写出两种状态空间描述

$$\begin{cases}\dot{\boldsymbol{x}}(t)=\begin{bmatrix}-a & 0\\ 0 & -b\end{bmatrix}\boldsymbol{x}(t)+\begin{bmatrix}\dfrac{a-c}{a-b}\\ \dfrac{c-b}{a-b}\end{bmatrix}u(t)\\ y(t)=\begin{bmatrix}1 & 1\end{bmatrix}\boldsymbol{x}(t)\end{cases} \tag{1-46}$$

和

$$\begin{cases}\dot{\boldsymbol{x}}(t)=\begin{bmatrix}-a & 0\\ 0 & -b\end{bmatrix}\boldsymbol{x}(t)+\begin{bmatrix}1\\ 1\end{bmatrix}u(t)\\ y(t)=\begin{bmatrix}\dfrac{a-c}{a-b} & \dfrac{c-b}{a-b}\end{bmatrix}\boldsymbol{x}(t)\end{cases} \tag{1-47}$$

显然，这个系统是既可控又可观测的。但是当$a=c$或$c=b$时，系统式(1-46)是不完全可控的，系统式(1-47)是不完全可观测的，此时系统的传递函数出现了零极点对消的情形。

根据上述讨论可得如下判据[6]。

定理 1-3 对于单输入单输出系统，系统完全可控且完全可观的充分必要条件是系统的传递函数$G(s)=C(sI-A)^{-1}B$无零极点对消现象。

进一步还有如下定理。

定理 1-4 对单输入系统，系统完全可控的充分必要条件是输入-状态传递函数矩阵$(sI-A)^{-1}B$无零极点对消现象；对单输出系统，系统完全可观的充分必要条件是状态-输出传递函数矩阵$C(sI-A)^{-1}$无零极点对消现象。

根据定理1-3和定理1-4，可以得到以下重要结论：(1)对单输入单输出系统，$\boldsymbol{C}(s\boldsymbol{I}-\boldsymbol{A})^{-1}$无零极点对消是系统完全可控又完全可观测的充分必要条件；(2)传递函数描述的只是可控又可观测部分；(3)传递函数中消去的极点对应于不可控或者不可观测模态。

注意，此定理对多输出系统仅是必要条件，下例说明了这一点。

例 1-15 判断下列系统的可控性和可观测性，并求系统的传递函数。

$$\dot{\boldsymbol{x}}=\begin{bmatrix}1 & 3 & 2\\ 0 & 4 & 2\\ 0 & 0 & 1\end{bmatrix}\boldsymbol{x}+\begin{bmatrix}0 & 1\\ 0 & 0\\ 1 & 0\end{bmatrix}\boldsymbol{u},\quad \boldsymbol{y}=\begin{bmatrix}1 & 0 & 0\\ 0 & 0 & 1\end{bmatrix}\boldsymbol{x}$$

解：因为

$$\operatorname{rank}\boldsymbol{Q}_{\mathrm{c}}=\operatorname{rank}\begin{bmatrix}0 & 1 & 2 & 1 & 10 & 1\\ 0 & 0 & 2 & 0 & 10 & 0\\ 1 & 0 & 1 & 0 & 1 & 0\end{bmatrix}=3$$

所以系统是状态完全可控的。由于

$$\text{rank}\boldsymbol{Q}_o = \text{rank}\begin{bmatrix} 1 & 0 & 0 \\ 0 & 0 & 1 \\ 1 & 3 & 2 \\ 0 & 0 & 1 \\ 1 & 15 & 10 \\ 0 & 0 & 1 \end{bmatrix} = 3$$

所以系统是状态完全可观测的。其状态-输入间的传递函数矩阵为

$$(s\boldsymbol{I}-\boldsymbol{A})^{-1}\boldsymbol{B} = \frac{1}{(s-1)^2(s-4)}\begin{bmatrix} (s-1)(s-4) & 3(s-1) & 2(s-1) \\ 0 & (s-1)^2 & 2(s-1) \\ 0 & 0 & (s-1)(s-4) \end{bmatrix}\begin{bmatrix} 0 & 1 \\ 0 & 0 \\ 1 & 0 \end{bmatrix}$$

$$= \frac{1}{(s-1)(s-4)}\begin{bmatrix} 2 & s-4 \\ 2 & 0 \\ s-4 & 0 \end{bmatrix}$$

系统的传递函数矩阵为

$$\boldsymbol{C}(s\boldsymbol{I}-\boldsymbol{A})^{-1}\boldsymbol{B} = \frac{1}{(s-1)^2(s-4)}\begin{bmatrix} 1 & 0 & 0 \\ 0 & 0 & 1 \end{bmatrix}\begin{bmatrix} (s-1)(s-4) & 3(s-1) & 2(s-1) \\ 0 & (s-1)^2 & 2(s-1) \\ 0 & 0 & (s-1)(s-4) \end{bmatrix}\begin{bmatrix} 0 & 1 \\ 0 & 0 \\ 1 & 0 \end{bmatrix}$$

$$= \frac{1}{(s-1)(s-4)}\begin{bmatrix} 2 & s-4 \\ s-4 & 0 \end{bmatrix}$$ □

从上例可以看出，系统是完全可控和可观测的，但在求状态一输出间的传递函数和系统的传递函数时发生因子对消，因此，对于多输入多输出系统来说，相关传递函数矩阵不存在零极点对消不是系统完全可控及完全可观测的充分必要条件。

1.3 李雅普诺夫稳定性分析

任何控制系统工作的首要问题是必须保证控制系统的稳定性，如果系统不稳定，则可能导致系统崩溃或产生其他灾难性的后果。因此，系统的稳定性问题是一个在理论和应用上都十分重要的问题。

1892 年俄罗斯数学家李雅普诺夫就如何判别系统的稳定性问题，提出了李雅普诺夫第一方法和第二方法(直接法)。

李雅普诺夫第一方法是寻求扰动微分方程组的通解或特解，以级数形式将它表达出来，在这基础上研究稳定性问题。这个方法在理论上是完整的，但把微分方程的解表示成为级数并检验级数的收敛性非常困难，在实际应用上有很大的局限性。

第二方法则与此不同，它仅借助于一个类似于能量泛函的标量函数 $V(t,x_1,\cdots,$

x_n)和根据扰动运动方程所计算得到的$\frac{dx}{dt}$的符号性质来直接推断稳定性问题,所以被称作直接方法。第二方法不需要求解系统的微分方程式(或状态方程式)就可以对系统的稳定性进行分析和判断,称为直接法。它不但能用来分析线性定常系统的稳定性,而且也能用来判别非线性系统和时变系统的稳定性。

1.3.1 李雅普诺夫稳定性的基本概念

1. 李雅普诺夫稳定性的基本定义

1) 平衡状态

设系统的状态方程为

$$\dot{\boldsymbol{x}} = \boldsymbol{f}(\boldsymbol{x},t), \quad \boldsymbol{x}(t_0) = \boldsymbol{x}_0 \tag{1-48}$$

若对所有 t,都有

$$\boldsymbol{f}(\boldsymbol{x}_e,t) \equiv 0 \tag{1-49}$$

则称 $\boldsymbol{x}_e$ 为系统的一个平衡状态或平衡点。

对于已知的一个平衡点 $\boldsymbol{x}_e$,总可以通过坐标平移,使得平衡点位于新坐标系的原点处,而状态方程的形式并不因此有所改变。因此,一般可以假定平衡点 $\boldsymbol{x}_e$ 位于坐标原点而不失一般性。

2) 李雅普诺夫意义下的稳定性

定义 1-1 对于系统式(1-48),若任意给定实数 $\varepsilon>0$,都存在另一依赖于 ε,t_0 的实数 $\delta(\varepsilon,t_0)>0$,当 $\|\boldsymbol{x}_0-\boldsymbol{x}_e\|\leqslant\delta$ 时,从任意初态 $\boldsymbol{x}_0$ 出发的解$\boldsymbol{\Phi}(t,\boldsymbol{x}_0,t_0)$满足

$$\|\boldsymbol{\Phi}(t,\boldsymbol{x}_0,t_0)-\boldsymbol{x}_e\|<\varepsilon \quad (t\geqslant t_0) \tag{1-50}$$

则称系统的平衡状态是在李雅普诺夫意义下稳定的;如果 δ 的选择与 t_0 无关,则称系统的平衡状态是在李雅普诺夫意义下是一致稳定的。

反之,如果存在 $\varepsilon_0>0$ 和 $t_0\geqslant0$,不论 $\delta>0$ 多么小,都至少存在一个满足 $\|\boldsymbol{x}_0-\boldsymbol{x}_e\|<\delta$ 的由初值 $\boldsymbol{x}(t_0)=\boldsymbol{x}_0$ 所确定的解 $\boldsymbol{x}(t)$,在某个 $t=t_1>t_0$ 时有

$$\|\boldsymbol{x}(t_1)-\boldsymbol{x}_e\|\geqslant\varepsilon_0 \tag{1-51}$$

则称平衡点 $\boldsymbol{x}_e$ 是在李雅普诺夫意义下不稳定的。

上述定义中稳定性几何意义可以解释如下:$\|\boldsymbol{\Phi}(t,\boldsymbol{x}_0,t_0)-\boldsymbol{x}_e\|\leqslant\varepsilon$ 划出了一个球域 $S(\varepsilon)$,它将$\dot{\boldsymbol{x}}=\boldsymbol{f}(\boldsymbol{x})$ 从球域$\{S(\delta):\|\boldsymbol{x}_0-\boldsymbol{x}_e\|\leqslant\delta\}$出发的解的所有各点都包围在内。即从 $S(\delta)$发出的轨线,在 $t>t_0$ 的任何时刻总不会超出 $S(\varepsilon)$。李雅普诺夫稳定性的示意图如图 1-5 所示。不稳定性是指不论球域 $S(\delta)$多么小,在 $S(\delta)$中至少存在一个解的轨线在某个时刻超出了 $S(\varepsilon)$。注意:哪怕大多数从 $S(\delta)$出发的解均在 $S(\varepsilon)$内,只要存在一个解在某一时刻超出 $S(\varepsilon)$,平衡点就是不稳定的。在二维空间中,不稳定的几何解释和轨线变化如图 1-6 所示。

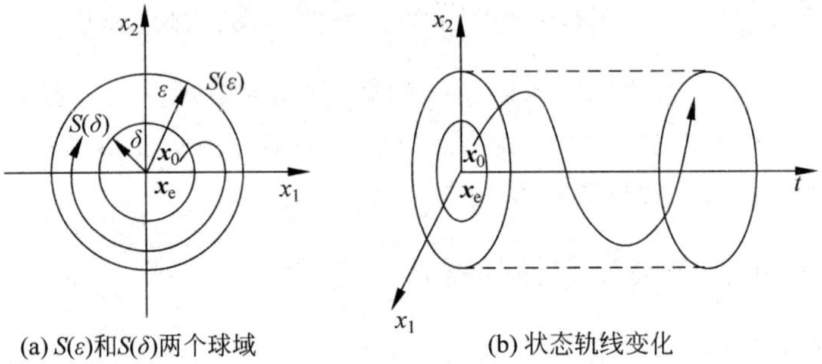

(a) $S(\varepsilon)$和$S(\delta)$两个球域　　(b) 状态轨线变化

图 1-5　李雅普诺夫稳定性示意图

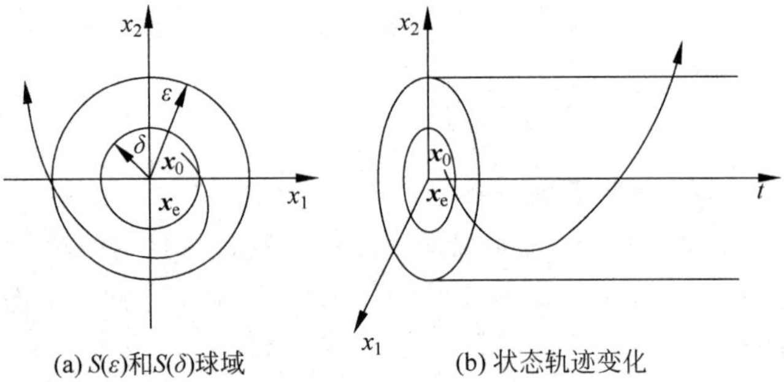

(a) $S(\varepsilon)$和$S(\delta)$球域　　(b) 状态轨迹变化

图 1-6　不稳定几何解释和轨线

3）渐近稳定

定义 1-2　对于系统式(1-48)，若系统是稳定的，且有

$$\lim_{t\to\infty} \| \boldsymbol{\Phi}(t, \boldsymbol{x}_0, t_0) - \boldsymbol{x}_e \| = 0 \tag{1-52}$$

则称系统的平衡状态 $\boldsymbol{x}_e$ 是渐近稳定的。

上述定义的几何意义为：如果系统从球域 $S(\delta)$ 内出发的任意一个解，不仅不会超出球域 $S(\varepsilon)$ 之外，而且当时 $t\to\infty$ 时，最终收敛于 $\boldsymbol{x}_e$，则平衡点 $\boldsymbol{x}_e$ 为渐近稳定的。渐近稳定的示意图如图 1-7 所示。

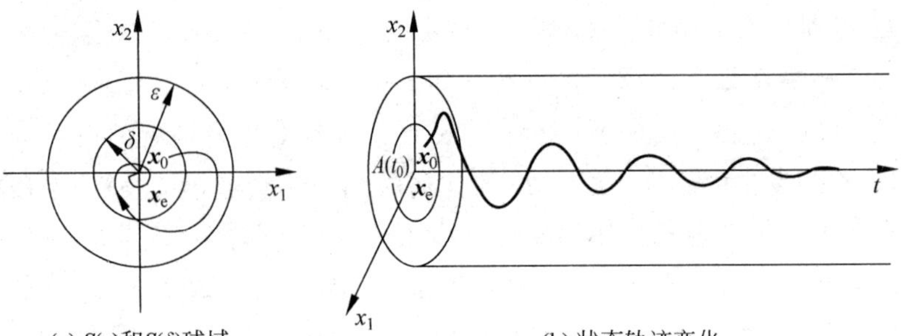

(a) $S(\varepsilon)$和$S(\delta)$球域　　(b) 状态轨迹变化

图 1-7　渐近稳定性的几何解释和变化轨迹

如果解平衡点 $\boldsymbol{x}_e$ 附近的解 $x(t)$ 最终收敛于 $\boldsymbol{x}_e$，则称 $\boldsymbol{x}_e$ 是吸引的。称当 $t\to+\infty$ 时，$\|\boldsymbol{x}(t)-\boldsymbol{x}_e\|\to 0$ 的所有初值 $\boldsymbol{x}(t_0)$ 的集合称为平衡点 $\boldsymbol{x}_e$ 的吸引域 $\boldsymbol{A}(t_0)$。

显然，渐近稳定性等价于稳定性加上吸引性。但是，不要认为有了吸引性就一定会得到稳定性（从而得到渐近稳定性）。同样，渐近稳定性和稳定性也是两个不同的概念。下面通过例子说明这一点。

例 1-16 考虑状态方程

$$\begin{cases}\dfrac{\mathrm{d}x_1}{\mathrm{d}t}=-x_2\\[2mm]\dfrac{\mathrm{d}x_2}{\mathrm{d}t}=-x_1\end{cases}$$

试说明系统为稳定但非渐近稳定的。

解：易于求得状态方程的通解为

$$x_1(t)=x_1(t_0)\cos(t-t_0)-x_2(t_0)\sin(t-t_0)$$
$$x_2(t)=x_1(t_0)\sin(t-t_0)+x_2(t_0)\cos(t-t_0)$$

其解满足关系式

$$x_1^2(t)+x_2^2(t)=x_1^2(t_0)+x_2^2(t_0)$$

任给 $\varepsilon>0$，取 $\delta=\varepsilon$，则当 $x_1^2(t_0)+x_2^2(t_0)<\delta$ 时，就有 $x_1^2(t)+x_2^2(t)<\delta=\varepsilon$，故平衡点 $x_{1e}=0,x_{2e}=0$，是稳定的。但显然

$$\lim_{t\to+\infty}\lfloor x_1^2(t)+x_2^2(t)\rfloor=\lfloor x_1^2(t_0)+x_2^2(t_0)\rfloor\neq 0$$

故解 $x_{1e}=0,x_{2e}=0$，不是吸引的，从而不是渐近稳定的。 □

例 1-17 考虑一阶微分方程

$$\frac{\mathrm{d}x}{\mathrm{d}t}=-x^2$$

试说明系统的平衡点具有吸引性，但系统是不稳定的。

解：平衡点为 $x_e=0$。可以求得方程的通解为

$$x=\frac{x_0}{1+x_0(t-t_0)}$$

显见，$x=0$ 是方程的一个解。由于

$$\lim_{t\to+\infty}\frac{x_0}{1+x_0(t-t_0)}=0$$

故 $x_e=0$ 是吸引的。但是，当 $x_0<0$ 时，$t\to t_0-\dfrac{1}{x_0}$ 时，$x\to\infty$ 因而 $x_e=0$ 是不稳定的，从而也不是渐近稳定的。 □

显然，渐近稳定比稳定性具有更强的性质，工程上常常要求控制系统渐近稳定。

对于工程中所遇到的非线性时变系统，有时不但要求系统是一致稳定的，而且要求趋于平衡点 x_e 的时间量度与初始时刻 t_0 无关，即平衡点的吸引也是一致的，这就提出了一致渐近稳定的概念。下面给出定义。

定义 1-3 如果系统式(1-48)是一致稳定的，且其平衡点的吸引性是一致的，即对于任意给定的无穷小量 $\varepsilon_e>0$，存在一个不依赖于 t_0 的常数 T，使得当 $t>t_0+T$ 时有

$$\|\boldsymbol{\Phi}(t,\boldsymbol{x}_0,t_0)-\boldsymbol{x}_e\|<\varepsilon_e \quad t>t_0+T \tag{1-53}$$

则称系统的平衡状态 $\boldsymbol{x}_e$ 是一致渐近稳定的。

关于渐近稳定和一致渐近稳定的对比如图 1-8 所示。

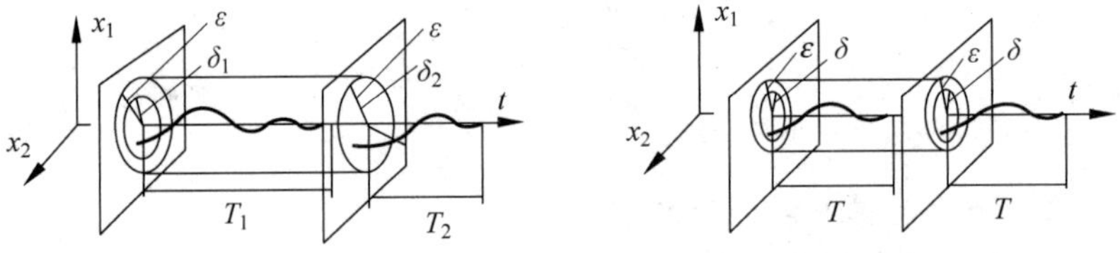

(a) 渐近稳定　　(b) 一致渐近稳定

图 1-8　渐近稳定和一致渐近稳定的对比示意图

需要说明的是，对于非线性自治系统，渐近稳定等价于一致渐近稳定，稳定等价于一致稳定。

4）指数稳定和大范围渐近稳定

李雅普诺夫意义下的稳定性是稳定性理论中最早给出而又最基本的运动稳定性的概念，也是研究的最为充分的一种稳定性。以下为简单起见，一般把李雅普诺夫意义下的稳定(渐近稳定、不稳定)简称为稳定(渐近稳定、不稳定)。

由于科学技术的发展，人们发现上述稳定性的概念仍不能满足实际研究的需要，因此有必要在李雅普诺夫意义下的稳定性的基础上将稳定性的概念进一步加以扩展。

在工程技术应用中，人们往往不仅要求平衡点 $\boldsymbol{x}_e$ 是渐近稳定的，而且要求 $\boldsymbol{x}_e$ 的受扰动的解 $\boldsymbol{x}(t)$ 以较快速度趋近于 $\boldsymbol{x}_e$。但是，渐近稳定性只是说明 $t\to+\infty$ 时，$\boldsymbol{x}(t)$ 与 $\boldsymbol{x}_e$ 的差别无限小，但对趋近的快慢程度并没有要求。这就需要引入指数稳定性的概念。

定义 1-4 设 $\boldsymbol{x}_e$ 是系统式(1-48)一个平衡点，$\boldsymbol{x}(t)$ 为邻近 $\boldsymbol{x}_e$ 的一个解。如果对任何 $M>0$，存在 $\delta(M)>0$，以及与 M 无关的 $\alpha>0$，使得当 $\|\boldsymbol{x}(t_0)-\boldsymbol{x}_e\|<\delta(M)$ 时，对 $t\geqslant t_0$ 有

$$\|\boldsymbol{x}(t)-\boldsymbol{x}_e\|\leqslant M\mathrm{e}^{-\alpha(t-t_0)} \tag{1-54}$$

则称平衡点 $\boldsymbol{x}_e$ 是指数稳定的。

从定义可以看出，如果平衡点 $\boldsymbol{x}_e$ 是指数稳定的，则它必是渐近稳定的。此时受扰动的解 $\boldsymbol{x}(t)$ 与平衡点 $\boldsymbol{x}_e$ 的差别随时间衰减的过程不慢于指数衰减规律。而正数 α 表征了衰减快慢程度的一个量。

应该说明的是，李雅普诺夫意义下的稳定性是一个局部性的概念，它是考虑平衡点 $\boldsymbol{x}_e$ 附近的其他解的性态。稳定、渐近稳定以及指数稳定等都是对很小的扰动而言的，并且 δ、ε 只要存在就行，而不必考虑其区域大小。而在工程实际中，常常要求控制

系统对于任意大小的扰动，都具有渐近稳定或指数稳定的性质。下面给出定义。

定义 1-5　如果系统式(1-48)的平衡点 $\boldsymbol{x}_e$ 是稳定的，且对任何从 $\boldsymbol{x}_0 \in R^n$ 出发的解 $\boldsymbol{x}(t)$ 都有

$$\lim_{t\to+\infty} \| \boldsymbol{x}(t) - \boldsymbol{x}_e \| = 0 \tag{1-55}$$

即 $\boldsymbol{x}_e$ 的吸引域是整个 R^n，则称平衡点 $\boldsymbol{x}_e$ 是全局渐近稳定的。

如果对任何给定 $\beta>0$（β 可任意大），存在 $M(\beta)>0$ 及与 β 无关的 $\alpha>0$，使得当 $\| \boldsymbol{x}(t_0) - \boldsymbol{x}_e \| < \beta$ 时，对一切 $t \geqslant t_0 \in J$ 有

$$\| \boldsymbol{x}(t) - \boldsymbol{x}_e \| \leqslant M(\beta) \| \boldsymbol{x}(t_0) - \boldsymbol{x}_e \| \mathrm{e}^{-\alpha(t-t_0)} \tag{1-56}$$

则称 $\boldsymbol{x}_e$ 是全局指数稳定的。

全局渐近稳定也称为大范围渐近稳定，同样，全局指数稳定也称为大范围指数稳定。

以上所介绍几种稳定性的典型情况可用能量观点来简要说明。

图 1-9(a)平衡点所具有的势能是最小的，其附近的势能都比它大，也就是说，平衡点附近的势能变化率为负，所以无论受到什么扰动，运动的趋势总是趋向于平衡点，故该平衡点是渐近稳定的，从图中可以看出这是大范围渐近稳定的。

图 1-9(b)平衡点所具有的势能最大，其附近各点的势能都比它小。换句话说，平衡点附近的能量对平衡点的变化率是增加的，受扰动运动的趋势总是远离平衡点，所以该平衡点是完全不稳定的。

图 1-9(c)各点所具有的能量都相同，这就是通常说的随遇平衡，在李雅普诺夫意义下，任意点都是稳定的，但不是渐近稳定的。

图 1-9(d)是局部渐近稳定的，图 1-9(e)为局部不稳定。

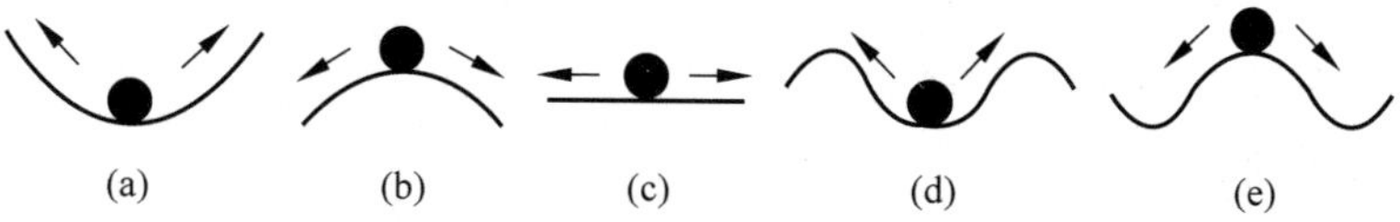

图 1-9　平衡状态稳定性示意图

2. *V* 函数的定义及其性质

在李雅普诺夫第二方法中，要用到具有某些特性的辅助函数 $V(\boldsymbol{x})$。

首先介绍标量函数的符号概念。对单变量函数 $f(x)$，若在区间 $a \leqslant x \leqslant b$ 上（$a<0<b$），有 $f(x)>0$，且 $f(0)=0$，则称 $f(x)$ 为正定的（或称为定正的）。若有 $f(x) \geqslant 0$，则称 $f(x)$ 是常正的（或称为半正定的）。以上规定不难推广到一般的多变量标量函数。

定义 1-6　设 D 为原点的某个邻域，如果对任何 $\boldsymbol{x} \in D$，当 $\boldsymbol{x} \neq \boldsymbol{0}$ 时，有标量函数 $V(\boldsymbol{x})>0(<0)$，且 $V(\boldsymbol{0})=0$，则称 $V(\boldsymbol{x})$ 为正定（负定）函数。若对任何 $\boldsymbol{x} \in D$ 有 $V(\boldsymbol{x}) \geqslant 0(\leqslant 0)$，则称 $V(\boldsymbol{x})$ 为常正（常负）函数。

若对任何正数 N，都存在 $M>0$，使得当 $\| \boldsymbol{x} \| > M$ 时必有 $V(\boldsymbol{x})>N$ 且 $V(\boldsymbol{x})$ 为 R^n 中为连续可微的单值函数，$V(\boldsymbol{0})=0$。则称 $V(\boldsymbol{x})$ 为径向无限大（简称无限大）正定

函数。

显然，在全状态空间 R^n 中正定且无限大的函数 $V(\boldsymbol{x})$ 满足 $\lim\limits_{\|x\|\to\infty} V(\boldsymbol{x})=+\infty$。

若 $V(\boldsymbol{x})$ 为无限大的正定函数，则称 $-V(\boldsymbol{x})$ 为无限大负定函数。

正定的和负定的函数称为定号函数，常正和常负的函数称为常号函数。若 $V(\boldsymbol{x})$ 不是常号函数(自然更不会是定号函数)，则称 $V(\boldsymbol{x})$ 为变号函数。此时，$V(\boldsymbol{x})$ 在原点任意小的邻域内既可取到正值，也可取到负值。

下面举例说明上述定义。

例 1-18 试举出 $V(\boldsymbol{x})$ 为正定函数，常正函数，局部正定函数，变号函数的例子，并说明理由。

解：设 $V(\boldsymbol{x})=x_1^2+x_2^2$，$\boldsymbol{x}=[x_1,x_2]^{\mathrm{T}}$，则 $V(\boldsymbol{x})$ 为正定函数。若 $V(\boldsymbol{x})=x_1^2+x_2^2$，而 $\boldsymbol{x}=[x_1,x_2,x_3]^{\mathrm{T}}$，则 $V(\boldsymbol{x})$ 是常正的，但不是正定函数。因为 $V(\boldsymbol{x})\geqslant 0$，且在 $\boldsymbol{x}=0$ 外，存在不为零的向量 $[0,0,x_3]^{\mathrm{T}}(x_3\neq 0)$，使 $V(\boldsymbol{x})=0$。

设 $V(\boldsymbol{x})=\sin(x_1^2+x_2^2)$，$\boldsymbol{x}=[x_1+x_2]^{\mathrm{T}}$，则 $V(\boldsymbol{x})$ 在域 D：$x_1^2+x_2^2<\pi$ 上是正定的。

设 $V(\boldsymbol{x})=\boldsymbol{x}^{\mathrm{T}}\boldsymbol{P}\boldsymbol{x}$，$\boldsymbol{M}$ 为正定矩阵，则二次型 $V(\boldsymbol{x})=\boldsymbol{x}^{\mathrm{T}}\boldsymbol{P}\boldsymbol{x}$ 为正定函数。

设 $V(\boldsymbol{x})=x_1^2+2x_2^2-x_3^2$，$\boldsymbol{X}=[x_1,x_2,x_3]^{\mathrm{T}}$，则 $V(\boldsymbol{x})$ 是变号函数。例如，$x_3=0$ 时，不论 $x_1^2+2x_2^2$ 多么小，都有 $V(\boldsymbol{x})>0$；当 $x_1=x_2=0$ 时，对任意小的 $x_3\neq$ 都有 $V(\boldsymbol{x})<0$。故 $V(\boldsymbol{x})$ 在原点处任意小的领域内既可取到正值，也可取到负值，为变号函数。 □

以下假定 $V(\boldsymbol{x})$ 关于 $\boldsymbol{x}$ 的各个分量的偏导数存在且连续。

下面介绍正定函数的几何意义。为直观起见，设 $\boldsymbol{x}=[x_1,x_2]^{\mathrm{T}}$，$V(\boldsymbol{x})=x_1^2+x_2^2$，则正定函数如图 1-10 所示。它像一个盆，盆的底部是状态平面的原点。除原点外，在状态平面的任一点，$V(\boldsymbol{x})$ 均为正值。现考虑关系式

$$V(\boldsymbol{x})=x_1^2+x_2^2=C \quad C>0$$

它是一条空间曲线(可称为等高线)。将其投影到状态平面上，就得到一个以原点为圆心的圆。当 C 取不同值时，就得到一族封闭的、彼此不相交的同心圆。显然 $C_1<C_2$ 时，$V(\boldsymbol{x})=C_1$ 包含于曲线 $V(\boldsymbol{x})=C_2$ 的内部。当 $C\to 0$ 时，$V(\boldsymbol{x})=C$ 收缩为原点。

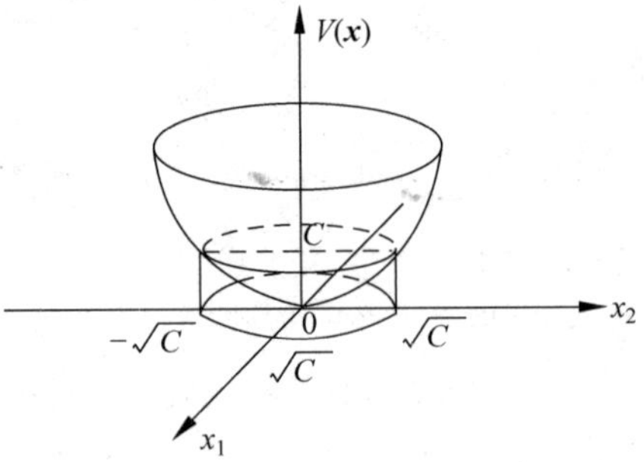

图 1-10 正定函数 $V(\boldsymbol{x})=x_1^2+x_2^2$ 的几何意义

但是，对于一般的正定函数，$V(\boldsymbol{x})=C$ 的形状不一定像上例这么简单，甚至不一定是封闭曲线。不过，当 C 足够小时，$V(\boldsymbol{x})=C$ 一定给出一族封闭的，彼此不相交的封闭曲线，它们都包含原点。当 $C_1<C_2$ 时，$V(\boldsymbol{x})=C_1$ 包含于 $V(\boldsymbol{x})=C_2$ 的内部，当$C\to 0$时，$V(\boldsymbol{x})$收缩为原点。

对于一般的正定函数 $V(\boldsymbol{x})$，$x\in D\subset R^n(n\geqslant 3)$，当 C 足够小时，$V(\boldsymbol{x})=C$ 一定给出一族封闭的，彼此不相交的封闭(超)曲面，它们都包含原点。

二次型函数 $V(\boldsymbol{x})=\boldsymbol{x}^{\mathrm{T}}\boldsymbol{P}\boldsymbol{x}$ 是李雅普诺夫稳定性分析时常用到的一类最简单而又常用的 V 函数，它是构造更为复杂的 V 函数的基础。

设 $\boldsymbol{x}\in R^n$，$\boldsymbol{P}$ 为实对称的 n 阶矩阵，其一般元素为 a_{ij}。而二次型为下面的二次函数：

$$V(\boldsymbol{x})=\langle \boldsymbol{P}\boldsymbol{x},\boldsymbol{x}\rangle=\boldsymbol{x}^{\mathrm{T}}\boldsymbol{P}\boldsymbol{x}=\sum_{i=1}^{n}\sum_{j=1}^{n}a_{ij}x_ix_j \tag{1-57}$$

设 $\boldsymbol{P}$ 的特征值为 $\lambda_1,\lambda_2,\cdots,\lambda_n$。由于 $\boldsymbol{P}$ 对称，故 $\boldsymbol{P}$ 的所有特征值均为实数。

设 $V(\boldsymbol{x})$ 是由式(1-57)给出的二次型，则 $\lambda_k>0$ 时，$V(\boldsymbol{x})$ 正定；$\lambda_k<0$ 时，$V(\boldsymbol{x})$ 负定；$\lambda_k\geqslant 0$ 时，$V(\boldsymbol{x})$ 常正；$\lambda_k\leqslant 0$ 时，$V(\boldsymbol{x})$ 常负。其中，$k=1,2,\cdots,n$。上述的各个条件同时也是必要条件。当 A 同时有正和负的特征值时，$V(\boldsymbol{x})$ 为变号函数。

设二次型函数 $V(\boldsymbol{x})$，则定义如下：

当 $V(\boldsymbol{x})$ 是正定的，称 $\boldsymbol{P}$ 是正定的，记为 $\boldsymbol{P}>0$；

当 $V(\boldsymbol{x})$ 是负定的，称 $\boldsymbol{P}$ 是负定的，记为 $\boldsymbol{P}<0$；

当 $V(\boldsymbol{x})$ 是正半定的，称 $\boldsymbol{P}$ 是正半定的，记为 $\boldsymbol{P}\geqslant 0$；

当 $V(\boldsymbol{x})$ 是负半定的，称 $\boldsymbol{P}$ 是负半定的，记为 $\boldsymbol{P}\leqslant 0$。

例 1-19 已知 $V(\boldsymbol{x})=10x_1^2+4x_2^2+2x_1x_2$，试判定 $V(\boldsymbol{x})$ 是否正定。

解：

$$\begin{aligned}v(x_1,x_2)&=10x_1^2+x_1x_2+x_1x_2+4x_2^2\\&=\begin{bmatrix}x_1 & x_2\end{bmatrix}\begin{bmatrix}10 & 1\\1 & 4\end{bmatrix}\begin{bmatrix}x_1\\x_2\end{bmatrix}\end{aligned}$$

$\boldsymbol{P}$ 阵的特征值为

$$\lambda_{1,2}=7\pm\sqrt{10}>0$$

所以 $V(\boldsymbol{x})$ 是正定的。 □

下面简要显含 t 的 $V(\boldsymbol{x},t)$ 函数的一些定义及特征。

定义 1-7 称函数 $V(\boldsymbol{x},t)$ 为正定（负定）的，若存在正定（负定）函数 $\boldsymbol{W}(\boldsymbol{x})$，使 $V(\boldsymbol{x},t)\geqslant \boldsymbol{W}(\boldsymbol{x})(V(\boldsymbol{x},t)\leqslant \boldsymbol{W}(\boldsymbol{x}))(t\in I,\boldsymbol{x}\in D)$，称 $V(\boldsymbol{x},t)$ 为常正（常负）的，若 $V(\boldsymbol{x},t)\geqslant 0(-V(\boldsymbol{x},t)\geqslant 0)(t\in I,\boldsymbol{x}\in D)$。

若存在正定函数 $W_1(\boldsymbol{x})$，使得 $|V(\boldsymbol{x},t)|\leqslant W_1(\boldsymbol{x})$，则称 $V(\boldsymbol{x},t)$ 具有无穷小上界；若存在无穷大正定函数 $W_2(\boldsymbol{x})$，使 $V(\boldsymbol{x},t)\geqslant \boldsymbol{W}_2(\boldsymbol{x})$，则称 $V(\boldsymbol{x},t)$ 具有无穷大下界。

应当注意两点：第一，对显含 t 的 $V(\boldsymbol{x},t)$，常正与常负的概念与不显含 t 的 $V(\boldsymbol{x},t)$ 是一样的，也比较容易判别。但对正定和负定的判断就要复杂一些。对 $V(\boldsymbol{x},t)$，即使对一切 $\boldsymbol{x}\neq 0(\boldsymbol{x}\in \Omega\subset D)$，对任意 $t\in[r,+\infty)$ 都有 $V(\boldsymbol{x},t)>0$（或 <0），$V(\boldsymbol{x},t)$ 也不一定是正定（或负定）的。例如：

$$V(\boldsymbol{x},t)=\mathrm{e}^{-t}(x_1^2+x_2^2+\cdots+x_n^2)$$

对于任何 $\boldsymbol{x}=[x_1,\cdots,x_n]^{\mathrm{T}}\neq 0$，对任意固定的 t 都有 $V(\boldsymbol{x},t)>0$，但是 $\lim\limits_{t\to+\infty}V(\boldsymbol{x},t)=0$，从而 $V(\boldsymbol{x},t)$ 不是正定的，而只是常正的。

第二点，对于不显含 t 的 $V(\boldsymbol{x})$，正定（负定）性就意味着 $V(\boldsymbol{x})$ 具有无穷小的上界，

但对显含 t 的 $V(\boldsymbol{x},t)$，正定(负定)性和无穷小上界的性质没有必然的联系。正定(负定)的 $V(\boldsymbol{x},t)$ 可能有无穷小上界，也可能没有无穷小上界。

1.3.2 李雅普诺夫直接法的基本定理

1. 李雅普诺夫直接法的几何思想

设非线性系统的状态方程为

$$\dot{\boldsymbol{x}} = \boldsymbol{f}(\boldsymbol{x},t) \tag{1-58}$$

其平衡点为 $\boldsymbol{x}_e=0$。

首先介绍 $V(\boldsymbol{x},t)$ 沿系统式(1-58)的解 $\boldsymbol{x}(t)$ 的轨线对 t 的导数。设 $\boldsymbol{x}=\boldsymbol{x}(t)$ 是式(1-58)的解，把它代入 $V=V(\boldsymbol{x},t)$，并对 t 求导数

$$\begin{aligned}\left.\frac{\mathrm{d}V}{\mathrm{d}t}\right|_{式(1-58)} &= \frac{\partial V}{\partial t} + \frac{\partial V}{\partial \boldsymbol{x}}\frac{\mathrm{d}\boldsymbol{x}}{\mathrm{d}t} = \frac{\partial V}{\partial t} + \sum_{k=1}^{n}\frac{\partial V}{\partial x_k}\frac{\mathrm{d}x_k}{\mathrm{d}t} \\ &= \frac{\partial V}{\partial t} + \sum_{k=1}^{n}\frac{\partial V}{\partial x_k}f_k(x,t)\end{aligned} \tag{1-59}$$

称式(1-59)为 $V(\boldsymbol{x},t)$ 沿系统式(1-58)解的轨线对 t 的导数，简称为全导数，并记为 $\mathrm{d}V/\mathrm{d}t$。其中，$f_k(\boldsymbol{x},t)$ 是 $\boldsymbol{f}(\boldsymbol{x},t)$ 的第 k 个分量。可见，我们无须求出式(1-58)的解，就可以求出 $\mathrm{d}V/\mathrm{d}t$。这样，就可以根据特殊的 V 函数及其对 t 的全导数的符号性质去直接判断系统的稳定性。

对于自治系统，全导数具有明确的几何意义，这对于理解李雅普诺夫直接法的有关定理是有益处的。当式(1-58)右端不显含 t 时，式(1-59)可以写为

$$\frac{\mathrm{d}V}{\mathrm{d}t} = \nabla V \cdot \boldsymbol{f}(\boldsymbol{x}) \tag{1-60}$$

式中，∇V 是 V 的梯度。假如 V 是正定函数，则 $V(\boldsymbol{x})=C$ 当 C 适当小时($C>0$)给出一族彼此不相交，并包围原点的闭曲面(或闭超曲面)。当 C 减少并趋于零时，闭曲面(或闭超曲面)向内收缩并最后收缩为原点。如果沿轨线有 $\frac{\mathrm{d}V}{\mathrm{d}t}\leqslant 0$，由式(1-60)可见，$V$ 的梯度方向与轨线的流线方向之间的夹角大于等于 90°。而 V 的梯度方向正是闭曲面 $V(\boldsymbol{x})=C$ 的外法线方向。因此，若 $\frac{\mathrm{d}V}{\mathrm{d}t}\leqslant 0$，则轨线将随着 t 的增加一层层地进入闭曲面族 $V(\boldsymbol{x})=C$，或沿这些闭曲面的表面运动。这表明原点是稳定的。若 $\frac{\mathrm{d}V}{\mathrm{d}t}<0$，则轨线只能从 $V(\boldsymbol{x})=C$ 的外部进入它的内部。随着 t 的增加，它将越来越接近原点，且当 $t\to+\infty$ 时趋于原点，这表明原点是渐近稳定的。图 1-11 是当 $\boldsymbol{x}=[x_1,x_2]^{\mathrm{T}}$，正定函数 $V(\boldsymbol{x})$ 沿轨线的全导数 $\frac{\mathrm{d}V}{\mathrm{d}t}<0$ 的几何说明。

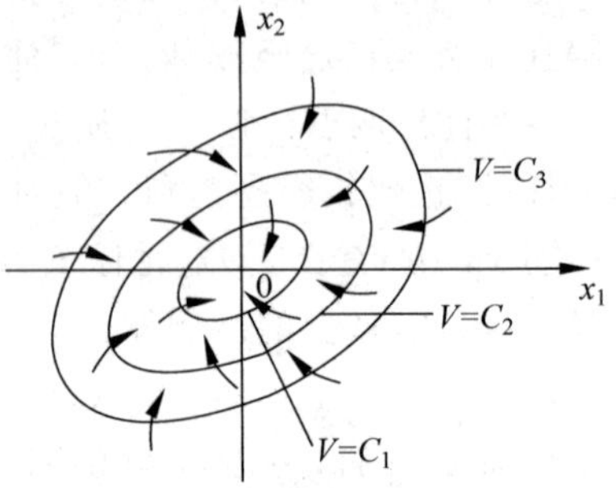

图 1-11 李雅普诺夫直接法的几何说明(渐近稳定)

2. 李雅普诺夫第二方法的基本定理

下面介绍李雅普诺夫第二方法的主要定理，证明过程可参见文献[35]，此处从略。

定理 1-5 稳定性定理。

(1) 如果对于 $t\in I, \boldsymbol{x}\in \Omega\subset D$，存在一个正定(负定)函数 $V(\boldsymbol{x},t)$，且 $V(\boldsymbol{x},t)$ 沿系统式(1-58)的解对 t 的全导数是常负(常正)的，则系统式(1-58)的平衡点 $\boldsymbol{x}_e=0$ 是稳定的。

(2) 如果满足上述条件的 $V(\boldsymbol{x},t)$ 具有无穷小上界，则系统式(1-56)的平衡点 $\boldsymbol{x}_e=0$ 是一致稳定的。

定理 1-6 渐近稳定定理。

如果对于 $t\in I, \boldsymbol{x}\in \Omega\subset D$，存在一个正定(负定)的 $V(\boldsymbol{x},t)$，且 $V(\boldsymbol{x},t)$ 沿系统式(1-58)的解对 t 全导数是负定的，则系统式(1-58)的平衡点 $\boldsymbol{x}_e=0$ 是渐近稳定的。如果满足上述条件的 $V(\boldsymbol{x},t)$ 具有无穷小上界，则系统式(1-58)的平衡点 $\boldsymbol{x}_e=0$ 是一致渐近稳定的。

备注：在定理 1-5 和定理 1-6 中，一致稳定要求 $V(\boldsymbol{x},t)$ 具有无穷小上界，但对 $\dfrac{\mathrm{d}V}{\mathrm{d}t}$ 则没有这个要求。

定理 1-7 不稳定定理。

(1) 如果存在一个连续可微的，具有无限小上界的函数 $V(\boldsymbol{x},t)$，在原点任一领域内，总存在点 $\boldsymbol{x}$ 的使得 $V(\boldsymbol{x},t)>0(<0)$；并且 V 沿式(1-58)的解对 t 的全导数是正定的(负定的)，则系统式(1-58)的平衡点 $\boldsymbol{x}_e=0$ 是不稳定的。

(2) 如果存在一个连续可微的函数 $V(\boldsymbol{x},t)$，满足 $V(\boldsymbol{0},t)=0$，且在原点的任一邻域内，总存在点 $\boldsymbol{x}$ 使得 $V(t_0,\boldsymbol{x})>0(<0)$，且 V 沿式(1-58)的解对 t 的全导数可以写为

$$\frac{\mathrm{d}V}{\mathrm{d}t}=\lambda V(\boldsymbol{x},t)+U(\boldsymbol{x},t) \tag{1-61}$$

其中 $\lambda>0$，函数 $U(\boldsymbol{x},t)$ 恒等于零或是常正(常负)的，则系统式(1-58)的平衡点 $\boldsymbol{x}_e=0$ 是不稳定的。

以上简单介绍了李雅普诺夫稳定性第二方法的主要定理，事实上，在很多情况下人们所遇到的系统是自治系统，因此其稳定性的判断相应简单一些。

3. 指数稳定性和全局稳定性

定理 1-8 设 $\Omega\subset D$ 为原点的邻域，如果存在一个连续可微函数 $V(x)$ 和正常数 C_1，C_2 和 C_3，使得对一切 $x\in\Omega$ 有

$$C_1\|\boldsymbol{x}\|^2\leqslant V(\boldsymbol{x})\leqslant C_2\|\boldsymbol{x}\|^2,\quad \frac{\mathrm{d}V}{\mathrm{d}t}\leqslant -C_3\|\boldsymbol{x}\|^2 \tag{1-62}$$

则系统式(1-58)的平衡点 $\boldsymbol{x}_e=0$ 是指数稳定的。

前面所介绍的稳定性的基本定理都是针对原点附近一个局部小的范围而言的。下面研究全局稳定性问题。

定理 1-9 全局渐近稳定定理。

如果对于任意 $t\in I,x\in R^n$,存在一个无限大的正定,且具有无穷小上界的函数 $V(\boldsymbol{x},t)$,$V(\boldsymbol{x},t)$沿系统式(1-58)的解对 t 的全导数是全局负定的,则系统式(1-58)的平衡点 $\boldsymbol{x}_e=0$ 是全局渐近稳定的。

在定理 1-9 中,我们要求 $V(\boldsymbol{x},t)$是无限大正定函数,但 $\mathrm{d}V/\mathrm{d}t$ 只是求为全局负定,即$-\mathrm{d}V/\mathrm{d}t$ 不必是无限大正定函数。

4. 举例

下面举例说明李雅普诺夫基本定理的应用。

例 1-20 设系统的状态方程为

$$\frac{\mathrm{d}x}{\mathrm{d}t}=y-x(x^2+y^2)$$

$$\frac{\mathrm{d}y}{\mathrm{d}x}=-x-y(x^2+y^2)$$

其中$(x,y)\in R^2$,试判断平衡点(0,0)的稳定性。

解:取 $V(x,y)=x^2+y^2$,它是一正定函数,由于

$$\begin{aligned}\frac{\mathrm{d}V}{\mathrm{d}t}&=\frac{\partial V}{\partial x}\frac{\mathrm{d}x}{\mathrm{d}t}+\frac{\partial V}{\partial y}\frac{\mathrm{d}y}{\mathrm{d}t}\\&=2x(y-x(x^2+y^2))+2y(-x-y(x^2+y^2))\\&=-2(x^2+y^2)\end{aligned}$$

它是负定函数,由定理 1-6 可知,平衡点是渐近稳定的。 □

例 1-21 考察系统

$$\frac{\mathrm{d}x}{\mathrm{d}t}=y+cx(x^2+y^2)$$

$$\frac{\mathrm{d}y}{\mathrm{d}t}=-x+cy(x^2+y^2)$$

的平衡点(0,0)的稳定性,其中 c 为实常数,$(x,y)\in R^2$。

解:显然(0,0)是系统的唯一平衡点。取

$$V(x,y)=x^2+y^2$$

这是一无限大正定函数。计算得到

$$\frac{\mathrm{d}V}{\mathrm{d}t}=2c(x^2+y^2)^2$$

它在全 R^2 中有定义,若 $c<0$,则在全 R^2 中是负定的,则系统全局渐近稳定,若$c=0$,则$\frac{\mathrm{d}V}{\mathrm{d}t}\equiv 0$,由定理可知,系统是稳定的。若 $c>0$,则$\frac{\mathrm{d}V}{\mathrm{d}t}$在 R^2 是正定的,因此平衡点(0,0)是完全不稳定的。 □

1.3.3 线性定常系统的稳定性判据

对于线性时不变系统,可以根据 $\boldsymbol{A}$ 的特征值来判断系统的稳定性。设线性自治

系统的状态方程为

$$\dot{\boldsymbol{x}} = \boldsymbol{A}\boldsymbol{x} \tag{1-63}$$

式中，$\boldsymbol{A}$ 为 $n \times n$ 非奇异的实矩阵，$\boldsymbol{x}(t_0)=\boldsymbol{x}_0$。根据经典控制理论可知，当且仅当 $\boldsymbol{A}$ 的所有特征根的实部 $\mathrm{Re}\lambda_i \leqslant 0(i=1,2,\cdots,n)$，且实部为零的根所对应的约当块是一次的，则系统的平衡点 $\boldsymbol{x}=0$ 是临界稳定的(即在李雅普诺夫意义下是稳定的)；当且仅当 $\mathrm{Re}\lambda_i<0(i=1,2,\cdots,n)$，系统的平衡点是渐近稳定的；若至少有一个特征根的实部 $\mathrm{Re}\lambda_i>0$，则平衡点 $\boldsymbol{x}=0$ 是不稳定的。

由此可见，线性自治系统的稳定性，取决于矩阵 $\boldsymbol{A}$ 的特征根是否均具有负实部。$\boldsymbol{A}$ 的特征根即为特征方程

$$\alpha_0\lambda^n + \alpha_1\lambda^{n-1} + \cdots + \alpha_{n-1}\lambda + \alpha_n = \det(\boldsymbol{A} - \lambda\boldsymbol{I}) = 0 \tag{1-64}$$

的解。当 n 很大时，求解特征方程是一件不容易的事。

下面讨论对于线性自治系统，如何利用 V 函数来决定系统的稳定性问题。这个问题不仅对于判断系统的具有重要的理论意义，而且是在弱非线性系统中利用首次近似决定稳定性的基础。

设线性自治系统的状态方程由式(1-63)表示。选择 V 函数为

$$V(\boldsymbol{x}) = \boldsymbol{x}^{\mathrm{T}}\boldsymbol{P}\boldsymbol{x} \tag{1-65}$$

其中，$\boldsymbol{P}$ 为正定矩阵。这样，$V(\boldsymbol{x})$ 为无限大正定函数。现求 $V(\boldsymbol{x})$ 沿式(1-63)的解的全导数

$$\begin{aligned}\frac{\mathrm{d}V}{\mathrm{d}t} &= \frac{\mathrm{d}\boldsymbol{x}^{\mathrm{T}}}{\mathrm{d}t}\boldsymbol{P}\boldsymbol{x} + \boldsymbol{x}^{\mathrm{T}}\boldsymbol{P}\frac{\mathrm{d}\boldsymbol{x}}{\mathrm{d}t} \\ &= \boldsymbol{x}^{\mathrm{T}}(\boldsymbol{A}^{\mathrm{T}}\boldsymbol{P} + \boldsymbol{P}\boldsymbol{A})\boldsymbol{x}\end{aligned} \tag{1-66}$$

如果

$$\boldsymbol{A}^{\mathrm{T}}\boldsymbol{P} + \boldsymbol{P}\boldsymbol{A} = -\boldsymbol{Q} \tag{1-67}$$

其中 $\boldsymbol{Q}$ 为正定矩阵，则

$$\frac{\mathrm{d}V}{\mathrm{d}t} = -\boldsymbol{x}^{\mathrm{T}}\boldsymbol{Q}\boldsymbol{x} \tag{1-68}$$

则 $\frac{\mathrm{d}V}{\mathrm{d}t}$ 是负定的，从而线性自治系统就是全局渐近稳定的。我们称式(1-67)为李雅普诺夫矩阵方程，借助这个方程，就可以研究线性系统的稳定性。一般来说，给定 $n\times n$ 矩阵 $\boldsymbol{A}$，可以事先选一个正定的矩阵 $\boldsymbol{Q}$(一般地可选取 $\boldsymbol{Q}$ 为单位矩阵 $\boldsymbol{I}$ 或对角矩阵)，然后再通过李雅普诺夫矩阵方程式(1-67)求解 $\boldsymbol{P}$，如果 $\boldsymbol{A}$ 没有实部为零的特征值，则 $\boldsymbol{P}$ 有唯一解。如果得到的 $\boldsymbol{P}$ 是正定的，则平衡点 $\boldsymbol{x}_e=0$ 是全局渐近稳定的。如果 $\boldsymbol{P}$ 具有某些负特征值，则式(1-65)所定义的 V 函数可以在原点任意邻域内取到负值，由李雅普诺夫第一不稳定定理，平衡点 $\boldsymbol{x}_e=0$ 是不稳定的。应该注意的是，若 $\boldsymbol{A}$ 具有实部为零的特征值时，$\boldsymbol{P}$ 将没有唯一解，此时不能运用上述方法来解决线性自治系统的稳定性问题。

李雅普诺夫矩阵方程的主要作用是它给出了一种系统构造李雅普诺夫函数的方法，

而这种方法在解决弱非线性系统按首次近似决定稳定性的分析中起着十分关键的作用。

例 1-22 讨论二阶线性自治系统

$$\frac{\mathrm{d}x_1}{\mathrm{d}t} = x_2$$

$$\frac{\mathrm{d}x_2}{\mathrm{d}t} = -2x - 3x_2$$

的稳定性问题。

解：首先采用特征根判断。其系统对应矩阵

$$\boldsymbol{A} = \begin{bmatrix} 0 & 1 \\ -2 & -3 \end{bmatrix}$$

容易求出，特征根为 $\lambda_1 = -1, \lambda_2 = -2$，系统为全局渐近稳定的。现采用李雅普诺夫矩阵方程方法来讨论稳定性问题，对给定正定矩阵

$$\boldsymbol{Q} = \begin{bmatrix} 4 & 0 \\ 0 & 1 \end{bmatrix}$$

令 $\boldsymbol{P} = \begin{bmatrix} p_1 & p_3 \\ p_3 & p_2 \end{bmatrix}$，求解李雅普诺夫方程

$$\boldsymbol{A}^{\mathrm{T}}\boldsymbol{P} + \boldsymbol{P}\boldsymbol{A} = -\boldsymbol{Q}$$

得到

$$\begin{cases} -4p_3 = -4 \\ p_1 - 2p_2 - 3p_3 = 0 \\ -6p_2 + 2p_3 = -1 \end{cases}$$

可以求得

$$\boldsymbol{P} = \begin{bmatrix} 4 & 1 \\ 1 & \dfrac{1}{2} \end{bmatrix}$$

显然 $\boldsymbol{P} > 0$，从而系统是全局渐近稳定的。

事实上，给定正定二次型

$$V(x_1, x_2) = [x_1, x_2]\begin{bmatrix} p_1 & p_3 \\ p_3 & p_2 \end{bmatrix}\begin{bmatrix} x_1 \\ x_2 \end{bmatrix} = \frac{1}{2}(8x_1^2 + 4x_1x_2 + x_2^2)$$

可以求出 $V(x_1, x_2)$ 沿系统的解的全导数为

$$\frac{\mathrm{d}V}{\mathrm{d}t} = -(4x_1^2 + x_2^2) < 0$$

与前面的结论相同。 □

1.3.4 按首次近似决定非线性系统稳定性

现在考虑非线性自治系统

$$\frac{\mathrm{d}\boldsymbol{x}}{\mathrm{d}t} = \boldsymbol{A}\boldsymbol{x} + \boldsymbol{R}(\boldsymbol{x}) \tag{1-69}$$

并设

$$\lim_{\|\boldsymbol{x}\|\to 0}\frac{\|\boldsymbol{R}(\boldsymbol{x})\|}{\|\boldsymbol{x}\|}=0 \tag{1-70}$$

在什么条件下,式(1-69)的平衡点 $\boldsymbol{x}_e=0$ 的稳定性能由线性自治系统

$$\frac{\mathrm{d}\boldsymbol{x}}{\mathrm{d}t}=\boldsymbol{A}\boldsymbol{x} \tag{1-71}$$

平衡点的稳定性来决定。这便是按首次近似决定稳定性的问题。

定理 1-10 按首次近似决定稳定性。

对非线性自治系统式(1-69),当系统的线性主部中 $\boldsymbol{A}$ 的特重根均具有负实部时,系统式(1-69)的平衡点 $\boldsymbol{x}_e=0$ 是渐近稳定的,而当 $\boldsymbol{A}$ 的特征根至少有一个具有正实部时,则系统式(1-69)的平衡点 $\boldsymbol{x}_e=0$ 是不稳定的。

证明 由定理条件可知,对于给定正定矩阵 $\boldsymbol{Q}$,存在对称矩阵 $\boldsymbol{P}$,使得

$$\boldsymbol{A}^{\mathrm{T}}\boldsymbol{P}+\boldsymbol{P}\boldsymbol{A}=-\boldsymbol{Q}$$

存在唯一解。取 $\boldsymbol{Q}$ 为单位矩阵 $\boldsymbol{I}$,则取 V 函数为二次型

$$V(\boldsymbol{x})=\boldsymbol{x}^{\mathrm{T}}\boldsymbol{P}\boldsymbol{x}$$

$V(\boldsymbol{x})$沿系统式(1-69)的解的全导数为

$$\begin{aligned}\frac{\mathrm{d}V}{\mathrm{d}t}&=(\boldsymbol{x}^{\mathrm{T}}\boldsymbol{A}^{\mathrm{T}}+\boldsymbol{R}^{\mathrm{T}}(\boldsymbol{x}))\boldsymbol{P}\boldsymbol{x}+\boldsymbol{x}^{\mathrm{T}}\boldsymbol{P}(\boldsymbol{A}\boldsymbol{x}+\boldsymbol{R}(\boldsymbol{x}))\\&=\boldsymbol{x}^{\mathrm{T}}(\boldsymbol{A}^{\mathrm{T}}\boldsymbol{P}+\boldsymbol{P}\boldsymbol{A})\boldsymbol{x}+\boldsymbol{R}^{\mathrm{T}}(\boldsymbol{x})\boldsymbol{P}\boldsymbol{x}+\boldsymbol{x}^{\mathrm{T}}\boldsymbol{P}\boldsymbol{R}(\boldsymbol{x})\\&=-\boldsymbol{x}^{\mathrm{T}}\boldsymbol{x}+2\boldsymbol{x}^{\mathrm{T}}\boldsymbol{P}\boldsymbol{R}(\boldsymbol{x})\end{aligned} \tag{1-72}$$

由于 $\boldsymbol{R}(\boldsymbol{x})$满足式(1-70),故对于足够小的 r,使得当 $\|\boldsymbol{x}\|<r$ 时有

$$\|\boldsymbol{x}^{\mathrm{T}}\boldsymbol{P}\boldsymbol{R}(\boldsymbol{x})\|<\frac{1}{4}\boldsymbol{x}^{\mathrm{T}}\boldsymbol{x} \tag{1-73}$$

于是有

$$\frac{\mathrm{d}V}{\mathrm{d}t}<-\frac{1}{2}\boldsymbol{x}^{\mathrm{T}}\boldsymbol{x} \tag{1-74}$$

当 $\boldsymbol{A}$ 的特征根均具有负实部时,$\boldsymbol{P}$ 为正定矩阵,于是 $V(\boldsymbol{x})$为正定函数,由李雅普诺夫渐近稳定定理可知,系统式(1-69)的平衡点 $\boldsymbol{x}_e=0$ 是渐近稳定的。当 $\boldsymbol{A}$ 具有实部为正的特征值时,则二次型 $V(\boldsymbol{x})=\boldsymbol{x}^{\mathrm{T}}\boldsymbol{P}\boldsymbol{x}$ 不是常正的,由李雅普诺夫第一不稳定定理,可知系统式(1-69)的平衡点 $\boldsymbol{x}_e=0$ 是不稳定的。 □

这种采用考虑首次线性近似来决定平衡点的稳定性的方法,许多文献上称作为李雅普诺夫间接方法。应该注意的是:这种方法只能决定局部稳定性,正如证明过程中所见到的,仅在平衡点 $\boldsymbol{x}_e=0$ 的一个很小的邻域 $\|\boldsymbol{x}\|<r$ 内,才可以保证$\frac{\mathrm{d}V}{\mathrm{d}t}<0$。这种方法的实质是认为在平衡点的一个足够小的范围内,非线性余项 $\boldsymbol{R}(\boldsymbol{x})$对稳定性的性质不会产生质的影响。例如,当 $\boldsymbol{A}$ 的特征根的实部均为负时,线性化系统一定存在某种阻尼,如果扰动在平衡点的附近,这个阻尼就是以克服非线性余项的作用而使得系统是稳定的。

应当强调指出，当 $\boldsymbol{A}$ 具有某些实部为零的特征根时，线性化系统不能提供任何非线性系统的稳定性的信息。李雅普诺夫证明：在这种情况下，非线性系统式(1-69)对于某些 $\boldsymbol{R}(\boldsymbol{x})$ 是稳定的，而对于另外一些 $\boldsymbol{R}(\boldsymbol{x})$ 则是不稳定的。

根据前面的讨论，可以将非线性系统式(1-69)的稳定性问题分为两类：非临界情况(即可以按首次线性近似决定的)及临界情况(即不能用首次线性近似决定的)。

下面举例说明按首次近似决定稳定性方法的应用。

例 1-23 讨论状态方程

$$\frac{\mathrm{d}x}{\mathrm{d}t}=-2x+y-z+x^2\mathrm{e}^x$$

$$\frac{\mathrm{d}y}{\mathrm{d}t}=x-y+x^3yz^2$$

$$\frac{\mathrm{d}z}{\mathrm{d}t}=x+y-z-\mathrm{e}^x(y^2+z^2)$$

原点 $x=0,y=0,z=0$ 的稳定性。

其中，$(x,y,z)\in R^3$。

解：显然，$x=0,y=0,z=0$ 是一个平衡点。其线性化方程为

$$\frac{\mathrm{d}x}{\mathrm{d}t}=-2x+y-z$$

$$\frac{\mathrm{d}y}{\mathrm{d}t}=x-y$$

$$\frac{\mathrm{d}z}{\mathrm{d}t}=x+y-z$$

上式的特征方程为

$$\begin{vmatrix} -2-\lambda & 1 & -1 \\ 1 & -1-\lambda & 0 \\ 1 & 1 & -1-\lambda \end{vmatrix}=0$$

即

$$\lambda^3+4\lambda^2+\lambda+3=0$$

由劳斯判据可知，特征根均具有负实部，故平衡点 $x=0,y=0,z=0$ 是局部渐近稳定的。 □

1.4 最优控制

1.4.1 最优控制问题

在经典控制理论中，控制系统的设计是基于试探性的原则。为了便于设计，通常基于工程要求或工艺要求给定一些性能指标，例如时域中通常给定稳态精度、上升时

间、超调量、调节时间等。由于频率特性易于测量，因而在许多情况下，也给定一些频域指标，例如相角裕量、幅值裕量、静态误差系数、高频衰减斜率等。给定这些指标后，人们采用根轨迹法或频域法对系统进行初步的控制器设计，然后再检验系统的性能指标能否达到设计要求，如果性能指标不满足，就要重新进行控制器设计，直至达到预定要求。尽管给定的性能指标一般情况下是人们基于经验得出的，工作情况也基本令人满意，但是这些指标一般没有考虑最优状况或者不以最优为前提。

随着现代科学技术的发展，除了基本的性能指标外，在控制系统的设计中越来越多地涉及控制系统需要给出最优的指标问题。例如在航空航天工程中，就常常遇到时间最短、燃料最少、路径最优等需要进行复杂的控制以达到最优性能指标，我们把这一类控制称为最优控制问题，相应的控制策略和分析设计方法也称为最优控制理论。可以说，最优控制的理论就是在空间技术发展的迫切需要中逐渐完善的。

最优控制一般要给出一个性能指标函数，或称为目标函数。性能指标函数一般可以表示为下列形式

$$J=\int_{t_0}^{t_f}\boldsymbol{L}[\boldsymbol{x}(t),\boldsymbol{u}(t),t]\mathrm{d}t+\boldsymbol{\Phi}[\boldsymbol{x}(t_f),t] \tag{1-75}$$

式中，$\boldsymbol{x}\in R^n$ 为状态变量向量；$\boldsymbol{u}\in R^m$ 为控制函数向量；$\boldsymbol{L}(\cdot,\cdot,\cdot)$，$\boldsymbol{\Phi}(\cdot,\cdot)$为向量函数。

所谓最优控制，就是要寻找一个控制函数 $\boldsymbol{u}$，使得性能指标函数式(1-75)能够取得极大值或极小值。

下面举几个最优控制问题的例子。

例 1-24 登月火箭的软着陆问题。

当火箭垂直降落到距离月球表面 h 的地方时，要求火箭速度为零，且消耗燃料最小，试做出该问题的数学描述。

解：火箭垂直降落月球表面的示意图如图 1-12 所示。图中，m 为火箭质量；g_m 为月球表面重力加速度；F 为火箭推力；h 为火箭速度为零时距月球表面的垂直距离。由于火箭推力与火箭燃料的消耗率成正比，而火箭燃料消耗率和火箭质量的变化率在数值上相同，因此推力可以写为

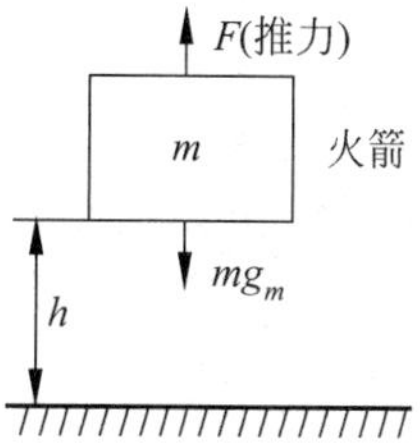

图 1-12 登月火箭软着陆示意图

$$F=-K\frac{\mathrm{d}m}{\mathrm{d}t}$$

其中 K 为比例常数，负号表示推力起制动作用，其方向与月球表面重力方向相反。火箭的运动方程可以写为

$$m\frac{\mathrm{d}^2x}{\mathrm{d}t^2}=-K\frac{\mathrm{d}m}{\mathrm{d}t}-mg_{\mathrm{m}}$$

相应的约束条件为

$$t=t_0: x(t_0)=x_0,\quad \dot{x}(t_0)=v_0,\quad m(t_0)=m_0>0$$

$$t=t_f: x(t_f)=0,\quad \dot{x}(t_f)=0,\quad m(t_f)=m_f>0$$

一般 m_f, t_f 为自由的，即可以取任意值。由于要求燃料消耗最少，故性能指标可以写为

$$J=\min\left\{\int_{t_0}^{t_f}(-\dot{m}\mathrm{d}t)\right\}=\min(m_0-m_f)$$

控制问题可以描述为：寻找合适的推力函数，在上述的运动方程和约束条件下，使性能指标 J 取得极小值。 □

例 1-25 空对空导弹拦截问题。

我方拦截导弹 L 和敌方导弹 M 在同一平面运动，我方导弹 L 的位置坐标为 $(x_\mathrm{L}, y_\mathrm{L})$，速度为 v_L，其方向与 x 轴夹角为 β；敌方导弹 M 的位置坐标为 $(x_\mathrm{M}, y_\mathrm{M})$，速度为 v_M，其方向与 x 轴夹角为 α，如图 1-13 所示。设我方导弹推力与运动方向一致，其速度的大小和方向均随时间改变，敌方导弹速度、方向不发生变化。试给出控制问题的描述。

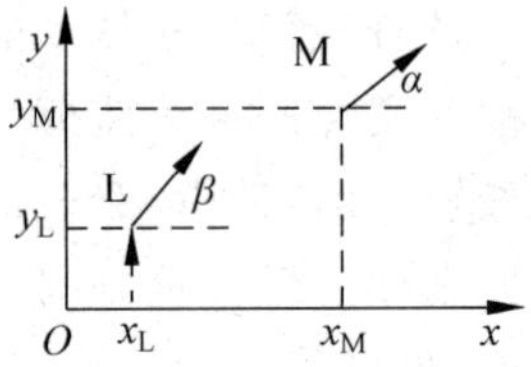

图 1-13 空对空导弹拦截问题示意图

解：由图 1-13 可以得出

$$\dot{x}_\mathrm{M}=v_\mathrm{M}\cos\alpha,\quad \dot{y}_\mathrm{M}=v_\mathrm{M}\sin\alpha,\quad \dot{x}_\mathrm{L}=v_\mathrm{L}\cos\beta,\quad \dot{y}_\mathrm{L}=v_\mathrm{L}\sin\beta$$

设导弹 L 的动力学方程为

$$\begin{cases} m_\mathrm{L}\dfrac{\mathrm{d}v_\mathrm{L}}{\mathrm{d}t}=Cu_1-Fv_\mathrm{L}^2 \\ \dfrac{\mathrm{d}\beta}{\mathrm{d}t}=\dfrac{1}{m_\mathrm{L}v_\mathrm{L}}u_2 \\ \dfrac{\mathrm{d}m_\mathrm{L}}{\mathrm{d}t}=-Ku_2 \end{cases}$$

式中，m_L 为导弹 L 的质量；C,F,K 为常数；u_1,u_2 为外部的控制量。令 $x_1=x_\mathrm{M}-x_\mathrm{L}$，$x_2=y_\mathrm{M}-y_\mathrm{L}$，$x_3=v_\mathrm{L}$，$x_4=\beta$，$x_5=m_\mathrm{L}$，则空对空导弹拦截系统的状态方程为

$$\begin{cases} \dot{x}_1=v_\mathrm{M}\cos\alpha-x_3\cos x_4 \\ \dot{x}_2=v_\mathrm{M}\sin\alpha-x_3\sin x_4 \\ \dot{x}_3=\dfrac{1}{x_5}(Cu_1-Fx_3^2) \\ \dot{x}_4=\dfrac{u_2}{x_3x_5} \\ \dot{x}_5=-Ku_2 \end{cases}$$

记 $\boldsymbol{x}=[x_1,x_2,x_3,x_4,x_5]^\mathrm{T}$，$\boldsymbol{u}=[u_1,u_2]^\mathrm{T}$，$f_1(\boldsymbol{x},\boldsymbol{u})=v_\mathrm{M}\cos\alpha-x_3\cos x_4$，$f_2(\boldsymbol{x},\boldsymbol{u})=v_\mathrm{M}\sin\alpha-x_3\sin x_4$，$f_3(\boldsymbol{x},\boldsymbol{u})=\dfrac{1}{x_5}(Cu_1-Fx_3^2)$，$f_4(\boldsymbol{x},\boldsymbol{u})=\dfrac{u_2}{x_3x_5}$，$f_5(\boldsymbol{x},\boldsymbol{u})=-Ku_2$，$\boldsymbol{f}(\boldsymbol{x},\boldsymbol{u})=[f_1(x,u),f_2(x,u),f_3(x,u),f_4(x,u),f_5(x,u)]^\mathrm{T}$，则上述状态方程可以写为向量形式

$$\dot{\boldsymbol{x}}=\boldsymbol{f}(\boldsymbol{x},\boldsymbol{u})$$

设导弹控制的要求为：在给定的时刻导弹尽可能地接近目标，并且能量消耗要尽量的小。据此可以将性能指标写为

$$J = \boldsymbol{x}^{\mathrm{T}}(t_f)\boldsymbol{S}\boldsymbol{x}(t_f) + \int_{t_0}^{t_f} \boldsymbol{u}^{\mathrm{T}}(t)\boldsymbol{R}(t)\boldsymbol{u}(t)\mathrm{d}t$$

其中，$\boldsymbol{S}=\mathrm{diag}[s_1 \quad s_2 \quad 0 \quad 0 \quad 0]$，$\boldsymbol{R}(t)=\mathrm{diag}[r_1(t) \quad r_2(t)]$。

性能指标 J 的第一项表示终端时刻和目标接近的某种量度，第二项表示导弹在控制过程中所消耗的能量。

导弹的最优控制问题可以描述为：对于导弹的状态方程所描述的系统，已知初始条件和终端时刻，寻找合适的控制函数 $\boldsymbol{u}(t)$，使得性能指标 J 取得最小值。 □

一般来说，最优控制问题可以描述如下：

已知系统的状态方程

$$\dot{\boldsymbol{x}} = \boldsymbol{f}(\boldsymbol{x}(t),\boldsymbol{u}(t),t) \tag{1-76}$$

其中 $\boldsymbol{x}\in R^n$，$\boldsymbol{u}\in R^m$，给定初始状态 $\boldsymbol{x}(t_0)=\boldsymbol{x}_0$ 和终端条件 $\boldsymbol{x}(t_f)=\boldsymbol{x}_f$，选择满足一定约束的控制 $\boldsymbol{u}(t)$，使得性能指标

$$J = \int_{t_0}^{t_f} L[\boldsymbol{x}(t),\boldsymbol{u}(t),t]\mathrm{d}t + \Phi[\boldsymbol{x}(t_f),t_f] \tag{1-77}$$

取得极值。使得式(1-77)取得极值的控制称为最优控制，记为 $\boldsymbol{u}^*(t)$。

终端条件可以是状态空间中的一个点 $\boldsymbol{x}(t_f)=\boldsymbol{x}_f$，不过有些时候终端条件是状态空间中的一个集合 S，S 称为目标集，可以写为

$$S = g_i[\boldsymbol{x}(t_f),t_f] = 0,\quad i = 1,2,\cdots,k;\quad k < n \tag{1-78}$$

有时终端时刻 t_f 也不是事先给定的，它被包含在最优控制的目标之中，此时目标集可以写为

$$S = \{\boldsymbol{x},t_f \mid g_i[\boldsymbol{x}(t_f),t_f] = 0, i = 1,2,\cdots,k\} \tag{1-79}$$

控制 $\boldsymbol{u}(t)$ 的约束条件一般可以写为 $\phi_j(\boldsymbol{x},\boldsymbol{u})\leqslant 0(j=1,2,\cdots,m)$，满足约束条件的控制称为容许控制，记为

$$\boldsymbol{u}(t) \in U = \{\boldsymbol{u}(t) \mid_{\phi_j(\boldsymbol{x},\boldsymbol{u})\leqslant 0}\} \tag{1-80}$$

性能指标式(1-77)中第一项为动态指标，反映了对系统动态过程的综合要求；第二项为静态指标，反映了对系统终端时刻的要求。从性能指标的角度来看，常见的最优控制问题可以归纳为以下几类问题。

(1) 时间最优控制问题

使系统在最短的时间内从已知的初始状态转移到指定的终端状态。性能指标可以表示为

$$J = \int_{t_0}^{t_f} \mathrm{d}t = t_f - t_0 \tag{1-81}$$

(2) 最少燃料问题

使系统在规定的时间内燃料消耗为最少。由于燃料消耗速度一般与控制量成正比，故性能指标可以写为

$$J=\int_{t_0}^{t_f}K\mid \boldsymbol{u}(t)\mid \mathrm{d}t \tag{1-82}$$

(3) 终端控制

在规定的时间内使系统的状态尽量接近终端要求值，其性能指标可以写为

$$J=\theta[\boldsymbol{x}(t_f),t_f] \tag{1-83}$$

(4) 线性调节器问题

使线性系统$\dot{\boldsymbol{x}}=\boldsymbol{A}\boldsymbol{x}(t)+\boldsymbol{B}\boldsymbol{u}(t)$保持平衡状态，并且控制能量和误差取得最小值，其性能指标可以写为

$$J=\int_{t_0}^{t_f}[\boldsymbol{x}^{\mathrm{T}}\boldsymbol{Q}\boldsymbol{x}+\boldsymbol{u}^{\mathrm{T}}\boldsymbol{R}\boldsymbol{u}]\mathrm{d}t \tag{1-84}$$

式中$\boldsymbol{Q}$,$\boldsymbol{R}$为正定矩阵；上式中$\boldsymbol{x}^{\mathrm{T}}\boldsymbol{Q}\boldsymbol{x}$表示系统状态与平衡状态的误差，$\boldsymbol{u}^{\mathrm{T}}\boldsymbol{R}\boldsymbol{u}$表示控制能量。

(5) 跟踪问题

使系统的状态尽可能接近某个给定的已知函数$\boldsymbol{x}_r(t)$，且控制能量为最小。其性能指标可以写为

$$J=\int_{t_0}^{t_f}[(\boldsymbol{x}-\boldsymbol{x}_r)^{\mathrm{T}}\boldsymbol{Q}(\boldsymbol{x}-\boldsymbol{x}_r)+\boldsymbol{u}^{\mathrm{T}}\boldsymbol{R}\boldsymbol{u}]\mathrm{d}t \tag{1-85}$$

性能指标式(1-71)实际上是一个泛函数(关于泛函数的概念1.4.2节介绍)，因此最优控制可以归结为求泛函的极值问题。对于控制函数无约束的最优控制问题，可以用变分法求解，对于有约束的最优控制问题，可以采用极大值(极小值)原理求解。

1.4.2 利用变分法求解最优控制问题的方法

1. 泛函及变分的概念

首先介绍泛函的概念。我们知道，函数是高等数学中的一个基本概念。如果对于变量x在某区间内的任一取值，变量y都按某种规则有一个唯一的数值与此对应，则变量y称为变量x的函数，记为$y=f(x)$。在这里，自变量x的取值范围为实数域的一个区间。如果因变量的值不是取决于自变量在取值区间内某一个具体值，而是取决于某种函数集合中的某个函数，例如式(1-77)所示的性能指标

$$J=\int_{t_0}^{t_f}L[\boldsymbol{x}(t),\boldsymbol{u}(t),t]\mathrm{d}t+\Phi[\boldsymbol{x}(t_f),t_f]$$

可以看出，J的值由区间$[t_0,t_f]$内$\boldsymbol{x}(t)$和$\boldsymbol{u}(t)$两个时间函数的变化规律决定，给出不同变化规律的函数$\boldsymbol{x}(t)$和$\boldsymbol{u}(t)$，J就可以得到不同的数值。这和函数定义中因变量y的值仅按某种规则唯一确定于自变量x的值有很大区别。这种由于函数变化规律的不同，按一定规则得到的因变量数值的映射关系就称为泛函数，简称为泛函。最优控制问题实际上就是求在一定约束条件下泛函的极值，而变分法可以用来求泛函的极值，因此成为最优控制的重要数学基础。

设有一个函数类的集合$C^1[t_0,t_f]$，其中的元素$x(t)$是在区间$t_0\leqslant t\leqslant t_f$上连续可

导的函数，即当 $\boldsymbol{x}(t)\in C^1[t_0,t_f]$ 时，$\boldsymbol{x}(t)$、$\dot{\boldsymbol{x}}(t)$ 均为连续函数。设 $\boldsymbol{x}_0(t),\boldsymbol{x}(t)\in C^1[t_0,t_f]$，则函数的变分定义为

$$\delta\boldsymbol{x}(t)=\boldsymbol{x}(t)-\boldsymbol{x}_0(t)=\Delta\boldsymbol{x}(t),\quad \forall t_0\leqslant t\leqslant t_f \tag{1-86}$$

即函数的变分就是其增量。对于泛函 $J[\boldsymbol{x}(t)]$，可以将其增量表示为

$$\begin{aligned}\Delta J&=J[\boldsymbol{x}(t)+\delta\boldsymbol{x}(t)]-J[\boldsymbol{x}(t)]\\&=D\{J[\boldsymbol{x}(t),\delta\boldsymbol{x}(t)]\}+R\{J[\boldsymbol{x}(t),\delta\boldsymbol{x}(t)]\}\end{aligned}$$

其中，$R\{J[\boldsymbol{x}(t),\delta\boldsymbol{x}(t)]\}$ 为 $\delta\boldsymbol{x}(t)$ 的高阶无穷小量；$D\{J[\boldsymbol{x}(t),\delta\boldsymbol{x}(t)]\}$ 是泛函增量 ΔJ 的线性主部，称为泛函 $J[\boldsymbol{x}(t)]$ 的变分，记为

$$\delta J=D\{J[\boldsymbol{x}(t)+\delta\boldsymbol{x}(t)]\} \tag{1-87}$$

泛函的变分可以由下式计算

$$\delta J=\frac{\partial}{\partial\alpha}\{J[\boldsymbol{x}(t)+\alpha\delta\boldsymbol{x}(t)]\}\big|_{\alpha=0} \tag{1-88}$$

如果对于某个函数 $\boldsymbol{x}^*(t)$，对其邻近的任一函数 $\boldsymbol{x}(t)$，泛函 $J[\boldsymbol{x}(t)]$ 总是大于泛函 $J[\boldsymbol{x}^*(t)]$，即

$$\Delta J=J[\boldsymbol{x}(t)]-J[\boldsymbol{x}^*(t)]\geqslant 0$$

则称泛函 $J[\boldsymbol{x}(t)]$ 在函数 $\boldsymbol{x}^*(t)$ 上达到极小值。反之，若有

$$\Delta J=J[\boldsymbol{x}(t)]-J[\boldsymbol{x}^*(t)]\leqslant 0$$

则称泛函 $J[\boldsymbol{x}(t)]$ 在函数 $\boldsymbol{x}^*(t)$ 上达到极大值。

2. 欧拉方程和横截条件

对于函数 $x(t)$，在 $t=t^*$ 时出现极值的必要条件为

$$\frac{\mathrm{d}x}{\mathrm{d}t}\big|_{t=t^*}=0$$

同样，对于泛函 $J[\boldsymbol{x}(t)]$，在函数为 $\boldsymbol{x}^*(t)$ 时出现极值的必要条件是

$$\delta J[\boldsymbol{x}^*(t)]=0 \tag{1-89}$$

下面考察对于函数 $\boldsymbol{x}(t)$，$\boldsymbol{x}(t_0)=\boldsymbol{x}_0$，$\boldsymbol{x}(t_f)=\boldsymbol{x}_f$，满足什么条件时可以使得泛函

$$J[\boldsymbol{x}(t)]=\int_{t_0}^{t_f}L[\boldsymbol{x}(t),\dot{\boldsymbol{x}}(t),t]\mathrm{d}t \tag{1-90}$$

取得极值。

设 $\boldsymbol{x}^*(t)$ 是使得泛函 $J[\boldsymbol{x}(t)]$ 取得极值的函数，$\boldsymbol{x}(t)$ 是临近 $\boldsymbol{x}^*(t)$ 另一个函数，可以将 $\boldsymbol{x}(t)$ 写为

$$\boldsymbol{x}(t)=\boldsymbol{x}^*(t)+\delta\boldsymbol{x}$$

显然

$$\dot{\boldsymbol{x}}(t)=\dot{\boldsymbol{x}}^*(t)+\delta\dot{\boldsymbol{x}}$$

泛函 $J[\boldsymbol{x}(t)]$ 可以写为

$$J[\boldsymbol{x}(t)]=\int_{t_0}^{t_f}L[\boldsymbol{x}^*(t)+\delta\boldsymbol{x},\dot{\boldsymbol{x}}^*(t)+\delta\dot{\boldsymbol{x}},t]\mathrm{d}t$$

将 $L[\boldsymbol{x}^*(t)+\delta\boldsymbol{x},\dot{\boldsymbol{x}}^*(t)+\delta\dot{\boldsymbol{x}},t]$ 在 $\boldsymbol{x}^*(t)$ 附近展开

$$L[\boldsymbol{x}^*(t)+\delta\boldsymbol{x},\dot{\boldsymbol{x}}^*(t)+\delta\dot{\boldsymbol{x}},t]=L[\boldsymbol{x}^*(t),\dot{\boldsymbol{x}}^*(t),t]+\left.\frac{\partial L}{\partial \boldsymbol{x}}\right|_{x=x^*}\delta\boldsymbol{x}+\left.\frac{\partial L}{\partial \dot{\boldsymbol{x}}}\right|_{\dot{x}=\dot{x}^*}\delta\dot{\boldsymbol{x}}+R$$

式中，R 表示展开式中的高阶项，因此

$$\begin{aligned}\Delta J&=J[\boldsymbol{x}(t)]-J[\boldsymbol{x}^*(t)]\\&=\int_{t_0}^{t_f}L[\boldsymbol{x}^*(t)+\delta\boldsymbol{x},\dot{\boldsymbol{x}}^*(t)+\delta\dot{\boldsymbol{x}},t]\mathrm{d}t-\int_{t_0}^{t_f}L[\boldsymbol{x}^*(t),\dot{\boldsymbol{x}}^*(t),t]\mathrm{d}t\\&=\int_{t_0}^{t_f}\left[\frac{\partial L}{\partial \boldsymbol{x}}\Big|_{x=x^*}\delta\boldsymbol{x}+\frac{\partial L}{\partial \dot{\boldsymbol{x}}}\Big|_{\dot{x}=\dot{x}^*}\delta\dot{\boldsymbol{x}}+R\right]\mathrm{d}t\end{aligned}$$

取其线性主部得到

$$\delta J=\int_{t_0}^{t_f}\left[\left.\frac{\partial L}{\partial \boldsymbol{x}}\right|_{x=x^*}\delta\boldsymbol{x}+\left.\frac{\partial L}{\partial \dot{\boldsymbol{x}}}\right|_{\dot{x}=\dot{x}^*}\delta\dot{\boldsymbol{x}}\right]\mathrm{d}t$$

对上式中的第二项作分部积分后可得

$$\delta J=\int_{t_0}^{t_f}\left.\left[\frac{\partial L}{\partial \boldsymbol{x}}-\frac{\mathrm{d}}{\mathrm{d}t}\frac{\partial L}{\partial \dot{\boldsymbol{x}}}\right]\right|_{\substack{x=x^*\\ \dot{x}=\dot{x}^*}}\delta\boldsymbol{x}\,\mathrm{d}t+\left.\left[\frac{\partial L}{\partial \dot{\boldsymbol{x}}}\delta\boldsymbol{x}\Big|_{\dot{x}=\dot{x}^*}\right]\right|_{t_0}^{t_f}$$

由于对于任一函数 $\boldsymbol{x}(t)$，均有 $\boldsymbol{x}(t_0)=\boldsymbol{x}_0$，$\boldsymbol{x}(t_f)=\boldsymbol{x}_f$，故 $\delta\boldsymbol{x}(t_f)=\boldsymbol{x}(t_f)-\boldsymbol{x}^*(t_f)=0$，$\delta\boldsymbol{x}(t_0)=\boldsymbol{x}(t_0)-\boldsymbol{x}^*(t_0)=0$，因此上式第二项为 0。考虑到 $\delta\boldsymbol{x}$ 的任意性，故由 $\delta J[\boldsymbol{x}^*(t)]=\mathbf{0}$ 可以推出

$$\left.\left[\frac{\partial L}{\partial \boldsymbol{x}}-\frac{\mathrm{d}}{\mathrm{d}t}\frac{\partial L}{\partial \dot{\boldsymbol{x}}}\right]\right|_{\substack{x=x^*\\ \dot{x}=\dot{x}^*}}=0 \tag{1-91}$$

上式称为欧拉方程，这是一个微分方程。泛函式(1-90)出现极值的必要条件 $\boldsymbol{x}^*(t)$是欧拉方程的解。求解欧拉方程，其积分曲线称为极值曲线，而泛函式(1-90)在该极值曲线上可能达到极值。

例 1-26 已知泛函为

$$J[x(t)]=\int_0^1 L[x(t),\dot{x}(t),t]\mathrm{d}t=\int_0^1[x^2(t)+\dot{x}^2(t)+x(t)\dot{x}(t)]\mathrm{d}t$$

初始边界条件为 $x(0)=0$，终端边界条件为 $x\left(\frac{\pi}{2}\right)=1$，试求使泛函 $J[x(t)]$取得极值的曲线 $x^*(t)$。

解：由于 $L[x(t),\dot{x}(t),t]=x^2(t)+\dot{x}^2(t)+x(t)\dot{x}(t)$，故有 $\frac{\partial L}{\partial x}=2x+\dot{x}$，$\frac{\partial L}{\partial \dot{x}}=2\dot{x}+x$，$\frac{\mathrm{d}}{\mathrm{d}t}\left[\frac{\partial L}{\partial \dot{x}}\right]=2\ddot{x}+\dot{x}$；欧拉方程为

$$\left[\frac{\partial L}{\partial x}-\frac{\mathrm{d}}{\mathrm{d}t}\frac{\partial L}{\partial \dot{x}}\right]=2x+\dot{x}-2\ddot{x}-\dot{x}=0$$

即

$$\ddot{x}-x=0$$

解微分方程得

$$x(t) = C_1 \sin t + C_2 \cos t$$

代入初始条件和终端条件得 $C_1=1, C_2=0$，故极值曲线为

$$x^*(t) = \sin t$$ □

当 $\boldsymbol{x}(t_0)=\boldsymbol{x}_0, \boldsymbol{x}(t_f)$ 为自由时，有 $\delta\boldsymbol{x}(t_0)=0, \delta\boldsymbol{x}(t_f)\neq 0$，因此

$$\delta J = \int_{t_0}^{t_f} \left[\frac{\partial L}{\partial \boldsymbol{x}} - \frac{\mathrm{d}}{\mathrm{d}t}\frac{\partial L}{\partial \dot{\boldsymbol{x}}}\right]\Bigg|_{\substack{\boldsymbol{x}=\boldsymbol{x}^* \\ \dot{\boldsymbol{x}}=\dot{\boldsymbol{x}}^*}} \delta\boldsymbol{x}\,\mathrm{d}t + \left[\frac{\partial L}{\partial \dot{\boldsymbol{x}}}\right]\delta\boldsymbol{x}\Bigg|_{t_f}$$

由于 $\delta\boldsymbol{x}$ 的任意性，故由 $\delta J[x^*(t)]=0$ 可以推出

$$\left[\frac{\partial L}{\partial \boldsymbol{x}} - \frac{\mathrm{d}}{\mathrm{d}t}\frac{\partial L}{\partial \dot{\boldsymbol{x}}}\right]\Bigg|_{\substack{\boldsymbol{x}=\boldsymbol{x}^* \\ \dot{\boldsymbol{x}}=\dot{\boldsymbol{x}}^*}} = 0 \tag{1-92}$$

$$\left[\frac{\partial L}{\partial \dot{\boldsymbol{x}}}\right]\Bigg|_{t_f} = 0 \tag{1-93}$$

式(1-92)仍为欧拉方程，式(1-93)称为自由边界条件，也称为横截条件，它和初始边界条件 $\boldsymbol{x}(t_0)=\boldsymbol{x}_0$ 联立，可以使得欧拉方程得出定解，得出泛函的极值曲线。关于横截条件，后面还要讨论。

3. 采用变分法求解最优控制问题

对于控制系统最优控制问题，其性能目标泛函中的变量为向量，并且系统必须满足状态方程，这属于有条件约束的泛函极值问题。求解这类泛函极值，可以应用拉格朗日乘子法，将有约束条件的泛函极值问题转化为无约束条件的泛函极值问题。这样就可以采用变分法求解最优控制问题，下面我们详细讨论。

设系统的状态方程为

$$\dot{\boldsymbol{x}} = \boldsymbol{f}(\boldsymbol{x}, \boldsymbol{u}, t) \tag{1-94}$$

其中，$\boldsymbol{x}\in R^n, \boldsymbol{u}\in R^m$；$\boldsymbol{f}(\cdot,\cdot,\cdot)$ 为 n 维向量函数。最优控制的性能泛函为

$$J = \int_{t_0}^{t_f} L[\boldsymbol{x}(t), \boldsymbol{u}(t), t]\mathrm{d}t + \Phi[\boldsymbol{x}(t_f), t_f] \tag{1-95}$$

最优控制的提法是：寻找满足状态方程式(1-94)的最优控制函数 $\boldsymbol{u}^*(t)$，使得系统式(1-94)从初始状态 $\boldsymbol{x}(t_0)=\boldsymbol{x}_0$ 出发，转移到终端状态 $\boldsymbol{x}(t_f)$，并使性能指标 J 取得极值。

在终端状态边界条件中，t_f 可以分别为给定和自由两种情况，$\boldsymbol{x}(t_f)$ 可以分别为给定、自由、受约束几种情况，终端边界条件是 t_f 和 $x(t_f)$ 各种情况的组合。这里仅对 t_f 给定、$\boldsymbol{x}(t_f)$ 自由，t_f 给定、$\boldsymbol{x}(t_f)$ 受约束的情况进行讨论：

(1) t_f 给定，$\boldsymbol{x}(t_f)$ 自由

将状态方程式(1-94)写为约束方程的形式

$$\boldsymbol{f}(\boldsymbol{x}, \boldsymbol{u}, t) - \dot{\boldsymbol{x}} = 0 \tag{1-96}$$

对含有上述约束条件的泛函式(1-95)极值问题，可以采用拉格朗日乘子法。引入拉格朗日乘子向量

$$\boldsymbol{\lambda}^{\mathrm{T}}(t) = [\lambda_1(t),\ \lambda_2(t),\ \cdots,\ \lambda_n(t)]^{\mathrm{T}}$$

$\boldsymbol{\lambda}(t)$ 也称为协态变量。令

$$F[\boldsymbol{x}(t),\dot{\boldsymbol{x}}(t),\boldsymbol{u}(t),\boldsymbol{\lambda}(t),t]=L[\boldsymbol{x}(t),\boldsymbol{u}(t),t]+\boldsymbol{\lambda}^{\mathrm{T}}(t)\{\boldsymbol{f}[\boldsymbol{x}(t),\boldsymbol{u}(t),t]-\dot{\boldsymbol{x}}\} \tag{1-97}$$

构造增广泛函

$$J_a=\Phi[\boldsymbol{x}(t_f),t_f]+\int_{t_0}^{t_f}F[\boldsymbol{x}(t),\dot{\boldsymbol{x}}(t),\boldsymbol{u}(t),\boldsymbol{\lambda}(t),t]\mathrm{d}t \tag{1-98}$$

显然，当状态方程成立时，J_a 与 J 是等价的，J_a 的极值就等于 J 的极值。定义哈密尔顿函数

$$\begin{aligned}H[\boldsymbol{x}(t),\boldsymbol{u}(t),\boldsymbol{\lambda}(t),t]&=F[\boldsymbol{x}(t),\dot{\boldsymbol{x}}(t),\boldsymbol{u}(t),\boldsymbol{\lambda}(t),t]+\boldsymbol{\lambda}^{\mathrm{T}}(t)\dot{\boldsymbol{x}}(t)\\&=L[\boldsymbol{x}(t),\boldsymbol{u}(t),t]+\boldsymbol{\lambda}^{\mathrm{T}}(t)f[\boldsymbol{x}(t),\boldsymbol{u}(t),t]\end{aligned} \tag{1-99}$$

则增广泛函可以写为

$$\begin{aligned}J_a&=\Phi[\boldsymbol{x}(t_f),t_f]+\int_{t_0}^{t_f}F[\boldsymbol{x}(t),\dot{\boldsymbol{x}}(t),\boldsymbol{u}(t),\boldsymbol{\lambda}(t),t]\mathrm{d}t\\&=\Phi[\boldsymbol{x}(t_f),t_f]+\int_{t_0}^{t_f}\{H[\boldsymbol{x}(t),\boldsymbol{u}(t),\boldsymbol{\lambda}(t),t]-\boldsymbol{\lambda}^{\mathrm{T}}(t)\dot{\boldsymbol{x}}(t)\}\mathrm{d}t\end{aligned} \tag{1-100}$$

上式积分被积函数的第二项可进行分部积分

$$\int_{t_0}^{t_f}-\boldsymbol{\lambda}^{\mathrm{T}}(t)\dot{\boldsymbol{x}}(t)\mathrm{d}t=-\boldsymbol{\lambda}^{\mathrm{T}}(t)\boldsymbol{x}(t)\Big|_{t_0}^{t_f}+\int_{t_0}^{t_f}\dot{\boldsymbol{\lambda}}^{\mathrm{T}}(t)\boldsymbol{x}(t)\mathrm{d}t$$

故有

$$J_a=\Phi[\boldsymbol{x}(t_f),t_f]-\boldsymbol{\lambda}^{\mathrm{T}}(t)\boldsymbol{x}(t)\Big|_{t_0}^{t_f}+\int_{t_0}^{t_f}\{H[\boldsymbol{x}(t),\boldsymbol{u}(t),\boldsymbol{\lambda}(t),t]-\dot{\boldsymbol{\lambda}}^{\mathrm{T}}(t)\boldsymbol{x}(t)\}\mathrm{d}t \tag{1-101}$$

设在最优控制函数 $\boldsymbol{u}^*(t)$ 作用下，系统状态的最优轨线为 $\boldsymbol{x}^*(t)$，其相邻的控制函数 $\boldsymbol{u}(t)$ 和对应的系统状态 $\boldsymbol{x}(t)$ 相对于 $\boldsymbol{u}^*(t)$ 及 $\boldsymbol{x}^*(t)$ 的变分分别为 $\boldsymbol{\delta u}(t)$ 和 $\boldsymbol{\delta x}(t)$，注意到 $\boldsymbol{x}(t_0)=\boldsymbol{x}_0$，故有 $\boldsymbol{\delta x}(t_0)=\boldsymbol{0}$，泛函 J_a 的变分可以写为

$$\delta J_a=\left[\frac{\partial\Phi}{\partial\boldsymbol{x}}\right]^{\mathrm{T}}\boldsymbol{\delta x}(t)\Big|_{t_f}-\boldsymbol{\lambda}^{\mathrm{T}}\boldsymbol{\delta x}(t)\Big|_{t_f}+\int_{t_0}^{t_f}\left\{\left[\left(\frac{\partial H}{\partial\boldsymbol{x}}\right)^{\mathrm{T}}+\dot{\boldsymbol{\lambda}}^{\mathrm{T}}\right]\boldsymbol{\delta x}+\left(\frac{\partial H}{\partial\boldsymbol{u}}\right)^{\mathrm{T}}\boldsymbol{\delta u}\right\}\mathrm{d}t$$

当增广泛函 J_a 取得极值时，应有 $\delta J_a=0$，考虑到 $\delta\boldsymbol{u}(t)$ 和 $\delta\boldsymbol{x}(t)$ 的任意性，故有

$$\begin{cases}\dot{\boldsymbol{\lambda}}=-\dfrac{\partial H}{\partial\boldsymbol{x}}\\[2mm]\dfrac{\partial H}{\partial\boldsymbol{u}}=0\end{cases} \tag{1-102}$$

$$\boldsymbol{\lambda}^{\mathrm{T}}(t_f)=\frac{\partial\Phi}{\partial\boldsymbol{x}(t_f)} \tag{1-103}$$

式(1-102)就是欧拉方程，式(1-103)为横截条件。注意到 $\dfrac{\partial H}{\partial\boldsymbol{\lambda}}=\boldsymbol{f}(\boldsymbol{x},\boldsymbol{u},t)=\dot{\boldsymbol{x}}$ 正好是系统的状态方程，故可以得到对于控制系统式(1-94)，选择控制函数 $\boldsymbol{u}^*(t)$，使得性能指标式(1-95)取得极值的必要条件如下：

$$\dot{\boldsymbol{x}}=\frac{\partial H}{\partial\boldsymbol{\lambda}}=\boldsymbol{f}(\boldsymbol{x},\boldsymbol{u},t)\quad\text{（状态方程）} \tag{1-104}$$

$$\dot{\boldsymbol{\lambda}} = -\frac{\partial H}{\partial \boldsymbol{x}} \quad (\text{协态方程}) \tag{1-105}$$

$$\frac{\partial H}{\partial \boldsymbol{u}} = 0 \quad (\text{控制方程}) \tag{1-106}$$

$$\boldsymbol{\lambda}^{\mathrm{T}}(t_f) = \frac{\partial \Phi}{\partial \boldsymbol{x}(t_f)} \quad (\text{横截条件}) \tag{1-107}$$

$$\boldsymbol{x}(t_0) = \boldsymbol{x}_0 \quad (\text{始端边界条件}) \tag{1-108}$$

上式中，状态方程式(1-104)表示性能指标泛函的约束条件，它使得状态变量 $\boldsymbol{x}$ 的变化依赖于控制函数 $\boldsymbol{u}(t)$，状态方程右端正好等于哈密尔顿函数关于$\boldsymbol{\lambda}$ 的偏导数；式(1-105)反映了拉格朗日乘子向量$\boldsymbol{\lambda}$ 与哈密尔顿函数的关系；这两个式子被称为哈密尔顿正则方程。式(1-106)表明最优控制函数 $\boldsymbol{u}^*(t)$必然使得哈密尔顿函数取得驻值，故称为控制方程。横截条件和始端边界条件构成了求解正则方程所需要的边界条件。

(2) t_f 给定，$\boldsymbol{x}(t_f)$受约束

设控制系统终端状态满足等式约束条件

$$\boldsymbol{\theta}[\boldsymbol{x}(t_f), t_f] = 0 \tag{1-109}$$

式中，$\boldsymbol{\theta} \in R^r$，上式的意义是系统的终端状态 $\boldsymbol{x}(t_f)$必须在目标集式(1-109)所规定的曲线上移动。控制系统的最优控制问题现存在两个约束条件，一个是状态方程所对应的约束条件式(1-96)，一个是终端状态所满足的约束条件。为此，除引入 n 维拉格朗日乘子向量$\boldsymbol{\lambda}(t)$外，再引入一个待定的乘子向量$\boldsymbol{\gamma}$($\boldsymbol{\gamma} \in R^r$)，构造增广泛函

$$J_a = \Phi[\boldsymbol{x}(t_f), t_f] + \boldsymbol{\gamma}^{\mathrm{T}}\boldsymbol{\theta}[\boldsymbol{x}(t_f), t_f] + \int_{t_0}^{t_f} \{H[\boldsymbol{x}(t), \boldsymbol{u}(t), \boldsymbol{\lambda}(t), t] - \boldsymbol{\lambda}^{\mathrm{T}}(t)\dot{\boldsymbol{x}}(t)\}\mathrm{d}t \tag{1-110}$$

其中哈密尔顿函数 $H[\boldsymbol{x}(t), \boldsymbol{u}(t), \boldsymbol{\lambda}(t), t]$仍由式(1-99)所定义。仿前面的推导过程，可以得到使得性能指标式(1-95)取得极值的必要条件如下：

$$\dot{\boldsymbol{x}} = \frac{\partial H}{\partial \boldsymbol{\lambda}} = \boldsymbol{f}(\boldsymbol{x}, \boldsymbol{u}, t) \quad (\text{状态方程}) \tag{1-111}$$

$$\dot{\boldsymbol{\lambda}} = -\frac{\partial H}{\partial \boldsymbol{x}} \quad (\text{协态方程}) \tag{1-112}$$

$$\frac{\partial H}{\partial \boldsymbol{u}} = 0 \quad (\text{控制方程}) \tag{1-113}$$

$$\boldsymbol{\lambda}^{\mathrm{T}}(t_f) = \frac{\partial \Phi}{\partial \boldsymbol{x}(t_f)} + \frac{\partial \boldsymbol{\theta}^{\mathrm{T}}}{\partial \boldsymbol{x}(t_f)}\gamma \quad (\text{横截条件}) \tag{1-114}$$

$$\boldsymbol{x}(t_0) = \boldsymbol{x}_0, \boldsymbol{\theta}[\boldsymbol{x}(t_f), t_f] = 0 \quad (\text{边界条件}) \tag{1-115}$$

例 1-27 已知系统状态方程为

$$\frac{\mathrm{d}x}{\mathrm{d}t} = -x + u, x(t_0) = x_0, t_f \text{ 给定}, x(t_f) \text{ 自由}$$

性能指标为

$$J=\Phi[x(t_f),t_f]+\int_{t_0}^{t_f}L[x(t),u(t)]\mathrm{d}t=x^2(t_f)+\int_{t_0}^{t_f}\frac{1}{2}u^2\mathrm{d}t$$

试求最优控制 $u^*(t)$，使性能指标 J 获得极值。

解：哈密尔顿函数为

$$H[x,u,t]=\frac{1}{2}u^2+\lambda(-x+u)$$

协态方程为

$$\dot{\lambda}=-\frac{\partial H}{\partial x}=\lambda$$

解得 $\lambda=K\mathrm{e}^t$，K 为待定函数。代入横截条件 $\lambda(t_f)=\dfrac{\partial\Phi}{\partial x(t_f)}=2x(t_f)$，得 $K=2x(t_f)\mathrm{e}^{-t_f}$，最后得 $\lambda=2x(t_f)\mathrm{e}^{(t-t_f)}$。

控制方程为 $\dfrac{\partial H}{\partial u}=u+\lambda=0$，得最优控制函数为

$$u^*(t)=-\lambda(t)=-2x(t_f)\mathrm{e}^{(t-t_f)}$$

将其代入状态方程有

$$\dot{x}=-x+u^*=-x+2x(t_f)\mathrm{e}^{t-t_f}$$

解上述微分方程，代入初始边界条件 $x(t_0)=x_0$，可得最优轨线为

$$x^*(t)=x_0\mathrm{e}^{-(t-t_0)}+x(t_f)[\mathrm{e}^{-(t_f-t)}-\mathrm{e}^{-2(t_f-t_0+t)}]$$ □

例 1-28 已知系统的状态方程为

$$\begin{bmatrix}\dot{x}_1\\\dot{x}_2\end{bmatrix}=\begin{bmatrix}0&1\\0&-1\end{bmatrix}\begin{bmatrix}x_1\\x_2\end{bmatrix}+\begin{bmatrix}0\\1\end{bmatrix}u$$

初始状态 $\begin{bmatrix}x_1(0)\\x_2(0)\end{bmatrix}=\begin{bmatrix}0\\0\end{bmatrix}$，终端状态满足的约束曲线 $\theta[x(t_f),t]=0$ 为 $x_1(1)+2x_2(1)-1=0$，试求使性能指标 $J=\int_{t_0}^{t_f}\frac{1}{2}u^2\mathrm{d}t$ 为极小的控制函数 $u^*(t)$ 和最优状态轨线 $x^*(t)$。

解：本例为 2 阶系统，故引入 2 维拉格朗日乘子向量 $\boldsymbol{\lambda}$，$\boldsymbol{\lambda}^{\mathrm{T}}=[\lambda_1\quad\lambda_2]$，构造哈密尔顿函数

$$H=L(\boldsymbol{x},u,t)+\boldsymbol{\lambda}^{\mathrm{T}}\boldsymbol{f}(\boldsymbol{x},u)=\frac{1}{2}u^2+\lambda_1x_2-\lambda_2x_2+\lambda_2u$$

协态方程为

$$\begin{bmatrix}\dot{\lambda}_1\\\dot{\lambda}_2\end{bmatrix}=-\begin{bmatrix}\dfrac{\partial H}{\partial x_1}\\\dfrac{\partial H}{\partial x_2}\end{bmatrix}=\begin{bmatrix}0\\\lambda_1-\lambda_2\end{bmatrix}$$

求得 $\lambda_1=C_1$，$\lambda_2=C_1+C_2\mathrm{e}^{-t}$，代入横截条件 $\lambda_1(1)=\dfrac{\partial\theta}{\partial x_1(1)}\gamma=\gamma$，$\lambda_2(1)=\dfrac{\partial\theta}{\partial x_2(1)}\gamma=2\gamma$，得 $C_1=\gamma$，$C_2=\gamma\cdot\mathrm{e}$。

由控制方程$\frac{\partial H}{\partial u}=0$，得$u+\lambda_2=0$，最优控制函数为$u^*=\lambda_2=\gamma(1+\mathrm{e}^{1-t})$，其中$\gamma$待定，将$u^*$代入状态方程求解，并代入初始条件$x_1(0)=0$，$x_2(0)=0$及终端约束条件$x_1(1)+2x_2(1)-1=0$，可得$\gamma=\frac{\mathrm{e}}{3-\mathrm{e}^{-2}}$，最后得

最优控制函数为

$$u^*=\frac{\mathrm{e}}{3-\mathrm{e}^{-2}}(1+\mathrm{e}^{1-t})$$

最优轨线为

$$x_1^*=\frac{\mathrm{e}(1-\mathrm{e})}{3-\mathrm{e}^{-2}}[1+(1+t)\mathrm{e}^{-t}],\quad x_2^*=\frac{\mathrm{e}}{3-\mathrm{e}^{-2}}[1-(1-\mathrm{e}t)\mathrm{e}^{-t}]$$ □

1.4.3 极小值原理

变分法求解最优控制问题时，假定控制变量$\boldsymbol{u}(t)$不受约束，同时要求哈密尔顿函数H对$\boldsymbol{u}$具有连续的偏导数。但是在实际的工程控制问题中，控制变量总是受到一定限制的，哈密尔顿函数H对$\boldsymbol{u}$具有连续的偏导数这一条件有时也得不到满足。针对这一情况，苏联学者庞特里亚金提出了极小值原理，可以在控制量$\boldsymbol{u}(t)$受到限制时解决最优控制问题，同时在控制量不受约束时，其结论和变分法相同。因而极小值原理是解决最优控制问题的更为一般的方法。在这里我们仅介绍t_f给定、$\boldsymbol{x}(t_f)$受约束情况下的极小值原理的结论[3,7]：

设系统的状态方程为

$$\dot{\boldsymbol{x}}=\boldsymbol{f}(\boldsymbol{x},\boldsymbol{u},t) \tag{1-116}$$

其中，$\boldsymbol{x}\in R^n$为状态向量；$\boldsymbol{u}\in U\subset R^m$，$U$为有界闭集，表示对控制的约束；$\boldsymbol{f}$为$n$维向量函数。

初始条件为：　　t_0固定，$\boldsymbol{x}(t_0)=\boldsymbol{x}_0$

终端条件为：　　t_f固定，$\boldsymbol{x}(t_f)$约束为$\boldsymbol{\theta}[\boldsymbol{x}(t_f),t]=\boldsymbol{0}$

其中，$\boldsymbol{\theta}$为r维连续可微向量函数。

性能泛函为

$$J=\int_{t_0}^{t_f}L[\boldsymbol{x}(t),\boldsymbol{u}(t),t]\mathrm{d}t+\Phi[\boldsymbol{x}(t_f),t_f] \tag{1-117}$$

最优控制的要求是：寻找满足状态方程式(1-116)的最优控制函数$\boldsymbol{u}^*(t)$，使得系统式(1-116)从初始状态$\boldsymbol{x}(t_0)=\boldsymbol{x}_0$出发，转移到终端状态$\boldsymbol{x}(t_f)$，并使性能指标$J$取得极值。

取哈密尔顿函数为

$$H=L[\boldsymbol{x}(t),\boldsymbol{u}(t),t]+\boldsymbol{\lambda}^{\mathrm{T}}(t)\boldsymbol{f}[\boldsymbol{x}(t),\boldsymbol{u}(t),t] \tag{1-118}$$

其中$\boldsymbol{\lambda}(t)$为伴随向量(拉格朗日乘子向量)函数。因此实现最优控制的必要条件为：

控制函数 $\boldsymbol{u}(t)$，状态向量 $\boldsymbol{x}(t)$，拉格朗日乘子向量 $\boldsymbol{\lambda}(t)$ 满足如下方程：

(1) 状态方程和协态方程

$$\dot{\boldsymbol{x}} = \frac{\partial H}{\partial \boldsymbol{\lambda}} = \boldsymbol{f}(\boldsymbol{x},\boldsymbol{u},t) \tag{1-119}$$

$$\dot{\boldsymbol{\lambda}} = -\frac{\partial H}{\partial \boldsymbol{x}} \tag{1-120}$$

(2) 横截条件及边界条件

$$\boldsymbol{\lambda}^{\mathrm{T}}(t_f) = \frac{\partial \Phi}{\partial \boldsymbol{x}(t_f)} + \frac{\partial \boldsymbol{\theta}^{\mathrm{T}}}{\partial \boldsymbol{x}(t_f)}\boldsymbol{\gamma} \tag{1-121}$$

$$\boldsymbol{x}(t_0) = \boldsymbol{x}_0, \quad \boldsymbol{\theta}[\boldsymbol{x}(t_f),t_f] = \boldsymbol{0} \tag{1-122}$$

(3) 当存在最优控制函数 $\boldsymbol{u}^*(t)$时，沿系统状态的最优轨线 $\boldsymbol{x}^*(t)$，对应的哈密尔顿函数 H 取得最小值，即

$$H^*(\boldsymbol{x}^*,\boldsymbol{u}^*,\boldsymbol{\lambda}^*,t) = \min_{u\in U} H(\boldsymbol{x}^*,\boldsymbol{u},\boldsymbol{\lambda}^*,t) \tag{1-123}$$

对于极小值原理需要说明几点：

(1) 状态方程式(1-119)和协态方程式(1-120)对各类最优控制问题都适用，而横截条件和边界条件则与终端约束的类型有关。

(2) 当控制不受约束且哈密尔顿函数 H 对 $\boldsymbol{u}$ 具有连续的偏导数时，由式(1-123)可以得出

$$\frac{\partial H}{\partial \boldsymbol{u}} = \boldsymbol{0}$$

可见经典变分法求解最优控制问题可以视为极小值原理应用的一个特例。因此极小值原理具有更加普遍的意义。

(3) 极小值原理实际上进给出了存在最优控制的必要条件。但实际上很容易根据实际条件判断所求出的控制函数是否唯一的，当控制函数唯一时，所求的控制 $\boldsymbol{u}^*$ 即为最优控制。

例 1-29 考虑线性定常系统

$$\dot{\boldsymbol{x}} = \boldsymbol{A}\boldsymbol{x} + \boldsymbol{b}u, \quad \boldsymbol{x}(t_0) = \boldsymbol{x}_0, \quad \boldsymbol{x}(t_f) = \boldsymbol{x}_f$$

式中，$\boldsymbol{A}$ 为 $n\times n$ 矩阵，$\boldsymbol{b}$ 为 n 维向量，控制约束为$|u|\leqslant M$，性能指标为

$$J = \int_{t_0}^{t_f} \mathrm{d}t = t_f - t_0$$

t_f 为任意值，试求使 J 为最小的控制函数 u^*。

解：这是一个初值和终端状态均给定，t_f 自由，控制受闭集约束的最优控制问题，也称为最优时间控制问题。由于控制受约束，必须采用极小值原理来求解。根据状态方程及性能指标要求，可以写出哈密尔顿函数为

$$H(\boldsymbol{x},u,\boldsymbol{\lambda},t) = 1 + \boldsymbol{\lambda}^{\mathrm{T}}(\boldsymbol{A}\boldsymbol{x} + \boldsymbol{b}u)$$

根据极小值条件

$$H^*(\boldsymbol{x}^*,u^*,\boldsymbol{\lambda}^*,t) = \min_{u\leqslant M} H(\boldsymbol{x}^*,u,\boldsymbol{\lambda}^*,t) = \min_{u\leqslant M}\{1 + \boldsymbol{\lambda}^{\mathrm{T}}(\boldsymbol{A}\boldsymbol{x} + \boldsymbol{b}u)\}$$

其中，$\boldsymbol{\lambda}^{\mathrm{T}}=[\lambda_1 \quad \lambda_2 \quad \cdots \quad \lambda_n]$。可以看出，如果取 $u^*=-M\mathrm{sgn}(\boldsymbol{\lambda}^{\mathrm{T}}\boldsymbol{b})$，则可以使得哈密尔顿函数 H 为极小。即$\boldsymbol{\lambda}^{\mathrm{T}}\boldsymbol{b}=\sum_{i=1}^{n}\lambda_i b_i>0$ 时，取 $u^*=-M$，当$\boldsymbol{\lambda}^{\mathrm{T}}\boldsymbol{b}=\sum_{i=1}^{n}\lambda_i b_i<0$ 时，取 $u^*=M$，综合上述讨论可以得到最优控制函数形式为

$$u^*=\begin{cases}-M & \boldsymbol{\lambda}^{\mathrm{T}}\boldsymbol{b}=\sum\limits_{i=1}^{n}\lambda_i b_i>0\\ M & \boldsymbol{\lambda}^{\mathrm{T}}\boldsymbol{b}=\sum\limits_{i=1}^{n}\lambda_i b_i<0\end{cases}$$

这种控制实际上是一种开关控制，称为“梆梆”控制。 □

例 1-30 设系统的状态方程为

$$\begin{cases}\dot{x}_1=-x_1+u\\ \dot{x}_2=x_1\end{cases}$$

初值条件为 $x_1(0)=1, x_2(0)=0$，控制约束为 $|u(t)|\leqslant 1$，性能指标为

$$J=x_2(1)$$

求使 J 为最小的最优控制函数 u^*，并求出 $J^*=\min J$。

解：这是一个具有终端指标、终端状态无约束，控制受约束的最优控制问题，需要采用极小值原理求解。根据性能指标要求，可以写出哈密尔顿函数形式为

$$H(\boldsymbol{x},u,\boldsymbol{\lambda},t)=\boldsymbol{\lambda}^{\mathrm{T}}\boldsymbol{f}(\boldsymbol{x},u)$$

系统状态方程为二阶线性方程，故可以进一步将哈密尔顿函数写为

$$H(\boldsymbol{x},u,\boldsymbol{\lambda},t)=[\lambda_1 \quad \lambda_2]\begin{bmatrix}-x_1+u\\ x_1\end{bmatrix}=\lambda_1(-x_1+u)+\lambda_2 x_1$$

根据极小值条件

$$H^*(\boldsymbol{x}^*,u^*,\boldsymbol{\lambda}^*,t)=\min_{|u|\leqslant 1}H(\boldsymbol{x}^*,u,\boldsymbol{\lambda}^*,t)=\min_{|u|\leqslant 1}\{(\lambda_2-\lambda_1)x_1+\lambda_1 u\}$$

可以看出，当 $\lambda_1\geqslant 0$ 时，应取 $u=-1$，当 $\lambda_1<0$ 时，应取 $u=1$，这样才能使得 H 取得极小值。因此最优控制 u^* 可以取为

$$u=\begin{cases}-1 & \lambda_1\geqslant 0\\ 1 & \lambda_1<0\end{cases}$$

协态方程为

$$\begin{cases}\dot{\lambda}_1=\dfrac{\partial H}{\partial x_1}=\lambda_1-\lambda_2\\ \dot{\lambda}_2=\dfrac{\partial H}{\partial x_2}=0\end{cases}$$

解出

$$\lambda_1 = A\mathrm{e}^t + B, \quad \lambda_2 = B$$

根据横截条件 $\lambda_1(1)=\frac{\partial \Phi}{\partial x_1}\Big|_{t=1}=\frac{\partial(x_2)}{\partial x_1}\Big|_{t=1}=0, \lambda_2(1)=\frac{\partial(x_2)}{\partial x_2}\Big|_{t=1}=1$，由此得

$$\lambda_1(t) = 1 - \mathrm{e}^{t-1}, \quad \lambda_2(1) = 1$$

显然，当 $0\leqslant t\leqslant 1$ 时，$\lambda_1(t)\geqslant 0$，因此最优控制函数为

$$u^*(t) = -1$$

将控制函数代入状态方程，得到最优状态轨迹所满足的状态方程为

$$\begin{cases} \dot{x}_1^* = -x_1^* - 1 \\ \dot{x}_2^* = x_1^* \end{cases}$$

解得 $x_1^*(t)=-1+2\mathrm{e}^{-t}, x_2^*(t)=2-t-2\mathrm{e}^{-t}, J^*=x_2^*(1)=1-2\mathrm{e}^{-1}$。 □

本小节介绍了利用变分法求解最优控制的方法。对于控制量无约束的场合，可以采用变分法解决此类条件下的最优控制问题，这是一种理想状态下的最优控制问题。在实际的问题中，控制函数一般要受到某种形式的约束，此时变分法的应用受到限制。对于控制受约束的情况，可以采用极小值原理求解最优控制问题，使最优控制的应用范围大大扩大。应用最优控制解决问题，关键是构造系统的哈密顿函数，得出协态方程、控制方程(或基于极小值原理的约束方程)、横截条件，结合状态方程，就可以得出系统的最优控制函数及最优轨线。极小值原理和变分法的主要区别是变分法通过控制方程求出最优控制函数的形式，而极小值原理通过考察哈密尔顿函数取极小值的条件来得出最优控制函数。

1.4.4 基于二次型性能指标的线性系统最优控制

对于线性系统，性能指标泛函常取为状态变量和控制函数的二次型函数的积分，称为二次型性能指标。基于二次型性能指标的线性系统最优控制一般简称为线性二次型控制，它在实际工程中有着广泛的应用。为便于讨论，本节仅考察线性时不变系统的二次型最优控制问题。

1. 线性二次型控制问题的提法

设线性系统的状态空间描述为

$$\begin{cases} \dot{\boldsymbol{x}} = \boldsymbol{A}\boldsymbol{x}(t) + \boldsymbol{B}\boldsymbol{u}(t) \\ \boldsymbol{y} = \boldsymbol{C}\boldsymbol{x}(t) \end{cases}, \quad \boldsymbol{x}(t_0) = \boldsymbol{x}_0, \quad \boldsymbol{x}(t_f) = \boldsymbol{x}_f \tag{1-124}$$

式中，$\boldsymbol{x}\in R^n, \boldsymbol{u}\in R^r, \boldsymbol{y}\in R^m$；$\boldsymbol{A},\boldsymbol{B},\boldsymbol{C}$ 分别为 $n\times n, n\times r$ 和 $m\times n$ 维矩阵。性能指标为

$$J = \frac{1}{2}\boldsymbol{x}^{\mathrm{T}}(t_f)\boldsymbol{Q}_f\boldsymbol{x}(t_f) + \frac{1}{2}\int_{t_0}^{t_f}[\boldsymbol{x}^{\mathrm{T}}(t)\boldsymbol{Q}_J\boldsymbol{x}(t) + \boldsymbol{u}^{\mathrm{T}}(t)\boldsymbol{R}\boldsymbol{u}(t)]\mathrm{d}t \tag{1-125}$$

其中 $\boldsymbol{Q}_f, \boldsymbol{Q}_J$ 是半正定对称矩阵；$\boldsymbol{R}$ 是正定对称矩阵。最优控制问题的提法是：寻找一个控制函数 $\boldsymbol{u}^*(t)$，使得系统从指定位置 $\boldsymbol{x}_0$ 出发，在该控制作用下沿轨迹 $\boldsymbol{x}^*(t)$ 运动到 $\boldsymbol{x}_f$ 时，性能指标式(1-125)取极小值，即

$$J^* = \underset{u=u^*}{J} = \min\{J\} \tag{1-126}$$

下面解释一下二次型指标式(1-125)中各项的含义。J 的第一项 $\frac{1}{2}\boldsymbol{x}^{\mathrm{T}}(t_f)\boldsymbol{Q}_f\boldsymbol{x}(t_f)$ 对应终端误差指标,反映了稳态精度;J 的第二项中,$\frac{1}{2}\int_{t_0}^{t_f}[\boldsymbol{x}^{\mathrm{T}}(t)\boldsymbol{Q}_J\boldsymbol{x}(t)]\mathrm{d}t$ 反映出对动态过程中状态偏差的要求,$\frac{1}{2}\int_{t_0}^{t_f}[\boldsymbol{u}^{\mathrm{T}}(t)\boldsymbol{R}\boldsymbol{u}(t)]\mathrm{d}t$ 反映出对控制能量方面的限制。式(1-125)和式(1-126)的意义是:在整个时间区间内,综合考察终端误差、过程偏差、控制能量消耗等方面的情况,选择最优的控制函数,使得总和为最小。

从工程应用的角度来看,线性二次型最优控制问题可以分为:

(1) 调节问题。要求设计最优控制函数 $\boldsymbol{u}^*(t)$,使得系统从初始状态 $\boldsymbol{x}(t_0)=\boldsymbol{x}_0$ 转移到终端状态 $\boldsymbol{x}(t_f)=\boldsymbol{x}_f$,并使性能指标 J 取极小值。

(2) 跟踪问题。要求设计最优控制函数 $\boldsymbol{u}^*(t)$,使得系统输出 $\boldsymbol{y}$ 跟踪某个参考输出 $\boldsymbol{y}_f$,同时使相应的性能指标 J 取极小值。

当终端时刻 t_f 为有限值时,称对应的最优控制问题为有限时间问题;当 $t_f=\infty$ 时,称为无限时间最优控制问题。

2. 有限时间调节问题

首先考查有限时间的调节问题。考虑线性系统

$$\dot{\boldsymbol{x}} = \boldsymbol{A}\boldsymbol{x}(t) + \boldsymbol{B}\boldsymbol{u}(t), \quad \boldsymbol{x}(t_0) = \boldsymbol{x}_0, \quad \boldsymbol{x}(t_f) = \boldsymbol{x}_f \tag{1-127}$$

式中,$\boldsymbol{x}\in R^n$,$\boldsymbol{u}\in R^r$;$\boldsymbol{A}$,$\boldsymbol{B}$ 分别为 $n\times n$ 和 $n\times r$ 维矩阵。性能指标为

$$J = \frac{1}{2}\boldsymbol{x}^{\mathrm{T}}(t_f)\boldsymbol{Q}_f\boldsymbol{x}(t_f) + \frac{1}{2}\int_{t_0}^{t_f}[\boldsymbol{x}^{\mathrm{T}}(t)\boldsymbol{Q}_J\boldsymbol{x}(t) + \boldsymbol{u}^{\mathrm{T}}(t)\boldsymbol{R}\boldsymbol{u}(t)]\mathrm{d}t \tag{1-128}$$

其中 $\boldsymbol{Q}_f$,$\boldsymbol{Q}_J$ 是半正定对称矩阵;$\boldsymbol{R}$ 是正定对称矩阵。调节问题的要求是:设计最优控制函数 $\boldsymbol{u}^*(t)$,使得系统从初始状态 $\boldsymbol{x}(t_0)=\boldsymbol{x}_0$ 转移到终端状态 $\boldsymbol{x}(t_f)=\boldsymbol{x}_f$,并使性能指标 J 取极小值。

这是一个终端状态自由的泛函极值问题。由于没有对控制设定约束条件,所以可以采用变分法求解调节问题。由式(1-127)和式(1-128)可以写出哈密尔顿函数为

$$H(\boldsymbol{x},\boldsymbol{u},\lambda) = \frac{1}{2}[\boldsymbol{x}^{\mathrm{T}}(t)\boldsymbol{Q}_J\boldsymbol{x}(t) + \boldsymbol{u}^{\mathrm{T}}(t)\boldsymbol{R}\boldsymbol{u}(t)] + \boldsymbol{\lambda}^{\mathrm{T}}(t)[\boldsymbol{A}\boldsymbol{x}(t) + \boldsymbol{B}\boldsymbol{u}(t)] \tag{1-129}$$

将控制方程 $\frac{\partial H}{\partial \boldsymbol{u}}=\boldsymbol{0}$ 代入式(1-129)得

$$\boldsymbol{R}\boldsymbol{u}(t) + \boldsymbol{B}^{\mathrm{T}}\boldsymbol{\lambda}(t) = \boldsymbol{0} \tag{1-130}$$

由于 $\boldsymbol{R}$ 是正定对称矩阵,故 $\boldsymbol{R}^{-1}$ 存在,因此可以得到最优控制函数的形式为

$$\boldsymbol{u}^*(t) = -\boldsymbol{R}^{-1}\boldsymbol{B}^{\mathrm{T}}\boldsymbol{\lambda}(t) \tag{1-131}$$

为求出 $\lambda(t)$,由协态方程得到

$$\dot{\boldsymbol{\lambda}}(t) = -\frac{\partial H}{\partial \boldsymbol{x}} = -\boldsymbol{Q}_J\boldsymbol{x}(t) - \boldsymbol{A}^{\mathrm{T}}\boldsymbol{\lambda}(t) \tag{1-132}$$

将式(1-132)整理并考虑横截条件有

$$\begin{cases}\dot{\boldsymbol{\lambda}}(t)+\boldsymbol{A}^{\mathrm{T}}\boldsymbol{\lambda}(t)=-\boldsymbol{Q}_J\boldsymbol{x}(t)\\ \boldsymbol{\lambda}(t_f)=\dfrac{\partial\Phi}{\partial\boldsymbol{x}(t_f)}=\boldsymbol{Q}_f\boldsymbol{x}(t_f)\end{cases}\tag{1-133}$$

这是一个关于$\boldsymbol{\lambda}(t)$的线性微分方程，考虑到其终端条件可以表示为状态变量的线性组合，因此可以假设伴随变量$\boldsymbol{\lambda}(t)$可以表示为状态变量 $\boldsymbol{x}(t)$某种形式的线性变换，即有

$$\boldsymbol{\lambda}(t)=\boldsymbol{P}(t)\boldsymbol{x}(t)\tag{1-134}$$

如果能求出 $\boldsymbol{P}(t)$，就可以得出最优控制函数 $\boldsymbol{u}^*(t)$，进而求出最优状态轨迹。下面讨论 $\boldsymbol{P}(t)$的求法。式(1-134)两端对时间求导

$$\dot{\boldsymbol{\lambda}}(t)=\dot{\boldsymbol{P}}(t)\boldsymbol{x}(t)+\boldsymbol{P}(t)\dot{\boldsymbol{x}}(t)\tag{1-135}$$

将式(1-135)代入协态方程式(1-132)并考虑式(1-134)可得

$$\dot{\boldsymbol{P}}(t)\boldsymbol{x}(t)+\boldsymbol{P}(t)\dot{\boldsymbol{x}}(t)=-[\boldsymbol{Q}_J+\boldsymbol{A}^{\mathrm{T}}\boldsymbol{P}(t)]\boldsymbol{x}(t)\tag{1-136}$$

考虑状态方程式(1-124)，并代入式(1-129)和式(1-132)有

$$\dot{\boldsymbol{x}}=[\boldsymbol{A}-\boldsymbol{B}\boldsymbol{R}^{-1}\boldsymbol{B}^{\mathrm{T}}\boldsymbol{P}(t)]\boldsymbol{x}(t)\tag{1-137}$$

式(1-136)与式(1-137)联立消去$\dot{x}(t)$，$x(t)$得

$$\dot{\boldsymbol{P}}(t)+\boldsymbol{P}(t)\boldsymbol{A}+\boldsymbol{A}^{\mathrm{T}}\boldsymbol{P}(t)-\boldsymbol{P}(t)\boldsymbol{B}\boldsymbol{R}^{-1}\boldsymbol{B}^{\mathrm{T}}\boldsymbol{P}(t)+\boldsymbol{Q}_J=\boldsymbol{0}\tag{1-138}$$

式(1-138)称为黎卡蒂(Riccati)矩阵微分方程，由微分方程即可以解出 $\boldsymbol{P}(t)$，为了得到定解，还需要给出边界条件。由式(1-133)中第二式的横截条件可得

$$\boldsymbol{\lambda}(t_f)=\boldsymbol{P}(t_f)\boldsymbol{x}(t_f)=\boldsymbol{Q}_f\boldsymbol{x}(t_f)$$

可见

$$\boldsymbol{P}(t_f)=\boldsymbol{Q}_f\tag{1-139}$$

黎卡蒂矩阵微分方程通常不能求出闭合形式的解析解，但是可以采用计算机求出数值解。当 $\boldsymbol{P}(t)$求出后，就可以根据状态反馈构成最优控制函数，根据微分方程式(1-137)求出最优状态轨迹。可以证明，最优性能指标为

$$J^*=\boldsymbol{x}^{*\mathrm{T}}(t_0)\boldsymbol{P}(t_0)\boldsymbol{x}^*(t_0)\tag{1-140}$$

需要说明的是：①加权矩阵 $\boldsymbol{Q}_f$，$\boldsymbol{Q}_J$ 及 $\boldsymbol{R}$ 需人为设定，这需要设计者对系统有充分的了解并具有丰富的工程设计经验。②$\boldsymbol{P}(t)$为正定对称时变矩阵。③最优控制函数为线性的状态反馈，但反馈矩阵是时变的，这使得有限时间调节器的实现具有较大难度。

3. 无限时间调节问题

下面再考虑无限时间调节问题。系统的描述为

$$\dot{\boldsymbol{x}}=\boldsymbol{A}\boldsymbol{x}(t)+\boldsymbol{B}\boldsymbol{u}(t),\quad \boldsymbol{x}(t_0)=\boldsymbol{x}_0\tag{1-141}$$

式中，$\boldsymbol{x}\in R^n$，$\boldsymbol{u}\in R^r$；$\boldsymbol{A}$，$\boldsymbol{B}$ 分别为 $n\times n$ 和 $n\times r$ 维矩阵。性能指标为

$$J=\frac{1}{2}\int_{t_0}^{\infty}[\boldsymbol{x}^{\mathrm{T}}(t)\boldsymbol{Q}_J\boldsymbol{x}(t)+\boldsymbol{u}^{\mathrm{T}}(t)\boldsymbol{R}\boldsymbol{u}(t)]\mathrm{d}t\tag{1-142}$$

其中 Q_J 是半正定对称矩阵；$\boldsymbol{R}$ 是正定对称矩阵。无限时间调节问题的要求是：设计最优控制函数 $\boldsymbol{u}^*(t)$，使性能指标 J 取极小值。

对于无限时间调节器，由于终端时间 $t_f\to\infty$，因此要求系统是渐近稳定的，否则性能指标的数值将会发散，不能满足取极小值的控制要求。当采用状态反馈构成控制函数时，渐近稳定的要求意味着系统的状态最终收敛到零，因此在性能指标中不包含终端指标，同时也要求系统必须完全可控。而在有限时间调节器问题中，没有对系统提出完全可控的要求。

类似于有限时间调节器的讨论过程，对于无限时间调节器问题，其最优控制函数为

$$\boldsymbol{u}^*(t)=-\boldsymbol{R}^{-1}\boldsymbol{B}^{\mathrm{T}}\boldsymbol{P}\boldsymbol{x}(t)$$

其中 $\boldsymbol{P}$ 为常数矩阵，$\boldsymbol{P}$ 是代数黎卡蒂方程

$$\boldsymbol{PA}+\boldsymbol{A}^{\mathrm{T}}\boldsymbol{P}-\boldsymbol{PBR}^{-1}\boldsymbol{B}^{\mathrm{T}}\boldsymbol{P}+\boldsymbol{Q}_J=\boldsymbol{0} \tag{1-143}$$

的正定对称解矩阵。最优状态轨迹可以通过状态方程

$$\dot{\boldsymbol{x}}^*(t)=[\boldsymbol{A}-\boldsymbol{BR}^{-1}\boldsymbol{B}^{\mathrm{T}}\boldsymbol{P}]\boldsymbol{x}^*(t),\quad \boldsymbol{x}^*(t_0)=\boldsymbol{x}_0 \tag{1-144}$$

求出。

由上讨论可见，对于无限时间调节器问题，可以通过线性定常状态反馈构成最优控制函数，实现最优控制。

需要说明的是，系统完全可控的条件是为了保证最优解的存在性。但是当未加反馈控制时，自由系统 $\dot{\boldsymbol{x}}(t)=\boldsymbol{A}\boldsymbol{x}(t)$ 不一定稳定，而加入反馈控制后的最优控制系统是渐近稳定的，这就要求 $\det\{s\boldsymbol{I}-[\boldsymbol{A}-\boldsymbol{BR}^{-1}\boldsymbol{B}^{\mathrm{T}}\boldsymbol{P}]\}=0$ 的根均在 s 平面的左半开平面。

例 1-31 设系统的状态方程为 $\begin{bmatrix}\dot{x}_1\\ \dot{x}_2\end{bmatrix}=\begin{bmatrix}0 & 1\\ 0 & 0\end{bmatrix}\begin{bmatrix}x_1\\ x_2\end{bmatrix}+\begin{bmatrix}0\\ 1\end{bmatrix}u$，$\begin{bmatrix}x_1(0)\\ x_2(0)\end{bmatrix}=\begin{bmatrix}2\\ 0\end{bmatrix}$，性能指标为 $J=\int_0^{\infty}[x_1^2+16u^2]\mathrm{d}t$，试求使 J 为极小的最优控制函数 $u^*(t)$，并求出最优状态轨迹 $x^*(t)$。

解：根据性能指标可以得出 $\boldsymbol{Q}_J=\begin{bmatrix}1 & 0\\ 0 & 0\end{bmatrix}$，$\boldsymbol{R}=[16]$，由于

$$\operatorname{rank}[\boldsymbol{B}\quad \boldsymbol{AB}]=\operatorname{rank}\begin{bmatrix}0 & 1\\ 1 & 0\end{bmatrix}=2$$

系统完全可控，最优控制函数 $u^*(t)$ 存在，且

$$u^*(t)=-\boldsymbol{R}^{-1}\boldsymbol{B}^{\mathrm{T}}\boldsymbol{P}\boldsymbol{x}(t)=-\frac{1}{16}[0\quad 1]\begin{bmatrix}p_{11} & p_{12}\\ p_{21} & p_{22}\end{bmatrix}\begin{bmatrix}x_1(t)\\ x_2(t)\end{bmatrix}$$

其中 $\boldsymbol{P}$ 是黎卡蒂代数方程

$$\boldsymbol{PA}+\boldsymbol{A}^{\mathrm{T}}\boldsymbol{P}-\boldsymbol{PBR}^{-1}\boldsymbol{B}^{\mathrm{T}}\boldsymbol{P}+\boldsymbol{Q}_J=\boldsymbol{0}$$

的对称正定解矩阵。代入各个矩阵元素值求解方程，可以得到四组解，但对称正定解矩阵仅有唯一一组，为

$$\boldsymbol{P}=\begin{bmatrix}2\sqrt{2} & 4\\ 4 & 8\sqrt{2}\end{bmatrix}$$

故得最优控制函数 $u^*(t)=-\dfrac{1}{16}[4x_1(t)+8\sqrt{2}x_2(t)]$。

下面求最优状态轨迹，将最优控制函数代入状态方程有

$$\begin{bmatrix}\dot{x}_1^*\\ \dot{x}_2^*\end{bmatrix}=\begin{bmatrix}0 & 1\\ -\dfrac{1}{4} & -\dfrac{\sqrt{2}}{2}\end{bmatrix}\begin{bmatrix}x_1^*\\ x_2^*\end{bmatrix},\quad \begin{bmatrix}x_1^*(0)\\ x_2^*(0)\end{bmatrix}=\begin{bmatrix}2\\ 0\end{bmatrix}$$

解得最优状态轨迹为

$$\begin{bmatrix}x_1^*(t)\\ x_2^*(t)\end{bmatrix}=\begin{bmatrix}4\sqrt{2}\,\mathrm{e}^{-\frac{\sqrt{2}}{4}t}\sin\left(\dfrac{\sqrt{2}}{4}t+\dfrac{\pi}{4}\right)\\ -\dfrac{\sqrt{2}}{8}\mathrm{e}^{-\frac{\sqrt{2}}{4}t}\sin\dfrac{\sqrt{2}}{4}t\end{bmatrix}$$ □

4. 跟踪问题

这里仅简单介绍无限时间的渐近跟踪问题。设系统的描述为

$$\begin{cases}\dot{\boldsymbol{x}}=\boldsymbol{A}\boldsymbol{x}(t)+\boldsymbol{B}\boldsymbol{u}(t)\\ \boldsymbol{y}=\boldsymbol{C}\boldsymbol{x}\end{cases},\quad \boldsymbol{x}(t_0)=\boldsymbol{x}_0 \tag{1-145}$$

式中，$\boldsymbol{x}\in R^n$，$\boldsymbol{u}\in R^r$，$\boldsymbol{y}\in R^m$；$\boldsymbol{A},\boldsymbol{B},\boldsymbol{C}$ 分别为 $n\times n$，$n\times r$ 和 $m\times n$ 维矩阵。设系统为完全可控、完全可观测的。所谓渐近跟踪，是指系统式(1-145)的输出可以渐近趋近某一个理想参考输出信号 $y_{\mathrm{f}}(t)$，$y_{\mathrm{f}}(t)$是下列参考系统

$$\begin{cases}\dot{\boldsymbol{z}}=\boldsymbol{F}\boldsymbol{z}(t)\\ \boldsymbol{y}_{\mathrm{f}}=\boldsymbol{H}\boldsymbol{z}(t)\end{cases},\quad \boldsymbol{z}(t_0)=\boldsymbol{z}_0 \tag{1-146}$$

的输出。其中 $\boldsymbol{z}\in R^n$，$\boldsymbol{y}_f\in R^m$；$\boldsymbol{F},\boldsymbol{H}$ 分别为 $n\times n$ 和 $m\times n$ 维矩阵。性能指标为

$$J=\frac{1}{2}\int_{t_0}^{\infty}[(\boldsymbol{y}-\boldsymbol{y}_{\mathrm{f}})^{\mathrm{T}}\boldsymbol{Q}_J(\boldsymbol{y}-\boldsymbol{y}_{\mathrm{f}})+\boldsymbol{u}^{\mathrm{T}}\boldsymbol{R}\boldsymbol{u}]\mathrm{d}t \tag{1-147}$$

其中 $\boldsymbol{Q}_J$ 是 $m\times m$ 维半正定对称矩阵；$\boldsymbol{R}$ 是 $r\times r$ 维正定对称矩阵。无限时间渐近跟踪问题的要求是：设计最优控制函数 $\boldsymbol{u}^*(t)$，使性能指标 J 取极小值。

跟踪问题的解决思路是将其转化为等价的无限时间调节问题。定义

$$\tilde{\boldsymbol{x}}=\begin{bmatrix}\boldsymbol{x}\\ \boldsymbol{z}\end{bmatrix},\quad \widetilde{\boldsymbol{A}}=\begin{bmatrix}\boldsymbol{A} & 0\\ 0 & \boldsymbol{F}\end{bmatrix},\quad \widetilde{\boldsymbol{B}}=\begin{bmatrix}\boldsymbol{B}\\ 0\end{bmatrix}$$

则可以得到扩展的状态方程

$$\dot{\tilde{\boldsymbol{x}}}=\widetilde{\boldsymbol{A}}\tilde{\boldsymbol{x}}+\widetilde{\boldsymbol{B}}\boldsymbol{u},\quad \tilde{\boldsymbol{x}}(0)=\begin{bmatrix}\boldsymbol{x}(0)\\ \boldsymbol{z}(0)\end{bmatrix}=\tilde{\boldsymbol{x}}_0 \tag{1-148}$$

式中，$\tilde{\boldsymbol{x}}\in R^{2n}$，$\boldsymbol{u}\in R^r$；$\widetilde{\boldsymbol{A}}$，$\widetilde{\boldsymbol{B}}$ 分别为 $2n\times 2n$，$2n\times r$ 维矩阵。定义 $\widetilde{\boldsymbol{Q}}_J=\begin{bmatrix}\boldsymbol{C}^{\mathrm{T}}\boldsymbol{Q}_J\boldsymbol{C} & -\boldsymbol{C}^{\mathrm{T}}\boldsymbol{Q}_J\boldsymbol{H}\\ -\boldsymbol{H}^{\mathrm{T}}\boldsymbol{Q}_J\boldsymbol{C} & \boldsymbol{H}^{\mathrm{T}}\boldsymbol{Q}_J\boldsymbol{H}\end{bmatrix}$，$\widetilde{\boldsymbol{R}}=\boldsymbol{R}$，显然$\widetilde{\boldsymbol{R}}_J$ 是 $2n\times 2n$ 维矩阵，$\widetilde{\boldsymbol{R}}$是 $r\times r$ 维矩阵，性能指标

式(1-147)可以写为

$$J = \frac{1}{2}\int_{t_0}^{\infty}[\tilde{\boldsymbol{x}}^{\mathrm{T}}\tilde{\boldsymbol{Q}}_J\tilde{\boldsymbol{x}} + \boldsymbol{u}^{\mathrm{T}}\tilde{\boldsymbol{R}}\boldsymbol{u}]\mathrm{d}t \tag{1-149}$$

则问题转化为扩展的状态方程的无限时间调节问题。显然,此调节问题的最优控制函数就是跟踪问题的最优控制函数,即有

$$\boldsymbol{u}^*(t) = -\tilde{\boldsymbol{R}}^{-1}\tilde{\boldsymbol{B}}^{\mathrm{T}}\tilde{\boldsymbol{P}}\tilde{\boldsymbol{x}}^*(t) \tag{1-150}$$

其中$\tilde{\boldsymbol{P}}$是黎卡蒂方程

$$\tilde{\boldsymbol{P}}\tilde{\boldsymbol{A}} + \tilde{\boldsymbol{A}}^{\mathrm{T}}\tilde{\boldsymbol{P}} - \tilde{\boldsymbol{P}}\tilde{\boldsymbol{B}}\tilde{\boldsymbol{R}}^{-1}\tilde{\boldsymbol{B}}^{\mathrm{T}}\tilde{\boldsymbol{P}} + \tilde{\boldsymbol{Q}}_J = 0 \tag{1-151}$$

的对称正定解。将$\tilde{\boldsymbol{P}}$写为分块矩阵的形式

$$\tilde{\boldsymbol{P}} = \begin{bmatrix} \boldsymbol{P}_{11} & \boldsymbol{P}_{12} \\ \boldsymbol{P}_{12} & \boldsymbol{P}_{22} \end{bmatrix} \tag{1-152}$$

则最优控制函数可以写为

$$\boldsymbol{u}^*(t) = -\boldsymbol{R}^{-1}\boldsymbol{B}^{\mathrm{T}}[\boldsymbol{P}_{11}\boldsymbol{x}^*(t) + \boldsymbol{P}_{12}\boldsymbol{z}(t)] \tag{1-153}$$

最优状态轨迹的状态方程为

$$\begin{cases} \dot{\boldsymbol{x}}^*(t) = \boldsymbol{A}\boldsymbol{x}^*(t) - \boldsymbol{B}\boldsymbol{R}^{-1}\boldsymbol{B}^{\mathrm{T}}[\boldsymbol{P}_{11}x^*(t) + \boldsymbol{P}_{12}z(t)] \\ \dot{\boldsymbol{z}}(t) = \boldsymbol{F}\boldsymbol{z}(t) \end{cases}, \quad \boldsymbol{x}^*(0) = \boldsymbol{x}_0, \quad \boldsymbol{z}(0) = \boldsymbol{z}_0 \tag{1-154}$$

本小节介绍了基于二次型指标的线性系统最优控制问题。线性二次型的最优解可以归结为一个黎卡蒂方程的求解问题,可以形成一个简单的线性状态反馈控制率,计算和工程实现都比较容易实现。

习题

1-1 系统的状态空间表达式是否具有唯一性?

1-2 试求习题图 1-2 所示的电网络中,以电感 L_1,L_2 上的支电流 x_1,x_2 作为状态变量的状态空间表达式。这里 u 是恒流源的电流值,输出 y 是 R_3 上的支路电压。

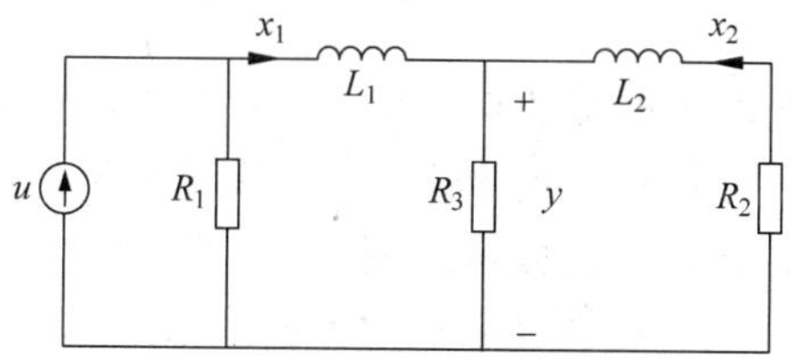

习题图 1-2 RL 电网络

1-3　系统的结构图如习题图 1-3 所示。以图中所标记的 x_1,x_2,x_3 作为状态变量，推导其状态空间表达式。其中，u,y 分别为系统的输入、输出，a_1,a_2,a_3 均为标量。

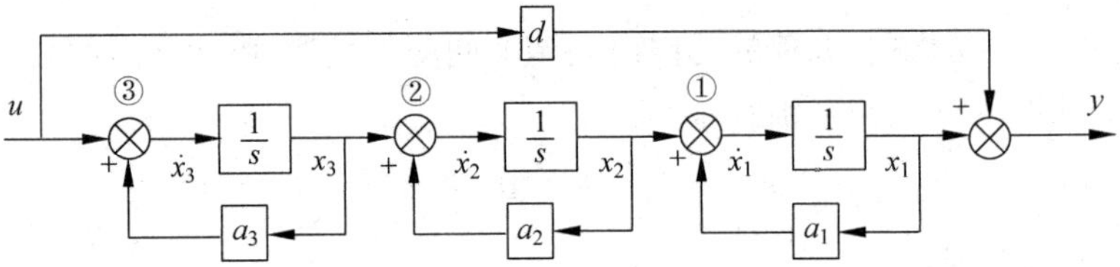

习题图 1-3　系统的结构图

1-4　已知系统的状态空间表达式为

$$\dot{\boldsymbol{x}}=\begin{bmatrix}-5 & -1\\ 3 & -1\end{bmatrix}\boldsymbol{x}+\begin{bmatrix}2\\5\end{bmatrix}u,\quad y=[1\quad 2]\boldsymbol{x}+4u$$

求其对应的传递函数。

1-5　系统的状态空间描述与传递函数(阵)描述有什么联系？

1-6　总结状态转移矩阵 e^{At} 求解的四种方法的公式。

1-7　计算下列矩阵的矩阵指数 e^{At}。

$$\boldsymbol{A}=\begin{bmatrix}0 & 0\\ 1 & 0\end{bmatrix}$$

1-8　试求下列状态空间表达式的解

$$\begin{bmatrix}\dot{x}_1\\ \dot{x}_2\end{bmatrix}=\begin{bmatrix}0 & 1\\ 0 & 0\end{bmatrix}\begin{bmatrix}x_1\\ x_2\end{bmatrix}+\begin{bmatrix}0\\1\end{bmatrix}u,\quad y=[1\quad 0]\begin{bmatrix}x_1\\ x_2\end{bmatrix}$$

初始状态 $x(0)=\begin{bmatrix}1\\1\end{bmatrix}$，输入 $u(t)$ 是单位阶跃函数。

1-9　系统可控性和可观测性的定义分别是什么？

1-10　判别系统可控性和可观测性的方法有哪些？

1-11　写出可控性标准型的表达式。

1-12　已知控制系统结构图，如习题图 1-12 所示。

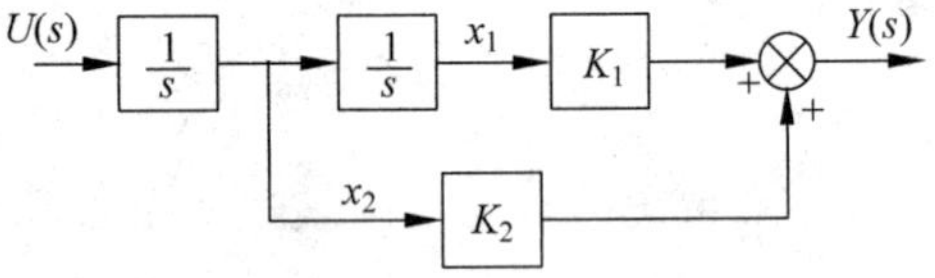

习题图 1-12　系统结构图

(1) 写出以 x_1,x_2 为状态变量的系统状态方程与输出方程。

(2) 试判断系统的可控性和可观测性。若不满足系统的可控性和可观测性条件，问当 K_1 与 K_2 取何值时，系统可控或可观测。

1-13　写出李雅普诺夫直接法判断稳定性的基本定理。

1-14　李雅普诺夫关于稳定性的定义与经典控制理论中关于稳定性的定义有何区别？

1-15 试确定下列二次型的性质

(1) $V(x_1,x_2,x_3)=x_1^2+4x_2^2+x_3^2-4x_1x_2+2x_1x_3-4x_2x_3$

(2) $V(x_1,x_2)=x_1^2+x_2^2-4x_1x_2$

(3) $V(x_1,x_2)=x_1^2+(1-\cos x_2)^2$

1-16 试用李雅普诺夫第二方法判断下列系统零解的稳定性。

(1) $\dot{x}_1=x_2,\dot{x}_2=2x_1-x_2$

(2) $\dot{x}_1=x_2,\dot{x}_2=-x_1+x_2(1-\cos x_1)$

1-17 试用李雅普诺夫方程 $\boldsymbol{A}^{\mathrm{T}}\boldsymbol{P}+\boldsymbol{P}\boldsymbol{A}=-\boldsymbol{I}$ 分析下面系统的稳定性

$$\begin{bmatrix}\dot{x}_1\\ \dot{x}_2\end{bmatrix}=\begin{bmatrix}0 & 1\\ -1 & -1\end{bmatrix}\begin{bmatrix}x_1\\ x_2\end{bmatrix}$$

1-18 试采用首次近似分析下列非线性系统零解的局部稳定性

(1) $\begin{cases}\dot{x}_1=-x_1+x_2+(x_1^2+x_2^2)\\ \dot{x}_2=-x_1-x_2+x_1(x_1^2+x_2^2)\end{cases}$

(2) $\begin{cases}\dot{x}_1=x_2+x_1^3+x_2^2\\ \dot{x}_2=-x_1+x_2+x_1(x_1^2+x_2^2)\end{cases}$

(3) $\begin{cases}\dot{x}_1=x_2\\ \dot{x}_2=-\sin x_1+(1-\cos x_2)\end{cases}$

1-19 已知系统状态方程及初始条件为

$$\dot{x}=-x+u,\quad x(0)=1$$

试确定最优控制使下列性能指标取得极小值

$$J=\int_0^1(x^2+u^2)\mathrm{d}t$$

1-20 已知系统状态方程及初始条件为

$$\dot{x}=x-u,\quad x(0)=5$$

控制的约束为 $0\leqslant u\leqslant 1$，试用极小值原理求使下列性能指标为极小的最优控制 $u^*(t)$ 及最优轨线 $x^*(t)$：

$$J=\int_0^1(x+u)\mathrm{d}t$$

1-21 设线性系统为

$$\begin{bmatrix}\dot{x}_1\\ \dot{x}_2\end{bmatrix}=\begin{bmatrix}0 & 1\\ 0 & 0\end{bmatrix}\begin{bmatrix}x_1\\ x_2\end{bmatrix}+\begin{bmatrix}0\\ 1\end{bmatrix}u$$

试求该系统的最优控制 $u^*(t)$，使得下列性能指标

$$J=\int_0^{\infty}(x_1^2+4x_2^2u^2)\mathrm{d}t$$

取得极小值。

第2章

自适应控制

2.1 自适应控制的基本概念

2.1.1 自适应控制系统

在第1章中，我们在状态变量分析方法的基础上研究了最优控制问题。控制的目标是设计控制函数使被控对象在一定约束条件下，设定的性能指标达到极小(或极大)值，并使系统取得最优的运行状态。不过，这里要求被控对象的模型都是已知的，并且在许多情况下还要求被控对象具有线性时不变的特征。

但是在实际的控制工程中，由于环境、工况的影响，控制对象往往存在不定性。而我们对被控对象的数学模型了解常常不完全，模型结构存在某种不定性；或者虽对模型结构和类型有所了解，但是被控对象模型的参数可能在很大范围内发生变化，存在不定性。

例如，在飞机飞行过程中，随着飞机飞行高度、速度的变化，某些参数的变化可达10%～50%；在导弹发射过程中，其质量、重心随燃料消耗而迅速变化；在冶金、化工等工业过程控制中，其过程参数随工况、环境的变化而发生变化；等等。

在控制对象的不定性中，主要可以分为以下几类：

(1) 数学模型的不定性。这是由于对象的数学模型本身是由实际对象机理的近似，或我们对受控对象机理本身的了解不完全所造成的。

(2) 参数变化的不定性。因为工作条件、工况的影响，被控对象的参数可能在较大范围内发生变化。

(3) 环境影响的不定性。环境影响对系统通常造成干扰，其中多数干扰是随机的。

当系统存在上述不定性时，按照确定性数学模型所设计出来的控制器就不可能得到很好的控制性能，有时甚至系统会出现不稳定现象。因此，需要一种新的控制系统，能够自动地补偿系统由于过程对象的参数、环境的不定性而造成的系统性能的变化，这就是自适应控制系统。

一个自适应控制系统必须具有以下特征：

(1) 过程信息的在线积累。其目的是在线进行系统参数的辨识或进行系统性能指标的度量，以了解和掌握当前系统的运行状态，减少系统的不定性。

(2) 性能指标控制决策。根据实际测量得到的系统性能与期望的性能之间的偏差信息，决定控制策略，以使得系统的性能逐渐接近期望的性能指标并加以保持。

(3) 可调控制器的修正。根据控制策略，在线修正可调控制器参数，或产生一个辅助的控制信号，实现自适应控制的目标。

具有上述特征的自适应控制系统的功能框图如图 2-1 所示。它由性能指标测量、比较与决策、自适应机构、可调系统等功能模块组成。

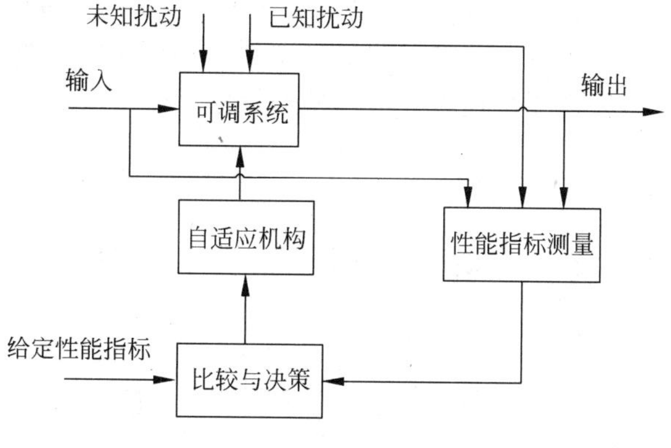

图 2-1 自适应控制系统功能框图

自适应控制和常规的反馈控制及最优控制一样，也是一种基于数学模型的控制方法，所不同的只是自适应控制所依据的关于模型和扰动的先验知识比较少，需要在系统的运行过程中去不断提取有关的信息，使模型逐步完善，基于这种模型综合出来的控制作用也将随之不断地改进，使系统的性能指标越来越理想。在这个意义下，控制系统具有一定的适应能力。再比如某些控制对象，其对象参数可能在运行过程中要发生较大的变化，如果采用一个恒定的控制器，系统在参数变化范围较大时就不能保证性能指标，甚至可能出现不稳定的现象。在这种情况下，需要通过在线辨识和改变控制器参数，使系统能适应环境、参数变化所带来的影响。所以对那些对象特性或扰动特性变化范围很大,同时又要求经常保持高性能指标的一类系统,采取自适应控制是合适的。应当指出,自适应控制比常规反馈控制要复杂得多,成本也高得多,因此只是在用常规反馈控制达不到所期望的性能时,才会考虑采用自适应控制。

2.1.2 自适应控制系统的分类

自适应控制系统可以从不同的角度进行分类。例如,可以根据信号的数学特征分为确定性自适应控制系统和随机自适应控制系统,也可以根据功能分为参数自适应控制系统和非参数自适应控制系统。不过,人们更多的是根据自适应系统结构的特点对自适应控制系统进行分类。其中应用最为广泛的是模型参考自适应控制系统和自校正控制系统。除此之外,自寻优系统也是一类具有应用价值的自适应控制系统。近年来,具有学习功能的自适应控制系统应用日益广泛,具有较强的发展前景。

1. 模型参考自适应控制系统

模型参考自适应系统(Model Reference Adaptive System,MRAS)是一类重要的自适应控制系统。它的主要特点是自适应速度较快,实现比较容易,既可用数字方式实现,也可用模拟方式实现。图 2-2 是模型参考自适应控制系统的典型结构图。其中参考模型是一个辅助系统,用来规定希望的性能指标。输入信号同时作用于参考模型和可调系统,参考模型的输出就是期望的输出,可调系统的输出与参考模型输出之间的误差构成了广义误差信号。自适应机构根据广义误差及某一准则,调整控制器参数或施加一个辅助控制信号,以使广义误差的某个泛函趋于极小或使广义误差趋于零。这样,使得可调系统的特性逐步逼近参考模型的特性。

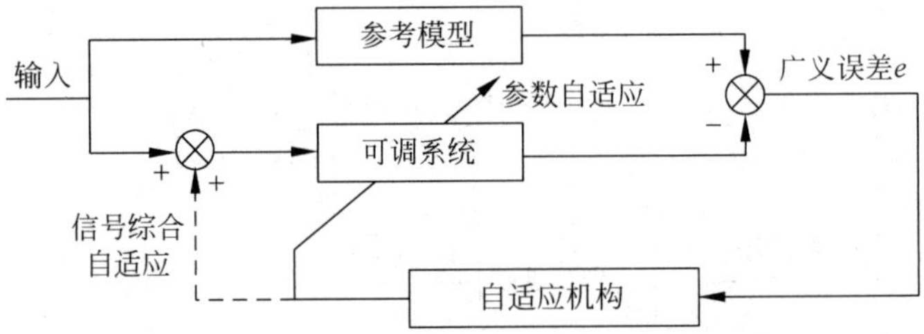

图 2-2 模型参考自适应控制系统的典型结构图

模型参考自适应控制系统的设计方法有局部参数优化方法、基于 Lyapunov 稳定性理论的设计方法和基于超稳定性理论的设计方法。

局部参数优化方法又称为 MIT 法,这种方法首先由美国麻省理工学院(MIT)的学者提出,并在飞行器控制中得到了应用。这种方法的缺点是不能保证自适应控制系统的全局渐近稳定性。

基于 Lyapunov 稳定性理论的设计方法最早由英国的 Parks 在 20 世纪 60 年代提出,后来又有一些学者对这个方法进行了一些改进。这个方法可以保证自适应控制系统的全局稳定性,但是自适应律的实现依赖于具体的 Lyapunov 函数的选择。

法国的 Landau 在 20 世纪 70 年代提出了基于 Popov 超稳定性理论的自适应控制系统的设计方法。这种方法可以得到一族自适应控制律，具有较大的灵活性，便于工程技术人员使用。

模型参考自适应控制方法不但适用于线性系统的自适应控制，而且可在相当范围内推广到非线性系统的自适应控制中去，这使得模型参考自适应控制具有更广泛的应用价值。

2．自校正控制系统

自校正控制系统是一大类比较重要的自适应控制系统。自校正控制一般应用于被控对象参数缓慢变化的场合，系统因此需要具有被控对象数学模型的在线辨识环节，根据辨识得到的模型参数和预先确定的性能指标，进行在线的控制器参数修正，以适应被控对象的变化。自校正控制系统的典型结构如图 2-3 所示。由图可以看出，自校正控制系统由两个环路组成，其中内环是常规的反馈控制回路，外环为参数估计及控制器设计回路。

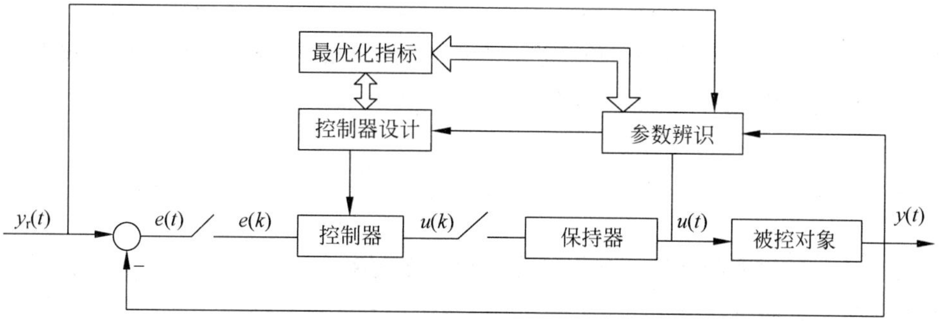

图 2-3　自校正控制系统的典型结构图

自校正控制主要采用两类控制方式。其一是基于优化性能指标来设计自校正控制系统，其二是基于常规控制策略设计自校正系统。基于优化性能指标设计的基本方法主要有最小方差控制、广义最小方差控制；基于常规性能指标设计的方法主要有在线极点配置、自校正 PID 控制器设计等方法。无论哪一种方法，都需要在线进行参数估计。参数估计的方法主要有最小二乘法、增广最小二乘法、递推最小二乘估计等。在控制器的设计中采用确定性等价的原则，即把估计得到的系统参数当作真实参数，以此为依据来设计自校正控制器。

自校正控制具有标志性的工作是 1973 年瑞典 Åström 和 Wittenmark 提出的最小方差自校正控制器。针对这种控制器仅能应用于最小相位系统的弱点，英国的 Clark 和 Awthrop 1975 年提出了广义最小方差自校正控制方法。20 世纪 70 年代末，Åström 等学者又提出了极点配置自校正控制的设计方法。

自校正控制的主要理论基础是随机最优控制理论和系统辨识。根据辨识方法和控制器设计方法的不同，产生了多种自校正算法，比较灵活，适合应用于工业过程的控制。

3. 自寻优控制系统

在许多系统中，至少存在一个在性能上代表系统最优工作状态的极值点。当系统的最优点因各种原因发生漂移时，如果系统能够有一种方式可使系统自动调节系统的相关参数，从而使系统的工作状态可以逼近并保持在新的最优点附近，这样的系统就称为自寻优系统。显然，这是一类自适应控制系统。一些燃烧过程、最优消耗过程的控制都可以归结为自寻优系统的设计。

自寻最优系统具有两个基本功能：①实时地不断检测本身的工作状态，不断地对系统是否处于可能达到的最优状态做出判断。②根据检测和判断所得的信息迅速地做出使系统趋向最优状态的调整。

实现自寻最优点功能的方法主要有切换、摄动、自导和模型定向等。

近年来，有学者结合遗传算法等最优搜索方法，以得到一个具有最优工作点的自寻优系统。

在实际工业生过程中，若采用自适应动态寻优方法，可以不需要辨识控制对象线性部分的参数，而且还能够自动适应参数的漂移。从而能有效地保证控制系统运行的连续性与稳定性。因此采用自适应动态寻优方法的极值调节控制系统将会在实际工业生产过程中发挥其强大的控制功能。

4. 其他自适应控制系统

除了上述介绍的自适应控制系统外，近年来学习控制和智能控制也在自适应控制中得到了应用。

前述的自适应控制系统虽然对于参数缓慢变化的控制对象有自适应能力，但是其控制算法仍然是事先设计好的，主要是根据系统运行时的性能测量(或参数估计)按照一定算法来在线修正控制器的参数，系统还不具有学习的功能。

研究具有学习能力的控制器一直是控制理论界所关心的问题。1984 年 Arimoto 针对机器人系统具有重复运动性质的特点，提出了迭代学习的概念。1993 年，Moore 撰写了迭代学习控制的第一本专著。迭代学习控制适用于具有重复运动的被控系统，采用“在重复中学习”的学习策略，通过记忆和修正的机制，实现在有限区间上的完全跟踪任务。目前，迭代学习控制已经在机器人运动轨迹控制、倒立摆控制、工业过程控制方面得到应用。

一个成功的迭代学习控制算法，不仅需要在具有重复出现特征的控制作用于系统之后，通过迭代学习使得系统的输出与期望输出的误差变小，而且需要有较快的收敛速度以保证算法的实用性。

智能控制研究近年来有很多进展，其中很重要的一个研究方向就是利用人工智能技术改善自适应控制系统的学习与适应功能。目前应用比较广泛的是模糊自适应控制系统和基于神经网络的自适应控制系统，模糊自适应控制系统和神经网络自适应控制系统可以应用于被控对象具有非线性特征的复杂对象。

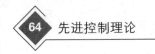

模糊自适应控制系统是在基本模糊控制器的基础上，增加了性能测试、模糊规则

修正、控制量校正等功能模块，从而使系统能自动对模糊控制规则进行修正，不断改善控制性能。模糊自适应控制系统既可以采用模型参考自适应控制的模式，也可以采用自校正控制的模式。

神经网络自适应控制系统是利用神经网络的学习功能和逼近非线性映射的功能，构成神经网络模型估计器和神经网络控制器，实现对复杂非线性时变控制对象的自适应控制。具体实现也可以根据要求而分别采用自校正控制的结构或模型参考自适应控制的结构。

2.2 模型参考自适应控制

模型参考自适应控制系统是主要的自适应控制系统类型之一，理论体系比较完整，应用比较广泛。一个模型参考自适应控制系统由参考模型、可调系统、自适应机构所构成。参考模型规定了期望的性能指标，自适应机构通过系统的广义误差及输入调整控制信号或可调系统参数，以使可调系统可以渐近地跟踪参考模型的响应。模型参考自适应控制系统具有自适应速度快、其控制策略便于推广到一大类非线性系统的自适应控制中去的特点。本章介绍可调系统为线性系统时的模型参考自适应控制系统的设计方法。

2.2.1 模型参考自适应系统的数学描述

模型参考自适应控制系统可以分为并联型、串联型、串并联型等。其中并联模型参考自适应控制系统主要用于实际过程的控制，使用最为广泛。本节主要讨论并联型模型参考自适应控制系统。

并联型模型参考自适应控制系统的结构已在图 2-2 中给出，其中主要有参考模型、可调系统及自适应机构等几类子系统。下面以连续系统为例，讨论模型参考自适应控制系统的数学描述。

设参考模型的状态空间描述为

$$\frac{\mathrm{d}\boldsymbol{x}_{\mathrm{m}}}{\mathrm{d}t}=\boldsymbol{A}_{\mathrm{m}}\boldsymbol{x}_{\mathrm{m}}+\boldsymbol{B}_{\mathrm{m}}\boldsymbol{r}(t)\quad \boldsymbol{A}_{\mathrm{m}}\in R^{n\times n},\quad \boldsymbol{x}_{\mathrm{m}}\in R^{n},\quad \boldsymbol{B}_{m}\in R^{n\times m},\quad \boldsymbol{r}\in R^{m}\tag{2-1}$$

其中 $\boldsymbol{x}_{\mathrm{m}}(0)=\boldsymbol{x}_{\mathrm{m}0}$。参考模型为完全可控的，且 $\boldsymbol{A}_{\mathrm{m}}$ 的所有特征值实部均为负值，这样，参考模型是一个稳定的完全可控的系统。可调系统的描述为

$$\frac{\mathrm{d}\boldsymbol{x}_{\mathrm{s}}}{\mathrm{d}t}=\boldsymbol{A}_{\mathrm{s}}(t)\boldsymbol{x}_{\mathrm{s}}+\boldsymbol{B}_{\mathrm{s}}(t)\boldsymbol{r}(t)\quad \boldsymbol{A}_{\mathrm{s}}\in R^{n\times n},\quad \boldsymbol{x}_{\mathrm{s}}\in R^{n},\quad \boldsymbol{B}_{\mathrm{s}}\in R^{n\times m},\quad \boldsymbol{r}\in R^{m}\tag{2-2}$$

定义 $\boldsymbol{e}(t)=\boldsymbol{x}_{\mathrm{m}}(t)-\boldsymbol{x}_{\mathrm{s}}(t)$ 为广义误差向量。在参数自适应控制方案中，参数矩阵由自适应机构更新，因此 $\boldsymbol{A}_{\mathrm{s}}$，$\boldsymbol{B}_{\mathrm{s}}$ 不但依赖于时间 t，而且和广义误差向量 $\boldsymbol{e}$ 有关，可记为 $\boldsymbol{A}_{\mathrm{s}}(e,t)$，$\boldsymbol{B}_{\mathrm{s}}(e,t)$。而可调系统的输入和参考模型相同。这样，系统可以描述为

$$\begin{cases}\dfrac{\mathrm{d}\boldsymbol{x}_{\mathrm{s}}}{\mathrm{d}t}=\boldsymbol{A}_{\mathrm{s}}(\boldsymbol{e},t)\boldsymbol{x}_{\mathrm{s}}+\boldsymbol{B}_{\mathrm{s}}(\boldsymbol{e},t)\boldsymbol{r}(t)\\ \boldsymbol{x}_{\mathrm{s}}(0)=\boldsymbol{x}_{\mathrm{s0}},\boldsymbol{A}_{\mathrm{s}}(\cdot,0)=\boldsymbol{A}_0,\boldsymbol{B}_{\mathrm{s}}(\cdot,0)=\boldsymbol{B}_0\end{cases} \tag{2-3}$$

在信号综合自适应方案中，一般假定系统参数不随时间改变，但可能未知。自适应机构提供一个辅助信号，可调系统的描述为

$$\begin{cases}\dfrac{\mathrm{d}\boldsymbol{x}_{\mathrm{s}}}{\mathrm{d}t}=\boldsymbol{A}_{\mathrm{s}}\boldsymbol{x}_{\mathrm{s}}+\boldsymbol{B}_{\mathrm{s}}[\boldsymbol{r}(t)+\boldsymbol{u}_{\mathrm{a}}(\boldsymbol{e},t)]\\ \boldsymbol{x}_{\mathrm{s}}(0)=\boldsymbol{x}_{\mathrm{s0}},\boldsymbol{u}_{\mathrm{a}}(\cdot,0)=\boldsymbol{u}_0\end{cases} \tag{2-4}$$

某些情况下需要采用输入输出描述方式，此时参考模型为

$$\left(p^n+\sum_{i=0}^{n-1}a_ip^i\right)y_{\mathrm{m}}(t)=\left(\sum_{i=0}^{m}b_ip^i\right)r(t) \tag{2-5}$$

其中，$y_{\mathrm{m}}(t)$是参考模型的输出；p 表示微分算子，$p^i=\dfrac{\mathrm{d}^i}{\mathrm{d}t^i}$。当采用参数自适应方式时，可调系统的描述为

$$\left[p^n+\sum_{i=0}^{n-1}\hat{a}_i(v,t)p^i\right]y_{\mathrm{s}}(t)=\left[\sum_{i=0}^{m}\hat{b}_i(v,t)p^i\right]r(t) \tag{2-6}$$

设计模型参考自适应控制系统的问题提法如下：

(1) 设计自适应律使广义误差渐近地趋于0，即 $\lim\limits_{t\to+\infty}\boldsymbol{e}(t)=\boldsymbol{0}$；

(2) 可调系统的参数收敛，即 $\lim\limits_{t\to+\infty}\boldsymbol{A}(\boldsymbol{e},t)=\boldsymbol{A}_{\mathrm{m}}$，$\lim\limits_{t\to+\infty}\boldsymbol{B}(\boldsymbol{e},t)=\boldsymbol{B}_{\mathrm{m}}$。

为了便于分析，通常对自适应控制系统做出如下假设：

(1) 自适应控制系统中所有变量一致有界；

(2) 参考模型为线性时不变的，可调系统是线性时变的，它们的阶次相同。

2.2.2 梯度法

梯度法是一种基于局部参数最优化设计方法，是由 MIT 的学者最早提出的一种自适应控制系统设计方法，通常称为 MIT 律。这种方法首先在飞行器控制中得到了应用。

基于局部参数最优化方法设计原理是构造一个由广义误差和可调参数构成的目标函数，将其视为可调参数空间中的一个超曲面，利用参数优化方法使这个目标函数逐渐减少，直至达到最小值或最小值的一个邻域。常用的优化方法有梯度法、牛顿法、共轭梯度法等，其中梯度法比较易于实现，应用较为普遍。

这种方法的缺点是没有考虑自适应控制系统的稳定性问题。事实上已经发现，在某些情况下，按此方法设计的自适应控制系统可能丧失稳定性。因此，MIT 律后来在自适应控制系统的设计中很少采用。尽管如此，这个方法的一些设计思想还是具有一定的借鉴作用。

为了使用梯度法，通常给出两个补充假设：

(1) $\boldsymbol{A}_{\mathrm{m}}-\boldsymbol{A}_{\mathrm{s}}(t)$，$\boldsymbol{B}_{\mathrm{m}}-\boldsymbol{B}_{\mathrm{s}}(t)$是小的；

(2) 自适应的速度是低的。

下面通过一个二阶系统的例子来说明利用梯度法设计具有增益可调的自适应控制系统思路。

考虑单输入单输出系统,其参考模型、可调系统的描述分别为

参考模型:
$$(1+a_1p+a_2p^2)y_{\mathrm{m}}(t)=b_0r(t) \tag{2-7}$$

可调系统:
$$(1+a_1p+a_2p^2)y_{\mathrm{s}}(t)=\hat{b}_0(e,t)r(t) \tag{2-8}$$

其中,$e=y_{\mathrm{m}}-y_{\mathrm{s}}$ 为广义误差,$p^i=\dfrac{\mathrm{d}^i}{\mathrm{d}t^i}$为微分算子,调系统中需要调节的参数为系统的增益$\hat{b}_0(e,t)$。目标函数为

$$(IP)_{\mathrm{RM}}=\frac{1}{2}\int_{t_k}^{t_k+\Delta t}L(e,t)\mathrm{d}t=\frac{1}{2}\int_{t_k}^{t_k+\Delta t}e^2\mathrm{d}t \tag{2-9}$$

自适应机构的设计目标是设计$\hat{b}_0(e,t)$使得式(2-9)取得极小值。由式(2-9)可见,$L(e,t)$为 e 的二次型,并与 $b_0-\hat{b}_0(e,t)$有关。

假设$\hat{b}_0(e,t)$已经充分接近 b_0,用梯度法计算$\hat{b}_0(e,t)$的增量 $\Delta\hat{b}_0(e,t)$。由梯度法可知,当已知$\hat{b}_0(e,t_k)$时,应沿目标函数的负梯度方向去求$\hat{b}_0(e,t_k+\Delta t_k)$,因此

$$\hat{b}_0(e,t_k+\Delta t_k)=\hat{b}_0(e,t_k)-\lambda\mathrm{grad}(IP)_{\mathrm{RM}}$$

式中 $\lambda>0$ 为搜索步长,也可称为自适应增益,因为 λ 可以反映系统的增益$\hat{b}_0(e,t)$的变化大小。我们有

$$\begin{aligned}\Delta\hat{b}_0(e,t_k)&=\hat{b}_0(e,t_k+\Delta t_k)-\hat{b}_0(e,t_k)\\&=-\lambda\mathrm{grad}(IP)_{\mathrm{RM}}=-\lambda\frac{\partial(IP)_{\mathrm{RM}}}{\partial\hat{b}_0}\end{aligned} \tag{2-10}$$

显然,要求 $\Delta\hat{b}_0(e,t_k)$,应该知道$\hat{b}_0(e,t)$的沿目标函数的负梯度方向表示方式。但是$\hat{b}_0(e,t)$是待求量,因此我们无法直接由式(2-10)求 $\Delta\hat{b}_0(e,t_k)$。将式(2-10)对时间 t 求导有

$$\frac{\mathrm{d}\Delta\hat{b}_0}{\mathrm{d}t}=-\lambda\frac{\partial}{\partial t}\left[\frac{\partial(IP)_{\mathrm{RM}}}{\partial\hat{b}_0}\right]=-\frac{1}{2}\lambda\frac{\partial}{\partial t}\left[\frac{\partial}{\partial\hat{b}_0}\int_{t_k}^{t}e^2\mathrm{d}t\right]\qquad t_k\leqslant t\leqslant t_k+\Delta t_k$$

根据假设,系统的自适应速度是低的,因此上式可以交换微分顺序,即有

$$\frac{\mathrm{d}\Delta\hat{b}_0}{\mathrm{d}t}=-\frac{1}{2}\lambda\frac{\partial}{\partial\hat{b}_0}\left[\frac{\partial}{\partial t}\int_{t_k}^{t}e^2\mathrm{d}t\right]=-\lambda e\frac{\partial e}{\partial\hat{b}_0}\qquad t_k\leqslant t\leqslant t_k+\Delta t_k \tag{2-11}$$

故有

$$\hat{b}_0(e,t)=\hat{b}_0(e,t_k)-\int_{t_k}^{t}\lambda e\frac{\partial e}{\partial\hat{b}_0}\mathrm{d}\tau\qquad t_k\leqslant t\leqslant t_k+\Delta t_k \tag{2-12}$$

式(2-11)、式(2-12)称为 MIT 自适应律。事实上，$\frac{\partial e}{\partial \hat{b}_0}$往往无法显式得到，我们想法将其化为通过系统已知条件可以实现计算的方式。由于

$$\frac{\partial e}{\partial \hat{b}_0}=\frac{\partial y_m}{\partial \hat{b}_0}-\frac{\partial y_s}{\partial \hat{b}_0}=-\frac{\partial y_s}{\partial \hat{b}_0}$$

在可调系统微分方程$(1+a_1p+a_2p^2)y_s(t)=\hat{b}_0(e,t)r(t)$两端对$\hat{b}_0$求偏导数有

$$(1+a_1p+a_2p^2)\frac{\partial y_s}{\partial \hat{b}_0}=r(t)$$

比较参考模型的描述$(1+a_1p+a_2p^2)y_m(t)=b_0r(t)$可得

$$\frac{\partial y_s}{\partial \hat{b}_0}=\frac{y_m}{b_0}$$

最终得自适应调整率为

$$\hat{b}_0(e,t)=\hat{b}_0(e,t_k)+\int_{t_k}^{t}\frac{\lambda}{b_0}ey_m\mathrm{d}\tau \quad t_k\leqslant t\leqslant t_k+\Delta t_k \tag{2-13}$$

或

$$\hat{b}_0(e,t)=\hat{b}_0(0)+\int_{0}^{t}\frac{\lambda}{b_0}ey_m\mathrm{d}\tau \tag{2-14}$$

自适应控制系统的框图如图 2-4 所示。

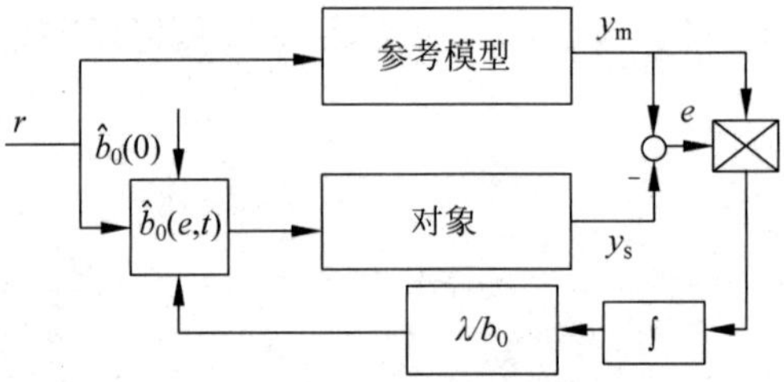

图 2-4 基于 MIT 律的增益可调自适应控制系统框图

下面简单介绍一般的具有多个可调参数的自适应系统的设计思路。设参考模型、可调系统的描述分别为

参考模型：$$\left(1+\sum_{i=1}^{n}a_ip^i\right)y_m(t)=\left(\sum_{i=0}^{m}b_ip^i\right)r(t)$$

可调系统：$$\left[1+\sum_{i=1}^{n}\hat{a}_i(e,t)p^i\right]y_s(t)=\left[\sum_{i=0}^{m}\hat{b}_i(e,t)p^i\right]r(t)$$

其中$e=y_m-y_s$，目标函数为

$$(IP)_{RM}=\frac{1}{2}\int_{t_k}^{t_k+\Delta t}L(e,t)\mathrm{d}t=\frac{1}{2}\int_{t_k}^{t_k+\Delta t}e^2\mathrm{d}t \tag{2-15}$$

自适应机构的设计目标是寻找$\hat{a}_i(e,t)$，$\hat{b}_i(e,t)$使式(2-15)取得极小值。仿前面推导，可以得出多个可调参数的 MIT 律

$$\begin{cases}\dfrac{\mathrm{d}\Delta\hat{a}_i}{\mathrm{d}t}=-\dfrac{1}{2}\lambda_{ai}\dfrac{\partial}{\partial\hat{a}_i}\left[\dfrac{\partial}{\partial t}\displaystyle\int_{t_k}^{t}e^2\mathrm{d}t\right]=-\lambda_{ai}e\dfrac{\partial e}{\partial\hat{a}_i}=\lambda_{ai}e\dfrac{\partial y_s}{\partial\hat{a}_i} & \lambda_{ai}>0,\quad 1\leqslant i\leqslant n\\ \dfrac{\mathrm{d}\Delta\hat{b}_i}{\mathrm{d}t}=-\dfrac{1}{2}\lambda_{bi}\dfrac{\partial}{\partial\hat{b}_i}\left[\dfrac{\partial}{\partial t}\displaystyle\int_{t_k}^{t}e^2\mathrm{d}t\right]=-\lambda_{bi}e\dfrac{\partial e}{\partial\hat{b}_i}=\lambda_{bi}e\dfrac{\partial y_s}{\partial\hat{b}_i} & \lambda_{bi}>0,\quad 0\leqslant i\leqslant m\end{cases}$$

(2-16)

$\dfrac{\partial y_s}{\partial\hat{a}_i},\dfrac{\partial y_s}{\partial\hat{b}_i}$称为灵敏度函数，它表示可调系统输出关于可调参数的灵敏度。采用一定方式计算出灵敏度函数，就可以设计出自适应控制系统。具体的设计过程参见相关参考书籍[22,24]，此处不再赘述。

人们发现，在一定条件下，基于 MIT 方案的自适应控制系统可能不稳定。我们以前述增益可调的二阶自适应控制系统的例子来说明。其中参考模型、可调系统的描述分别为

参考模型： $(1+a_1p+a_2p^2)y_{\mathrm{m}}(t)=b_0r(t)$

可调系统： $(1+a_1p+a_2p^2)y_{\mathrm{s}}(t)=\hat{b}_0(e,t)r(t)$

其广义误差 $e=y_{\mathrm{m}}-y_{\mathrm{s}}$ 满足方程

$$(1+a_1p+a_2p^2)e=[b_0-\hat{b}_0(e,t)]r(t)$$

上式对 t 求导，并考虑式(2-14)有

$$(p+a_1p^2+a_2p^3)e=[b_0-\hat{b}_0(e,t)]pr-\frac{\lambda}{b_0}ey_{\mathrm{m}}r$$

令 $r(t)=r_0=$常数，则 $pr=\dfrac{\mathrm{d}}{\mathrm{d}t}r_0=0$，故$(p+a_1p^2+a_2p^3)e=-\dfrac{\lambda}{b_0}ey_{\mathrm{m}}r_0$。参考模型是一个渐近稳定的具有良好性能指标的系统，因此，可以找到 T，当 $t>T$，$y_{\mathrm{m}}(t)\approx r_0$。因此 $t>T$ 时误差方程可以写为

$$\left(\frac{\lambda}{b_0}r_0^2+p+a_1p^2+a_2p^3\right)e=0$$

根据 Routh 判据可知，当

$$\lambda>\frac{a_1}{a_2r_0^2}$$

时，自适应系统不稳定。可见，本例中自适应增益增大到一定程度时，系统变为不稳定；反之，对于固定的自适应增益 λ，改变输入幅值 r_0，则当

$$r_0>\sqrt{\frac{a_1}{a_2\lambda}}$$

时，自适应系统不稳定。

基于局部参数最优化理论设计的自适应控制系统结构比较简单，实现方便，但是具有较大的局限性。首先，这种方法的前提条件是参数变化范围很小，对于较大参数变化的系统不适用；其次，这种方法在设计时没有考虑稳定性的条件，自适应系统有

可能存在失稳的现象。针对上述问题，人们提出基于稳定性理论来设计自适应控制系统，这种方法不但可以保证系统的全局渐近稳定性，而且可适用于系统参数大范围变化的情形。

2.2.3 基于稳定性理论的自适应控制系统设计方法

基于稳定性理论的自适应控制系统设计方法有基于 Lyapunov 稳定性理论的设计方法和基于超稳定性理论的设计方法。这两种方法都可以保证自适应控制系统的全局稳定性，基于 Lyapunov 稳定性理论的自适应律的实现依赖于具体的 Lyapunov 函数的选择，而基于超稳定性理论的自适应控制设计方法可以得到一族自适应控制律，具有较大的灵活性，便于工程技术人员使用。本小节仅仅介绍基于 Lyapunov 稳定性理论的设计方法。

设参考模型为

$$\dot{\boldsymbol{x}}_{\mathrm{m}} = \boldsymbol{A}_{\mathrm{m}}\boldsymbol{x}_{\mathrm{m}} + \boldsymbol{B}_{\mathrm{m}}\boldsymbol{r}$$

可调系统模型为

$$\dot{\boldsymbol{x}}_{\mathrm{s}} = \boldsymbol{A}_{\mathrm{s}}(\boldsymbol{e},t)\boldsymbol{x}_{\mathrm{s}} + \boldsymbol{B}_{\mathrm{s}}(\boldsymbol{e},t)r$$

其中 $\boldsymbol{e}(t)=\boldsymbol{x}_{\mathrm{m}}(t)-\boldsymbol{x}_{\mathrm{s}}(t)$ 为广义误差向量，两式相减，可以得到关于 $\boldsymbol{e}$ 的微分方程为

$$\dot{\boldsymbol{e}} = \dot{\boldsymbol{x}}_{\mathrm{m}} - \dot{\boldsymbol{x}}_{\mathrm{s}} = \boldsymbol{A}_{\mathrm{m}}\boldsymbol{e} + [\boldsymbol{A}_{\mathrm{m}} - \boldsymbol{A}_{\mathrm{s}}(\boldsymbol{e},t)]\boldsymbol{x}_{\mathrm{s}} + [\boldsymbol{B}_{\mathrm{m}} - \boldsymbol{B}_{\mathrm{s}}(\boldsymbol{e},t)]\boldsymbol{r} \tag{2-17}$$

自适应系统的设计问题描述为：对任何初始条件 $\boldsymbol{x}_s(0)$ 和分段连续的输入 $\boldsymbol{r}(t)$，决定 $\boldsymbol{A}_{\mathrm{s}}(\boldsymbol{e},t)$，$\boldsymbol{B}_{\mathrm{s}}(\boldsymbol{e},t)$ 的调整规律使得广义误差渐近地趋于 $\boldsymbol{0}$，即

$$\lim_{t\to+\infty}\boldsymbol{e}(t) = \boldsymbol{0} \tag{2-18}$$

即系统式(2-17)是全局渐近稳定的。且当 $t\to\infty$ 时，应有

$$\lim_{t\to+\infty}\boldsymbol{A}_{\mathrm{s}}(\boldsymbol{e},t) = \boldsymbol{A}_{\mathrm{m}} \tag{2-19}$$

$$\lim_{t\to+\infty}\boldsymbol{B}_{\mathrm{s}}(\boldsymbol{e},t) = \boldsymbol{B}_{\mathrm{m}} \tag{2-20}$$

下面基于 Lyapunov 稳定性理论构造自适应控制系统，构造下列二次型正定函数作为 Lyapunov 函数

$$\begin{aligned} V(\boldsymbol{e},t) =& \boldsymbol{e}^{\mathrm{T}}\boldsymbol{P}\boldsymbol{e} + \mathrm{tr}\{[\boldsymbol{A}_{\mathrm{m}} - \boldsymbol{A}_{\mathrm{s}}(\boldsymbol{e},t)]^{\mathrm{T}}\boldsymbol{F}_A^{-1}[\boldsymbol{A}_{\mathrm{m}} - \boldsymbol{A}_{\mathrm{s}}(\boldsymbol{e},t)]\} + \\ & \mathrm{tr}\{[\boldsymbol{B}_{\mathrm{m}} - \boldsymbol{B}_{\mathrm{s}}(\boldsymbol{e},t)]^{\mathrm{T}}\boldsymbol{F}_B^{-1}[\boldsymbol{B}_{\mathrm{m}} - \boldsymbol{B}_{\mathrm{s}}(\boldsymbol{e},t)]\} \end{aligned} \tag{2-21}$$

其中，$\mathrm{tr}\{\boldsymbol{A}\}$ 表示方阵 $\boldsymbol{A}$ 的迹，$\mathrm{tr}\{\boldsymbol{A}\}$ 在数值上等于矩阵 $\boldsymbol{A}$ 主对角元素之和。$\boldsymbol{P}^{\mathrm{T}}=\boldsymbol{P}>0$，$(\boldsymbol{F}_A^{-1})^{\mathrm{T}}=\boldsymbol{F}_A^{-1}>0$，$(\boldsymbol{F}_B^{-1})^{\mathrm{T}}=\boldsymbol{F}_B^{-1}>0$。现求 $V(\boldsymbol{e},t)$ 关于 t 的全导数，即

$$\begin{aligned} \frac{\mathrm{d}V}{\mathrm{d}t} =& \boldsymbol{e}^{\mathrm{T}}(\boldsymbol{A}_{\mathrm{m}}^{\mathrm{T}}\boldsymbol{P} + \boldsymbol{P}\boldsymbol{A}_{\mathrm{m}})\boldsymbol{e} + 2\boldsymbol{x}_{\mathrm{s}}^{\mathrm{T}}[\boldsymbol{A}_{\mathrm{m}} - \boldsymbol{A}_{\mathrm{s}}]^{\mathrm{T}}\boldsymbol{P}\boldsymbol{e} + 2\boldsymbol{r}^{\mathrm{T}}[\boldsymbol{B}_{\mathrm{m}} - \boldsymbol{B}_{\mathrm{s}}]^{\mathrm{T}}\boldsymbol{P}\boldsymbol{e} + \\ & \mathrm{tr}\{-\dot{\boldsymbol{A}}_{\mathrm{s}}^{\mathrm{T}}\boldsymbol{F}_A^{-1}[\boldsymbol{A}_{\mathrm{m}} - \boldsymbol{A}_{\mathrm{s}}] - [\boldsymbol{A}_{\mathrm{m}} - \boldsymbol{A}_{\mathrm{s}}]^{\mathrm{T}}\boldsymbol{F}_A^{-1}\boldsymbol{A}_{\mathrm{s}}\} + \\ & \mathrm{tr}\{-\dot{\boldsymbol{B}}_{\mathrm{s}}^{\mathrm{T}}\boldsymbol{F}_A^{-1}[\boldsymbol{B}_{\mathrm{m}} - \boldsymbol{B}_{\mathrm{s}}] - [\boldsymbol{B}_{\mathrm{m}} - \boldsymbol{B}_{\mathrm{s}}]^{\mathrm{T}}\boldsymbol{F}_B^{-1}\boldsymbol{B}_{\mathrm{s}}\} \\ =& \boldsymbol{e}^{\mathrm{T}}(\boldsymbol{A}_{\mathrm{m}}\boldsymbol{P} + \boldsymbol{P}\boldsymbol{A}_{\mathrm{m}})\boldsymbol{e} + 2\mathrm{tr}\{[\boldsymbol{A}_{\mathrm{m}} - \boldsymbol{A}_{\mathrm{s}}(\boldsymbol{e},t)]^{\mathrm{T}}[\boldsymbol{P}\boldsymbol{e}\boldsymbol{x}_{\mathrm{s}}^{\mathrm{T}} - \boldsymbol{F}_A^{-1}\dot{\boldsymbol{A}}_{\mathrm{s}}(\boldsymbol{e},t)]\} + \end{aligned}$$

$$2\mathrm{tr}\{[\boldsymbol{B}_\mathrm{m}-\boldsymbol{B}_\mathrm{s}(\boldsymbol{e},t)]^\mathrm{T}[\boldsymbol{Per}^\mathrm{T}-\boldsymbol{F}_B^{-1}\dot{\boldsymbol{B}}_\mathrm{s}(\boldsymbol{e},t)]\} \tag{2-22}$$

对于参考模型，我们要求其是渐近稳定的，即 $\boldsymbol{A}_\mathrm{m}$ 所有的特征值实部均小于 0，称这种 $\boldsymbol{A}_\mathrm{m}$ 为 Hurwitz 矩阵，因此有

$$\boldsymbol{A}_\mathrm{m}^\mathrm{T}\boldsymbol{P}+\boldsymbol{PA}_\mathrm{m}=-\boldsymbol{Q},\quad \boldsymbol{Q}^\mathrm{T}=\boldsymbol{Q}>0$$

因此 $\boldsymbol{e}^\mathrm{T}(\boldsymbol{A}_\mathrm{m}^\mathrm{T}\boldsymbol{P}+\boldsymbol{PA}_\mathrm{m})\boldsymbol{e}<0$，如果式(2-20)后两项为 0，则可以保证$\frac{\mathrm{d}V}{\mathrm{d}t}<0$，由此可得

$$\begin{cases}\dot{\boldsymbol{A}}_\mathrm{s}(\boldsymbol{e},t)=\boldsymbol{F}_A\boldsymbol{Pex}_\mathrm{s}^\mathrm{T}\\ \dot{\boldsymbol{B}}_\mathrm{s}(\boldsymbol{e},t)=\boldsymbol{F}_B\boldsymbol{Per}^\mathrm{T}\end{cases} \tag{2-23}$$

由此得自适应律为

$$\begin{cases}\boldsymbol{A}_\mathrm{s}(\boldsymbol{e},t)=\int_0^t\boldsymbol{F}_A\boldsymbol{Pe}(\tau)\boldsymbol{x}_\mathrm{s}(\tau)^\mathrm{T}\mathrm{d}\tau+\boldsymbol{A}_\mathrm{s}(0)\\ \boldsymbol{B}_\mathrm{s}(\boldsymbol{e},t)=\int_0^t\boldsymbol{F}_B\boldsymbol{Pe}(\tau)\boldsymbol{r}(\tau)^\mathrm{T}\mathrm{d}\tau+\boldsymbol{B}_\mathrm{s}(0)\end{cases} \tag{2-24}$$

上述自适应律可以保证自适应控制系统是全局渐近稳定的。

除了系统全局渐近稳定外，还要求可调系统参数收敛，即

$$\boldsymbol{e}(t)\equiv\boldsymbol{0}\Rightarrow\boldsymbol{A}_\mathrm{s}(\boldsymbol{e},t)=\boldsymbol{A}_\mathrm{m},\quad \boldsymbol{B}_\mathrm{s}(\boldsymbol{e},t)=\boldsymbol{B}_\mathrm{m}$$

现在考察参数收敛的条件。由于 $\boldsymbol{A}_\mathrm{s}(\boldsymbol{e},t)$，$\boldsymbol{B}_\mathrm{s}(\boldsymbol{e},t)$ 的调整仅仅依赖于广义误差 $\boldsymbol{e}(t)$，故当自适应系统全局稳定时，有 $\lim\limits_{t\to+\infty}\boldsymbol{e}(t)=\boldsymbol{0}$，而 $\boldsymbol{A}_\mathrm{s}(\boldsymbol{e},t)$，$\boldsymbol{B}_\mathrm{s}(\boldsymbol{e},t)$ 趋于一个常数矩阵，即

$$\lim_{t\to+\infty}[\boldsymbol{A}_\mathrm{m}-\boldsymbol{A}_\mathrm{s}(\boldsymbol{e},t)]=\boldsymbol{C}$$

$$\lim_{t\to+\infty}[\boldsymbol{B}_\mathrm{m}-\boldsymbol{B}_\mathrm{s}(\boldsymbol{e},t)]=\boldsymbol{D}$$

由式(2-17)可得

$$\boldsymbol{Cx}_\mathrm{s}+\boldsymbol{Dr}=\boldsymbol{0} \tag{2-25}$$

有三种情形可保证上式成立：

(1) $\boldsymbol{C}\neq\boldsymbol{0}$，$\boldsymbol{D}\neq\boldsymbol{0}$，$\boldsymbol{x}_\mathrm{s}$，$\boldsymbol{r}$ 线性相关；

(2) $\boldsymbol{x}_\mathrm{s}\equiv\boldsymbol{0}$，$\boldsymbol{r}\equiv\boldsymbol{0}$；

(3) $\boldsymbol{C}=\boldsymbol{0}$，$\boldsymbol{D}=\boldsymbol{0}$，$\boldsymbol{x}_\mathrm{s}$，$\boldsymbol{r}$ 线性独立。

只有第三种情形符合参数收敛条件。因此，要保证参数收敛，$\boldsymbol{r}$ 必须足够丰富，以保证 $\boldsymbol{x}_\mathrm{s}$，$\boldsymbol{r}$ 不恒等于零，且相互独立。

应该注意的是，基于 Lyapunov 稳定性理论设计自适应系统，其自适应控制律与所选取的 V 函数有关。因此，不同的 V 函数，将导致不同的自适应律。式(2-24)所示的自适应律，固然可以保证系统的全局渐近稳定性和参数的收敛性，但由于该自适应律仅采用广义误差 $\boldsymbol{e}(t)$ 的积分来调整系统参数，因此，对于可调系统初始参数与参考模型相差较大的情况，参数调整的时间就比较长。应当说，这对于系统参数调整的性

能指标有一定影响。

应当说明的是，对实际的系统进行设计时，不应简单代公式(2-22)，而应按照上述论证过程考察具体的 V 函数，进而得出自适应律。

例 2-1 考察一个二阶自适应控制系统的设计问题。设系统的参考模型为

$$\begin{bmatrix}\dot{x}_{1m}\\ \dot{x}_{2m}\end{bmatrix}=\begin{bmatrix}0 & 1\\ -a_1 & -a_2\end{bmatrix}\begin{bmatrix}x_{1m}\\ x_{2m}\end{bmatrix}+\begin{bmatrix}b_1\\ b_2\end{bmatrix}r$$

可调系统描述为

$$\begin{bmatrix}\dot{x}_{1s}\\ \dot{x}_{2s}\end{bmatrix}=\begin{bmatrix}0 & 1\\ -a_{1s}(e,t) & -a_2\end{bmatrix}\begin{bmatrix}x_{1s}\\ x_{2s}\end{bmatrix}+\begin{bmatrix}0\\ b_{2s}(e,t)\end{bmatrix}r$$

试设计自适应控制系统。

解：广义误差向量为

$$\begin{bmatrix}e_1\\ e_2\end{bmatrix}=\begin{bmatrix}x_{1m}\\ x_{2m}\end{bmatrix}-\begin{bmatrix}x_{1s}\\ x_{2s}\end{bmatrix}$$

我们看到，需要调整的系数仅有 $a_{1s}(e,t)$ 和 $b_{2s}(e,t)$，取

$$\boldsymbol{P}=\begin{bmatrix}p_{11} & p_{12}\\ p_{12} & p_{22}\end{bmatrix}>0,\quad \boldsymbol{Q}=\begin{bmatrix}1 & 0\\ 0 & 1\end{bmatrix}$$

代入 $\boldsymbol{A}_{\mathrm{m}}^{\mathrm{T}}\boldsymbol{P}+\boldsymbol{P}\boldsymbol{A}_{\mathrm{m}}=-\boldsymbol{Q}$，可以求得

$$\boldsymbol{P}=\begin{bmatrix}\dfrac{a_1(1+a_1)+a_2^2}{2a_1a_2} & \dfrac{1}{2a_1}\\ \dfrac{1}{2a_1} & \dfrac{1+a_1}{2a_1a_2}\end{bmatrix}\overset{\text{def}}{=}\begin{bmatrix}p_1 & p_0\\ p_0 & p_2\end{bmatrix}$$

令

$$\boldsymbol{F}_A^{-1}=\begin{bmatrix}\hat{f}_{A11} & \hat{f}_{A12}\\ \hat{f}_{A12} & \hat{f}_{A22}\end{bmatrix}>0,\quad \boldsymbol{F}_B^{-1}=\begin{bmatrix}\hat{f}_{B11} & \hat{f}_{B12}\\ \hat{f}_{B12} & \hat{f}_{B22}\end{bmatrix}>0$$

$$\begin{aligned}\mathrm{tr}\{[\boldsymbol{A}_{\mathrm{m}}-\boldsymbol{A}_{\mathrm{s}}(\boldsymbol{e},t)]^{\mathrm{T}}\boldsymbol{F}_A^{-1}[\boldsymbol{A}_{\mathrm{m}}-\boldsymbol{A}_{\mathrm{s}}(\boldsymbol{e},t)]\}&=\mathrm{tr}\left\{\begin{bmatrix}[a_{1s}(e,t)-a_1]^2\hat{f}_{A22} & 0\\ 0 & 0\end{bmatrix}\right\}\\ &=[a_{1s}(e,t)-a_1]^2\hat{f}_{A22}\end{aligned}$$

$$\mathrm{tr}\{[\boldsymbol{B}_{\mathrm{m}}-\boldsymbol{B}_{\mathrm{s}}(\boldsymbol{e},t)]^{\mathrm{T}}\boldsymbol{F}_B^{-1}[\boldsymbol{B}_{\mathrm{m}}-\boldsymbol{B}_{\mathrm{s}}(\boldsymbol{e},t)]\}=[b_2-b_{2s}(e,t)]^2\hat{f}_{B12}$$

则可取

$$\begin{aligned}V(\boldsymbol{e},t)&=\boldsymbol{e}^{\mathrm{T}}\boldsymbol{P}\boldsymbol{e}+\mathrm{tr}\{[\boldsymbol{A}_{\mathrm{m}}-\boldsymbol{A}_{\mathrm{s}}(\boldsymbol{e},t)]^{\mathrm{T}}\boldsymbol{F}_A^{-1}[\boldsymbol{A}_{\mathrm{m}}-\boldsymbol{A}_{\mathrm{s}}(\boldsymbol{e},t)]\}+\\ &\quad\ \mathrm{tr}\{[\boldsymbol{B}_{\mathrm{m}}-\boldsymbol{B}_{\mathrm{s}}(\boldsymbol{e},t)]^{\mathrm{T}}\boldsymbol{F}_B^{-1}[\boldsymbol{B}_{\mathrm{m}}-\boldsymbol{B}_{\mathrm{s}}(\boldsymbol{e},t)]\}\\ &=\boldsymbol{e}^{\mathrm{T}}\boldsymbol{P}\boldsymbol{e}+[a_{1s}(\boldsymbol{e},t)-a_1]^2\hat{f}_{A22}+[b_2-b_2(\boldsymbol{e},t)]^2\hat{f}_{B12}\end{aligned}$$

$$\frac{\mathrm{d}V}{\mathrm{d}t}=\boldsymbol{e}^{\mathrm{T}}(\boldsymbol{A}_{\mathrm{m}}^{\mathrm{T}}\boldsymbol{P}+\boldsymbol{P}\boldsymbol{A}_{\mathrm{m}})e+2\boldsymbol{x}_{\mathrm{s}}^{\mathrm{T}}[\boldsymbol{A}_{\mathrm{m}}-\boldsymbol{A}_{\mathrm{s}}(e,t)]^{\mathrm{T}}\boldsymbol{P}\boldsymbol{e}+$$

$$2\boldsymbol{r}^{\mathrm{T}}[\boldsymbol{B}_{\mathrm{m}}-\boldsymbol{B}_{\mathrm{s}}(\boldsymbol{e},t)]^{\mathrm{T}}\boldsymbol{P}\boldsymbol{e}+2[a_{1\mathrm{s}}(\boldsymbol{e},t)-a]\dot{a}_{1\mathrm{s}}\hat{f}_{A22}-2[b_2-b_{2\mathrm{s}}(\boldsymbol{e},t)]\dot{b}_{2\mathrm{s}}\hat{f}_{B12}$$

由于

$$\boldsymbol{x}_{\mathrm{s}}^{\mathrm{T}}[\boldsymbol{A}_{\mathrm{m}}-\boldsymbol{A}_{\mathrm{s}}(\boldsymbol{e},t)]\boldsymbol{P}\boldsymbol{e}+\boldsymbol{r}^{\mathrm{T}}[\boldsymbol{B}_{\mathrm{m}}-\boldsymbol{B}_{\mathrm{s}}(\boldsymbol{e},t)]\boldsymbol{P}\boldsymbol{e}$$

$$=[x_{\mathrm{s}1}\quad x_{\mathrm{s}2}]\begin{bmatrix}0 & 0\\ a_{1\mathrm{s}}(e,t)-a_1 & 0\end{bmatrix}\begin{bmatrix}p_1 & p_0\\ p_0 & p_2\end{bmatrix}\begin{bmatrix}e_1\\ e_2\end{bmatrix}+r[0\quad b_2-b_{2\mathrm{s}}(e,t)]\begin{bmatrix}p_1 & p_0\\ p_0 & p_2\end{bmatrix}\begin{bmatrix}e_1\\ e_2\end{bmatrix}$$

$$=(p_1e_1+p_0e_2)[a_{1\mathrm{s}}(e,t)-a_1]x_{\mathrm{s}2}+(p_0e_1+p_2e_2)[b_2-b_{2\mathrm{s}}(e,t)]r$$

$$\frac{\mathrm{d}V}{\mathrm{d}t}=-e_1^2-e_2^2+2[a_{1\mathrm{s}}(\boldsymbol{e},t)-a_1][\dot{a}_{1\mathrm{s}}(\boldsymbol{e},t)\hat{f}_{A22}+(p_1e_1+p_0e_2)x_{\mathrm{s}2}]+$$

$$2[b_2-b_{2\mathrm{s}}(\boldsymbol{e},t)][-\dot{b}_{2\mathrm{s}}(\boldsymbol{e},t)\hat{f}_{B12}+(p_0e_1+p_2e_2)r]$$

故自适应律可取为

$$a_{1\mathrm{s}}(\boldsymbol{e},t)=-\int_0^t\frac{1}{\hat{f}_{A22}}(p_1e_1+p_0e_2)x_{\mathrm{s}2}\mathrm{d}\tau+a_{1\mathrm{s}}(0)$$

$$b_{2\mathrm{s}}(\boldsymbol{e},t)=\int_0^t\frac{1}{\hat{f}_{B12}}(p_0e_1+p_2e_2)r\mathrm{d}\tau+b_{1\mathrm{s}}(0)$$ □

基于 Lyapunov 稳定性理论设计自适应系统，其自适应控制律与所选取的 V 函数有关，不同的 V 函数，将导致不同的自适应律。这些自适应律性能的优劣，主要取决于设计者的经验和技巧。对于工程师来说，选取合适的自适应律是一个具有较大难度的问题。如果选取简单的二次型 V 函数，其自适应律往往只含有误差的积分，参数调整比较缓慢。而基于超稳定性理论的自适应系统设计较好地解决了自适应律的设计问题，自适应系统的参数调整较快。这种设计方式具有一套比较规范的做法，可得到一族自适应系统的设计方案，其设计过程易于被工程师所掌握。关于采用超稳定性理论设计自适应控制系统的方法，读者可参阅参考文献[22,24]。

2.3 自校正控制

自校正控制是目前应用最广的一类自适应控制方法。它的基本思想是将参数估计递推算法与各种不同类型的控制算法结合起来，形成一个能自动校正控制器参数的实时控制系统。

根据是否直接估计控制器参数，可以将自校正控制分为两种，即间接自校正控制(Indirect Self-tuning Control)和直接自校正控制(Direct Self-tuning Control)。前者首先通过某种递推辨识算法估计对象模型参数，然后利用模型参数与控制器参数之间的关系，如 Diophantine 方程确定控制器参数，然后计算控制量，因为模型参数有明确的表示形式，因此也称为显式自校正。后者直接所采用的不同的控制算法，可以组成不同类型的自校正控制系统。后者不估计模型参数，而是通过输入输出信息直接估计控制器参数，并利用其估计值计算控制量，这种控制方法称直接自校正控制，又因为模型参数隐含在控制器参数中，没有具体的表达形式，因此这种自校正控制也成为隐式自校正控制。

2.3.1 实时参数辨识

在自适应控制系统中，过程参数是连续变化的，因此必须采用某种算法在线递推估计过程的参数。参数估计的方法有很多，本小节仅介绍使用参数估计的基本方法——最小二乘算法。

1. 最小二乘问题

设过程采用输入输出方式描述，在参数辨识中，一般采取离散形式描述，即有

$$y(k) = -a_1 y(k-1) - a_2 y(k-2) - \cdots - a_{na} y(k-n_a) + b_0 u(k-d) + b_1 u(k-d-1) + \cdots + b_{nb} u(k-d-n_b) + e(k)$$

其中，$y(k)$为输出；$u(k)$为输入；d 为延迟；$e(k)$为过程噪声。上式可以写为

$$y(k) = \boldsymbol{\varphi}^{\mathrm{T}}(k)\boldsymbol{\theta} + e(k) \tag{2-26}$$

式中

$$\boldsymbol{\varphi}^{\mathrm{T}}(k) = [-y(k-1) - y(k-2), \cdots, -y(k-n_a) u(k-d) u(k-d-1), \cdots, u(k-d-n_b)] \tag{2-27}$$

$$\boldsymbol{\theta} = [a_1\ a_2, \cdots, a_{na}\quad b_0 b_1, \cdots, b_{nb}]^{\mathrm{T}} \tag{2-28}$$

假定现有 N 次根据实验得到的观测数据

$$\{y(i), u(i): i = 1, 2, \cdots, N, N \gg n_a + n_b + 1\}$$

根据这 N 次观测数据估计得到的参数值为$\hat{\boldsymbol{\theta}}$，那么对于第 k 次观测，实际观测值 $y(k)$ 与估计模型计算值 $y_m(k) = \boldsymbol{\varphi}^{\mathrm{T}}(k)\hat{\boldsymbol{\theta}}$ 之间偏差为

$$\varepsilon(k) = y(k) - \boldsymbol{\varphi}^{\mathrm{T}}(k)\hat{\boldsymbol{\theta}} = \boldsymbol{\varphi}^{\mathrm{T}}(k)(\boldsymbol{\theta} - \hat{\boldsymbol{\theta}}) + e(k) \tag{2-29}$$

很显然偏差是一个随机变量，在系统辨识领域中常常称它为残差。引入记号

$$\boldsymbol{Y} = \begin{bmatrix} y(1) \\ y(2) \\ \vdots \\ y(N) \end{bmatrix}, \quad \boldsymbol{\Phi} = \begin{bmatrix} \boldsymbol{\varphi}^{\mathrm{T}}(1) \\ \boldsymbol{\varphi}^{\mathrm{T}}(2) \\ \vdots \\ \boldsymbol{\varphi}^{\mathrm{T}}(N) \end{bmatrix}, \quad \boldsymbol{e} = \begin{bmatrix} e(1) \\ e(2) \\ \vdots \\ e(N) \end{bmatrix}, \quad \boldsymbol{\varepsilon} = \begin{bmatrix} \varepsilon(1) \\ \varepsilon(2) \\ \vdots \\ \varepsilon(N) \end{bmatrix}$$

则有

$$\boldsymbol{Y} = \boldsymbol{\Phi}\boldsymbol{\theta} + \boldsymbol{e} \tag{2-30}$$

$$\boldsymbol{\varepsilon} = \boldsymbol{Y} - \boldsymbol{\Phi}\hat{\boldsymbol{\theta}} = \boldsymbol{\Phi}(\boldsymbol{\theta} - \hat{\boldsymbol{\theta}}) + \boldsymbol{e} \tag{2-31}$$

可见残差取决于参数拟合误差和过程噪声 $\boldsymbol{e}$。确定目标函数为

$$J = \boldsymbol{\varepsilon}^{\mathrm{T}}\boldsymbol{\varepsilon} = (\boldsymbol{Y} - \boldsymbol{\Phi}\hat{\boldsymbol{\theta}})^{\mathrm{T}}(\boldsymbol{Y} - \boldsymbol{\Phi}\hat{\boldsymbol{\theta}}) \tag{2-32}$$

参数估计的最小二乘算法就是使一个$\hat{\boldsymbol{\theta}}_{\mathrm{LS}}$，使目标函数式(2-32)取得最小值。即有

$$\min\{J\} = \min\{\boldsymbol{\varepsilon}^{\mathrm{T}}\boldsymbol{\varepsilon}\} = (\boldsymbol{Y} - \boldsymbol{\Phi}\hat{\boldsymbol{\theta}}_{\mathrm{LS}})^{\mathrm{T}}(\boldsymbol{Y} - \boldsymbol{\Phi}\hat{\boldsymbol{\theta}}_{\mathrm{LS}}) \tag{2-33}$$

满足式(2-33)的$\hat{\boldsymbol{\theta}}_{\mathrm{LS}}$称为$\boldsymbol{\theta}$最小二乘估计。

根据所求解的问题J的不同，在不同场合下，函数J往往有不同的名称，它被称为成本函数、损失函数、目标函数、准则函数等。本书称它为准则函数。准则函数是一个标量。

下面考察使准则函数式(2-32)达到最小的参数估计$\hat{\boldsymbol{\theta}}_{\mathrm{LS}}$的计算方法。根据函数取极小值的必要条件，将准则函数式(2-32)对各参数求导，并令其结果为零有

$$\left.\frac{\partial J}{\partial \hat{\boldsymbol{\theta}}}\right|_{\hat{\boldsymbol{\theta}} = \hat{\boldsymbol{\theta}}_{\mathrm{LS}}} = -2\,\boldsymbol{\Phi}^{\mathrm{T}}(\boldsymbol{Y} - \boldsymbol{\Phi}\hat{\boldsymbol{\theta}}_{\mathrm{LS}}) = \mathbf{0}$$

最小二乘参数估计量$\hat{\boldsymbol{\theta}}_{\mathrm{LS}}$满足

$$\boldsymbol{\Phi}^{\mathrm{T}}(\boldsymbol{Y} - \boldsymbol{\Phi}\hat{\boldsymbol{\theta}}_{\mathrm{LS}}) = \mathbf{0} \tag{2-34}$$

这就是以向量矩阵形式表示的正规方程，若矩阵$\boldsymbol{\Phi}^{\mathrm{T}}\boldsymbol{\Phi}$是非奇异的，其逆阵$(\boldsymbol{\Phi}^{\mathrm{T}}\boldsymbol{\Phi})^{-1}$存在，于是可解出

$$\hat{\boldsymbol{\theta}}_{\mathrm{LS}} = (\boldsymbol{\Phi}^{\mathrm{T}}\boldsymbol{\Phi})^{-1}\boldsymbol{\Phi}^{\mathrm{T}}\boldsymbol{Y} \tag{2-35}$$

准则函数的J二阶导数是

$$\frac{\partial J}{\partial \hat{\boldsymbol{\theta}}}\left(\frac{\partial J}{\partial \hat{\boldsymbol{\theta}}}\right)^{\mathrm{T}} = 2\,\boldsymbol{\Phi}^{\mathrm{T}}\boldsymbol{\Phi} \tag{2-36}$$

只要矩阵$\boldsymbol{\Phi}$是满秩的，$\boldsymbol{\Phi}^{\mathrm{T}}\boldsymbol{\Phi}$是正定的，即可使准则函数为极小的充分条件得到满足，注意到式(2-35)右边是与$\hat{\boldsymbol{\theta}}$无关的，这表明最小二乘估计的一个重要性质，即它只有一个局部极小值存在，因此，这个局部极小值也是总体极小。这说明最小二乘估计的解是唯一的。

在前面的论述中，并不需要考虑噪声序列$\{e(k)\}$的性质，即无论$\{e(k)\}$是白噪声还是其他形式的噪声，式(2-35)均成立，噪声$\{e(k)\}$的性质仅影响最小二乘估计的统计特性。

2. 最小二估计的递推算法

前面介绍的最小二乘参数辨识算法(也称批处理算法)，其特点是直接利用已经获得的所有(一批)观测数据进行运算处理。这种算法在使用时，占用内存大，且当参数$\boldsymbol{\theta}$变化时，$\hat{\boldsymbol{\theta}}_{\mathrm{LS}}$不能自动跟踪其变化，实时性不高。在自适应控制器中，观测值是在线实时测量得到的，因此要求参数随观测值的变化而随时更新且计算量要小。很显然批量算法不能满足这一要求。解决这个问题的办法是把它化为递推算法，递推算法的基本思想可概括为

新的估计值$\hat{\boldsymbol{\theta}}(k)$＝老的估计值$\hat{\boldsymbol{\theta}}(k-1)$＋修正项

这种方法的特点是每取得一次新的观测数据后，在原来估计结果的基础上，用新

引入的观测数据对上一次估计的结果进行修正，从而递推地估计出下一个参数估计值。这样，随着新的观测数据的逐次引入，逐步地进行参数估计，直到估计值达到满意的精确程度为止。

出在推导递推公式时，要频繁地引用矩阵求逆引理，这里直接给出引理。

引理 2-1 （矩阵求逆）设 A 和 $(A+BB^{\mathrm{T}})$ 均为非奇异方阵，则

$$[\boldsymbol{A}+\boldsymbol{B}\boldsymbol{B}^{\mathrm{T}}]^{-1}=\boldsymbol{A}^{-1}-\boldsymbol{A}^{-1}\boldsymbol{B}[\boldsymbol{I}+\boldsymbol{B}^{\mathrm{T}}\boldsymbol{A}^{-1}\boldsymbol{B}]^{-1}\boldsymbol{B}^{\mathrm{T}}\boldsymbol{A}^{-1} \tag{2-37}$$

下面推导最小二乘的递推算法。设 $\hat{\boldsymbol{\theta}}(k)$ 是 k 时刻的未知参量 $\boldsymbol{\theta}$ 的最小二乘估计，即

$$\hat{\boldsymbol{\theta}}(k)=(\boldsymbol{\Phi}_k^{\mathrm{T}}\boldsymbol{\Phi}_k)^{-1}\boldsymbol{\Phi}_k^{\mathrm{T}}\boldsymbol{Y}_k \tag{2-38}$$

若在 k 次观测的基础上，又进行了一次新的观测，则根据 $k+1$ 次观测数据估计对未知参量 $\boldsymbol{\theta}$ 的最小二乘估计为

$$\hat{\boldsymbol{\theta}}(k+1)=(\boldsymbol{\Phi}_{k+1}^{\mathrm{T}}\boldsymbol{\Phi}_{k+1})^{-1}\boldsymbol{\Phi}_{k+1}^{\mathrm{T}}\boldsymbol{Y}_{k+1} \tag{2-39}$$

$$\boldsymbol{\Phi}_{k+1}=\begin{bmatrix}\boldsymbol{\Phi}_k\\ \boldsymbol{\varphi}^{\mathrm{T}}(k+1)\end{bmatrix},\quad \boldsymbol{Y}_{k+1}=\begin{bmatrix}\boldsymbol{Y}_k\\ y(k+1)\end{bmatrix}$$

所以式(2-39)可以表示为

$$\begin{aligned}\hat{\boldsymbol{\theta}}(k+1)=&[\boldsymbol{\Phi}_k^{\mathrm{T}}\boldsymbol{\Phi}_k+\boldsymbol{\varphi}(k+1)\boldsymbol{\varphi}^{\mathrm{T}}(k+1)]^{-1}\\ &[\boldsymbol{\Phi}_k^{\mathrm{T}}\boldsymbol{Y}_k+\boldsymbol{\varphi}(k+1)y(k+1)]\end{aligned} \tag{2-40}$$

令 $\boldsymbol{\Phi}^{\mathrm{T}}\boldsymbol{\Phi}$，$\boldsymbol{\varphi}^{\mathrm{T}}(k+1)$ 和 $\boldsymbol{\varphi}(k+1)$ 分别为 $\boldsymbol{A}$，$\boldsymbol{B}$，$\boldsymbol{B}^{\mathrm{T}}$，且注意到 $\boldsymbol{\varphi}^{\mathrm{T}}(k+1)\boldsymbol{A}^{-1}\boldsymbol{\varphi}(k+1)$ 在此处为一个标量，记

$$\boldsymbol{\Phi}_k=[\boldsymbol{\varphi}(1)\quad \boldsymbol{\varphi}(2)\quad \cdots\quad \boldsymbol{\varphi}(k)] \tag{2-41}$$

$$\boldsymbol{P}(k)=(\boldsymbol{\Phi}_k^{\mathrm{T}}\boldsymbol{\Phi}_k)^{-1} \tag{2-42}$$

由矩阵求逆的引理 2-1 有

$$\begin{aligned}\boldsymbol{P}(k+1)&=[\boldsymbol{\Phi}_k^{\mathrm{T}}\boldsymbol{\Phi}_k+\boldsymbol{\varphi}^{\mathrm{T}}(k+1)\boldsymbol{\varphi}(k+1)]^{-1}\\ &=\boldsymbol{P}(k)-\frac{\boldsymbol{P}(k)\boldsymbol{\varphi}(k+1)\boldsymbol{\varphi}^{\mathrm{T}}(k+1)\boldsymbol{P}(k)}{1+\boldsymbol{\varphi}^{\mathrm{T}}(k+1)\boldsymbol{P}(k)\boldsymbol{\varphi}(k+1)}\end{aligned} \tag{2-43}$$

引入记号

$$\boldsymbol{K}(k+1)=\frac{\boldsymbol{P}(k)\boldsymbol{\varphi}(k+1)}{1+\boldsymbol{\varphi}^{\mathrm{T}}(k+1)\boldsymbol{P}(k)\boldsymbol{\varphi}(k+1)} \tag{2-44}$$

由式(2-40)得到

$$\hat{\boldsymbol{\theta}}(k+1)=\hat{\boldsymbol{\theta}}(k)+\boldsymbol{K}(k+1)[y(k+1)-\boldsymbol{\varphi}^{\mathrm{T}}(k+1)\hat{\boldsymbol{\theta}}(k)] \tag{2-45}$$

式(2-41)～式(2-45)就是最小二估计的递推算法公式。它有一个很直观的解释，即新的估计量 $\hat{\boldsymbol{\theta}}(k+1)$ 等于先前的估计量 $\hat{\boldsymbol{\theta}}(k)$ 与校正项 $\boldsymbol{K}(k+1)[y(k+1)-\boldsymbol{\varphi}^{\mathrm{T}}(k+1)\hat{\boldsymbol{\theta}}(k)]$ 的线性组合。这是一切递推公式共同的形式。

在白噪声或低噪声条件下，递推最小二乘估计是一种简单而又有效的算法。这种递推算法在递推过程中尽管没有保存所有的先前数据，但所有先前数据的影响却一直在起作用，因此也可称为无限增长记忆的递推最小二乘估计。

在递推计算中将涉及 $\boldsymbol{P}(k)$ 和 $\hat{\boldsymbol{\theta}}(k)$ 初值的选取，其值选择的是否适当将影响系统辨识的收敛性，通常有以下两种做法：

(1) 先取一批观测量，观测量个数 $k>2n$(n 为辨识系统的阶次)，用批处理最小二乘算法求得 $\hat{\boldsymbol{\theta}}(k)$ 及 $\boldsymbol{P}(k)$。则 $\hat{\boldsymbol{\theta}}(k)=(\boldsymbol{\Phi}_k^{\mathrm{T}}\boldsymbol{\Phi}_k)^{-1}\boldsymbol{\Phi}_k^{\mathrm{T}}\boldsymbol{Y}_k$，然后再从 $k+1$ 个数据以后，开始采用递推算法。

(2) 直接令递推算法的初始值为 $\hat{\boldsymbol{\theta}}(0)=0$，$\boldsymbol{P}(0)=a^2\boldsymbol{I}$，其中 a 为充分大的正数(通常 $\alpha=10^6\sim10^{10}$。整个参数估计过程就在此初始值的基础上采用递推算法进行。实际应用证明，经过一定次数，例如 $k(k>2n+1)$ 次递推计算以后，得到的参数估计值 $\hat{\boldsymbol{\theta}}^a(k)$ 和 $\boldsymbol{P}^a(k)$，十分接近于根据 k 批数按一次性算法所求得的 $\hat{\boldsymbol{\theta}}(k)$ 和 $\boldsymbol{P}(k)$。

综上所述，可以给出递推最小二乘基本算法如下：

(1) 置初值 $\hat{\boldsymbol{\theta}}(0)$，$\boldsymbol{P}(0)$，输入初始数据；

(2) 采样当前输入输出；

(3) 按式(2-41)～式(2-45)计算 $\hat{\boldsymbol{\theta}}(k+1)$ 和 $\boldsymbol{P}(k+1)$；

(4) 返回(2)，直到收敛或满足要求为止。

2.3.2 最小方差控制

最小方差自校正调节器是1973年Åström和Wittenmark正式提出的，它按最小输出方差为目标设计自校正控制律，用递推最小二乘估计算法直接估计控制器参数，是一种简单的自校正控制器。

实现最小方差控制的关键在于预测。由于一般工业对象存在纯延迟 d，当前的控制作用要滞后 d 个采样周期才能影响输出，而在这段时间内外部干扰仍然作用于系统，因此，要使输出方差最小，就必须提前 d 步对输出量做出预测，然后根据所得的预测值来设计所需要的控制。这样，通过连续不断的预测和控制就能保证稳态输出的方差最小。

最小方差自校正算法简单，易于理解易于实现，而且是其他自校正控制算法的基础，迄今为止在某些工业过程中仍然有实用价值。

1. 预测模型

设被控对象过程的数学模型如下

$$A(q^{-1})y(k)=q^{-d}B(q^{-1})u(k)+C(q^{-1})\xi(k) \tag{2-46}$$

式中 $y(k)$，$u(k)$ 分别为过程的输出及控制；q^{-1} 表示延迟算子，即有 $q^{-1}y(k)=y(k-1)$；$A(q^{-1})$，$B(q^{-1})$，$C(q^{-1})$ 是 q^{-1} 的多项式，其形式为

$$\begin{cases} A(q^{-1}) = 1 + a_1 q^{-1} + \cdots + a_{n_a} q^{-n_a} \\ B(q^{-1}) = b_0 + b_1 q^{-1} + \cdots + b_{n_b} q^{-n_b} \\ C(q^{-1}) = 1 + c_1 q^{-1} + \cdots + c_{n_c} q^{-n_c} \end{cases}$$

$\xi(k)$是过程噪声，且

$$E\{\xi(k)\} = 0, \quad E\{\xi(i)\xi(j)\} = \begin{cases} \sigma^2, & i = j \\ 0, & i \neq j \end{cases}$$

假定 $C(q^{-1})$是 Hurwitz 多项式，即 $C(z^{-1})$的根全部位于单位圆内。

对于过程式(2-46)，记到 k 时刻为止的所有输入输出观测数据为

$$\{Y^k, U^k\} = \{y(k), y(k-1), \cdots, u(k), u(k-1), \cdots\}$$

$k+d$ 时刻的输出为 $y(k+d)$，而基于$\{Y^k, U^k\}$对 $k+d$ 时刻的输出的预测记为 $\hat{y}(k+d|k)$，定义输出预测误差为

$$\tilde{y}(k+d|k) = y(k+d) - \hat{y}(k+d|k)$$

则有如下结论：则使预测误差的方差 $J = E\{\tilde{y}^2(k+d|k)\}$最小的 d 步最优预测 $y^*(k+d|k)$必须满足下列方程

$$C(q^{-1})y^*(k+d|k) = G(q^{-1})y(k) + F(q^{-1})u(k) \tag{2-47}$$

其中

$$F(q^{-1}) = E(q^{-1})B(q^{-1}) \tag{2-48}$$

$$C(q^{-1}) = A(q^{-1})E(q^{-1}) + q^{-d}G(q^{-1}) \tag{2-49}$$

$$\begin{cases} E(q^{-1}) = 1 + e_1 q^{-1} + \cdots + e_{n_e} q^{-n_e} \\ G(q^{-1}) = g_0 + g_1 q^{-1} + \cdots + g_{n_g} q^{-n_g} \\ F(q^{-1}) = f_0 + f_1 q^{-1} + \cdots + f_{n_f} q^{-n_f} \end{cases} \tag{2-50}$$

$E(q^{-1})$，$G(q^{-1})$和 $F(q^{-1})$的阶次分别为 $\deg E = n_e = d-1$，$\deg G = n_g = n_a - 1$，$\deg F = n_f = n_b + d - 1$。这时，最优预测误差的方差为

$$E\{\tilde{y}^2(k+d|k)\} = \left(1 + \sum_{i=1}^{d-1} e_i^2\right)\sigma^2 \tag{2-51}$$

预测模型输出

$$y(k+d) = \frac{G(q^{-1})}{C(q^{-1})}y(k) + \frac{F(q^{-1})}{C(q^{-1})}u(k) + E(q^{-1})\xi(k+d) \tag{2-52}$$

上述结论的证明过程参见文献[24]。

方程式(2-49)称为 Diophantine 方程。如果 $A(q^{-1})$，$B(q^{-1})$，$C(q^{-1})$及 d 已知时，可以通过求解 Diophantine 方程获取 $E(q^{-1})$和 $G(q^{-1})$，进而求得 $F(q^{-1})$。为求解 $E(q^{-1})$和 $G(q^{-1})$可以令式(2-49) 两边 q^{-1}的同幂次项的系数相等，构成代数方程组，从而解出 $E(q^{-1})$和 $G(q^{-1})$的系数。

关于初始条件的选择，当 $C(q^{-1})$为稳定多项式时，初始条件对最优预测的影响将按指数衰减，因此如果 k 足够大，即如在稳态下预测，初始条件的影响可以忽略。

例 2-2 某随机过程如下式所示，

$$y(k)-0.9y(k-1)=0.5u(k-2)+\xi(k)+0.7\xi(k-1)$$

其中 $E\{\xi(k)\}=0,E\{[\xi(k)]^2\}=\sigma^2$，试求该对象的最优预测器，并计算其最小预测误差方差。

解：由题已知

$$A(q^{-1})=1+a_1q^{-1}=1-0.9q^{-1},\quad B(q^{-1})=b_0=0.5,$$

$$C(q^{-1})=1+c_1q^{-1}=1+0.7q^{-1},\quad d=2$$

根据对 E,F,G 阶次的要求，有

$$E(q^{-1})=1+e_1q^{-1},\quad G(q^{-1})=g_0,\quad F(q^{-1})=f_0+f_1q^{-1}$$

由 Diophantine 方程，可得下列方程组

$$\begin{cases}a_1+e_1=c_1\\ g_0+a_1e_1=0\end{cases}$$

解得

$$e_1=c_1-a_1=1.6,\quad g_0=a_1(a_1-c_1)=1.44$$

又 $F(q^{-1})=E(q^{-1})B(q^{-1})$，得$\begin{cases}f_0=b_0\\ f_1=b_0e_1\end{cases}$，因此有

$$f_0=0.5,\quad f_1=b_0(c_1-a_1)=0.8$$

由此可得预测模型，最优预测及最优预测方差分别为

$$y(k+2)=\frac{1.44y(k)+(0.5+0.8q^{-1})u(k)}{1+0.7q^{-1}}+(1+1.6q^{-1})\xi(k+2)$$

$$y(k+2\mid k)=\frac{1.44y(k)+(0.5+0.8q^{-1})u(k)}{1+0.7q^{-1}}$$

$$E\{[\tilde{y}(k+2\mid k)]^2\}=(1+e_1^2)\sigma^2=(1+1.6^2)\sigma^2=3.56\sigma^2$$

如果 $d=1$，则一步预测误差为 σ^2，可见预测误差会随着预测长度的增加而增大，或预测精度将随预测长度的增加而降低。 □

2. 最小方差控制

如果过程是最小相位的，则关于最小方差控制有下面的定理。

定理 2-1 假定控制的目的是使实际输出 $y(k+d)$ 跟踪期望输出 $y_r(k+d)$，使二者之间的误差方差 $J=E\{[y(k+d)-y_r(k+d)]^2\}$ 为最小。则最小方差控制律为

$$F(q^{-1})u(k)=C(q^{-1})y_r(t+d)-G(q^{-1})y(k)\tag{2-53}$$

证明：由式(2-47)、式(2-52)可知

$$y(k+d)=E(q^{-1})\xi(k+d)+y^*(k+d\mid k)$$

所以有

$$\begin{aligned}J&=E\{[y(k+d)-y_r(k+d)]^2\}\\&=E\{[E(q^{-1})\xi(k+d)+y^*(k+d\mid k)-y_r(k+d)]^2\}\\&=E\{[E(q^{-1})\xi(k+d)]^2\}+2E\{E(q^{-1})\xi(k+d)[y^*(k+d\mid k)-y_r(k+d)]\}+\end{aligned}$$

$$E\{[y^*(k+d|k)-y_r(k+d)]^2\}$$

由于上式右边第一项不可控，第二项由于$\xi(k+d)$与其他两个变量不相关而等于零，因此如果第三项为零，即

$$y^*(k+d|k)=y_r(k+d) \tag{2-54}$$

则可实现最小方差控制。将最优预测方程式(2-47)代入式(2-54)，整理可得式(2-53)。

□

对于最小方差调节器问题，可以令$y_r(k+d)=0$，则最小方差控制律可以简化为

$$F(q^{-1})u(k)=-G(q^{-1})y(k) \tag{2-55}$$

或者

$$u(k)=-\frac{G(q^{-1})}{F(q^{-1})}y(k)=\frac{-G(q^{-1})}{E(q^{-1})B(q^{-1})}y(k) \tag{2-56}$$

最小方差控制系统的结构框图如图2-5所示。

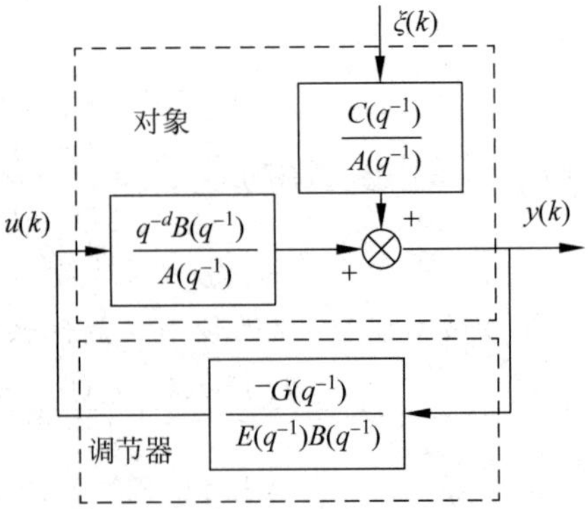

图2-5 最小方差调节器示意图

由图2-5可以看出，最小方差控制的实质，就是用控制器的极点（即$F(q^{-1})$的零点）去对消对象的零点（$B(q^{-1})$的零点）。当$B(q^{-1})$有单位圆外的零点时，输出$y(k)$虽然有下界，但对象输入$u(k)$将随指数增长，最后导致系统内部不稳定。因此，采用最小方差控制时，要求对象必须是最小相位的。实质上，多项式$B(q^{-1})$，$C(q^{-1})$的零点都是闭环系统的隐藏振型，为了保证闭环系统稳定，这些隐藏振型都必须是稳定的振型。因此，最小方差控制只能用于最小相位系统，即逆稳定系统。这是最小方差控制的一个主要的缺点。另外，最小方差控制对靠近单位圆的稳定极点非常灵敏，在设计时要加以注意。此外当干扰方差较大时，由于需要进一步完成校正，所以控制量的方差也很大，这将加速执行机构的磨损。有些对象也不希望调节过程过于猛烈，这也是最小方差控制的不足之处。

例2-3 对例2-2中的随机过程，设计最小方差调节器，并计算输出方差。

解：若采用最小方差控制，则有

$$u(k)=\frac{C(q^{-1})y_r(k+d)-G(q^{-1})y(k)}{F(q^{-1})}$$

当$y_r(k+d)=0$时，$u(k)=\dfrac{-G(q^{-1})}{F(q^{-1})}y(k)$，由例2-2知

$$G(q^{-1})=g_0=a_1(a_1-c_1)=1.44,$$
$$F(q^{-1})=f_0+f_1q^{-1}=b_0+b_0(c_1-a_1)q^{-1}=0.5+0.8q^{-1}$$

所以

$$u(k)=\frac{-G(q^{-1})}{F(q^{-1})}y(k)=\frac{-g_0}{f_0+f_1q^{-1}}y(k)=\frac{-1.44}{0.5+0.8q^{-1}}y(k)$$

输出方差 $E\{y^2(k)\}=E\{[E(q^{-1})\xi(k)]^2\}$，由例 2-2 知 $E(q^{-1})=1+e_1q^{-1}=1+1.6q^{-1}$，所以

$$E\{y^2(k)\}=(1+e_1^2)E\{\xi^2(k)\}=(1+1.6^2)\sigma^2=3.56\sigma^2$$

如果不加控制(即 $u(k)\equiv 0$)，根据对象的方程，有

$$y(k)=0.9y(k-1)+\xi(k)+0.7\xi(k-1)$$

由于 $E\{y(k-1)\xi(k)\}=0$，$E\{y(k-1)\xi(k-1)\}=\sigma^2$，则输出方差为

$$E\{y^2(k)\}=14.47\sigma^2$$

可见，在此例中，采用最小方差控制可使输出方差减小 3/4。对于某些大型工业过程，输出方差减小则意味着产品质量的提高。 □

3. 最小方差自校正调节器

如果对象式(2-46)的参数未知时，需将递推最小二乘参数估计和最小方差控制结合起来，这样就形成了最小方差自校正调节器。原则上，调节器的设计可以采用间接自校正控制算法(显式算法)，也可以采用直接自校正控制算法(隐式算法)。

1) 间接最小方差自校正控制

对于一个过程，如果已知其结构如式(2-46)，但方程中的参数未知时，可以通过参数估计算法，如递推增广最小二乘算法，估计出其中的 $A(q^{-1})$，$B(q^{-1})$，$C(q^{-1})$ 多项式，然后通过求解 Diophantine 方程式(2-49)解出 $E(q^{-1})$和 $G(q^{-1})$，并通过式(2-48)计算出 $F(q^{-1})$。再根据最小方差控制规律确定控制量。

在已知 n_a，n_b，d 等结构参数时，间接最小方差自校正算法的步骤如下：

(1) 设置初值$\hat{\boldsymbol{\theta}}(0)$和 $\boldsymbol{P}(0)$，输入初始数据；

(2) 读取新的观测数据 $y(k)$；

(3) 组成观测数据向量，利用递推最小二乘算法估计对象参数，即 $A(q^{-1})$，$B(q^{-1})$，$C(q^{-1})$多项式的系数；

(4) 利用式(2-49)解出 $E(q^{-1})$和 $G(q^{-1})$，并通过式(2-48)计算出 $F(q^{-1})$；

(5) 对于跟踪问题，利用式(2-53)计算自校正控制量 $u(k)$，对于调节问题利用式(2-56)计算控制量 $u(k)$；

(6) 输出 $u(k)$；

(7) $k\to k+1$ 返回步骤(2)。

2) 直接最小方差自校正控制

直接最小方差自校正控制算法是 1973 年 Åström 和 Wittenmark 提出的。在这种算法中，省略了估计系统参数过程而直接估计最小方差控制器的参数。首先将最优预测方程表示为如下形式：

$$\begin{aligned}y^*(k+d|k)=&\alpha_0y(k)+\alpha_1y(k-1)+\cdots+\alpha_{n_a}y(k-n_\alpha)+\\&\beta_0u(k)+\beta_1u(k-1)+\cdots+\beta_{n_b}u(k-n_\beta)\end{aligned}\tag{2-57}$$

其中 $d, n_\alpha, n_\beta, \beta_0$ 已知，将估计模型写为

$$y(k)-\beta_0 u(k-d)=\boldsymbol{\varphi}^{\mathrm{T}}(k-d)\boldsymbol{\theta}+\varepsilon(k) \tag{2-58}$$

式中

$$\boldsymbol{\varphi}^{\mathrm{T}}(k)=[y(k),y(k-1),\cdots,y(k-n),u(k-1),\cdots,u(k-n_\beta)]$$

$$\boldsymbol{\theta}=[\alpha_0,\alpha_1,\cdots,\alpha_{n_\alpha},\beta_1,\cdots,\beta_{n_\beta}]^{\mathrm{T}}$$

递推参数估计为

$$\begin{cases}\hat{\boldsymbol{\theta}}(k)=\hat{\boldsymbol{\theta}}(k-1)+\boldsymbol{K}(k)[y(k)-\beta_0 u(k-d)-\hat{\boldsymbol{\varphi}}^{\mathrm{T}}(k-d)\hat{\boldsymbol{\theta}}(k-1)]\\ \boldsymbol{K}(k)=\dfrac{\boldsymbol{P}(k-1)\boldsymbol{\varphi}(k-d)}{1+\boldsymbol{\varphi}^{\mathrm{T}}(k-d)\boldsymbol{P}(k-1)\boldsymbol{\varphi}(k-d)}\\ \boldsymbol{P}(k)=[\boldsymbol{I}-\boldsymbol{K}(k)\boldsymbol{\varphi}^{\mathrm{T}}(k-d)]\boldsymbol{P}(k-1)\end{cases} \tag{2-59}$$

最小方差调节器的控制函数为

$$u(k)=\left[y_{\mathrm{r}}(k)-\frac{1}{\beta_0}\boldsymbol{\varphi}^{\mathrm{T}}(k)\hat{\boldsymbol{\theta}}(k)\right] \tag{2-60}$$

2.3.3 广义最小方差自校正控制

最小方差自校正控制算法简单，但仅适用于最小相位控制对象，其输入的控制作用也没有受到应有的约束，因而对于非最小相位系统的参数十分敏感，容易造成系统的不稳定等。为了克服最小方差自校正控制的这些固有缺陷，1975 年 D. W. Clarke 和 P. J. Gawthrop 提出了广义最小方差控制算法，其基本思想是在性能指标中引入了对控制的加权项，即有

$$J=E\{[y(k+d)-y_{\mathrm{r}}(k+d)]^2+[\Lambda(q^{-1})u(k)]^2\} \tag{2-61}$$

从而限制了控制作用过大的增长，只要适当选择性能指标中各加权多项式，可以使非逆稳系统稳定。由于该算法采用的仍然是单步预测模型，因此，它保留了最小方差自校正控制算法的优点，所以其应用范围更广泛。

已知被控对象的数学模型为

$$A(q^{-1})y(k)=q^{-d}B(q^{-1})u(k)+C(q^{-1})\xi(k) \tag{2-62}$$

定义对象到时刻 k 为止输出的加权和为

$$z(k)=P(q^{-1})y(k)$$

其中 $P(q^{-1})=1+p_1q^{-1}+p_2q^{-2}+\cdots+p_{n_p}q^{-n_p}$，定义 $\hat{z}(k+j|k)$ 为基于 k 时刻及其以前的信息对 $k+j$ 时刻的 $z(k+j)$ 的预测。令 $\tilde{z}(k+j|k)$ 为 $k+j$ 时刻对 $z(k+j)$ 的预测误差，则

$$\tilde{z}(k+j|k)=z(k+j)-\hat{z}(k+j|k)$$

当 $j=d$ 时，使得广义预测误差方差 $J=E\{[\tilde{z}(k+d|k)]^2\}$ 为最小的 d 步最优预测和最优预测误差 $\tilde{z}^*(k+d|k)$ 分别为

$$z^*(k+d|k)=\frac{G(q^{-1})y(k)+B(q^{-1})E(q^{-1})u(k)}{C(q^{-1})} \tag{2-63}$$

$$\tilde{z}^*(k+d\,|\,k)=E(q^{-1})\xi(k+d) \tag{2-64}$$

其中 $G(q^{-1})$,$E(q^{-1})$满足以下的 Diophantine 方程

$$P(q^{-1})C(q^{-1})=E(q^{-1})A(q^{-1})+q^{-d}G(q^{-1}) \tag{2-65}$$

式中

$$G(q^{-1})=1+g_1q^{-1}+g_2q^{-2}+\cdots+g_{n_g}q^{-n_g},\quad n_g=n_a-1$$

$$E(q^{-1})=1+e_1q^{-1}+e_2q^{-2}+\cdots+e_{n_e}q^{-n_e},\quad n_e=d-1$$

对于被控对象

$$A(q^{-1})y(k)=q^{-d}B(q^{-1})u(k)+C(q^{-1})\xi(k)$$

设性能指标 J 为

$$J=E\{[P(q^{-1})y(k+d)-R(q^{-1})y_r(k)]^2+[\Lambda(q^{-1})u(k)]^2\}$$

其中 $y_r(k)$为参考输入,即希望的系统输入;$u(k)$为第 k 拍的控制,$P(q^{-1})$,$R(q^{-1})$,$\Lambda(q^{-1})$分别是对实际输出,希望输出和控制输入的加权多项式,它们分别具有改善闭环系统性能,软化输入和约束控制量的作用。

$$P(q^{-1})=1+p_1q^{-1}+p_2q^{-2}+\cdots+p_{n_p}q^{-n_p}$$

$$R(q^{-1})=r_0+r_1q^{-1}+r_2q^{-2}+\cdots+r_{n_r}q^{-n_r}$$

$$\Lambda(q^{-1})=\lambda_0+\lambda_1q^{-1}+\lambda_2q^{-2}+\cdots+\lambda_{n_\lambda}q^{-n_\lambda}$$

由于 $z(k+d)=P(q^{-1})y(k+d)$,所以 J 又可以写成

$$J=E\{[z(k+d)-R(q^{-1})y_r(k)]^2+[\Lambda(q^{-1})u(k)]^2\} \tag{2-66}$$

设计的目的是选择控制律,使得式(2-66)中 J 为最小。

Clark 和 Gawthrop 提出了一种辅助系统的设计方法,把求性能指标最小的问题,转化成求解广义输出方差最小,从而使问题得到简化。

指标函数式(2-66)为最小的加权最小方差控制律,等价于对下列辅助系统模型

$$S(k+d)=z(k+d)-R(q^{-1})y_r(k)+\frac{\lambda_0}{b_0}\Lambda(q^{-1})u(k) \tag{2-67}$$

求解使指标函数 $J=E\{[S(k+d)]^2\}$为最小的最小方差控制律。该控制律由广义输出最优预测模型

$$S^*(k+d)=z^*(k+d\,|\,k)-R(q^{-1})y_r(k)+\Lambda(q^{-1})\frac{\lambda_0}{b_0}u(k)=0 \tag{2-68}$$

给出,即

$$u(k)=\frac{R(q^{-1})y_r(k)-z^*(k+d\,|\,k)}{\dfrac{\lambda_0}{b_0}\Lambda(q^{-1})} \tag{2-69}$$

如果采用最优预测模型

$$z^*(k+d\,|\,k)=\frac{G(q^{-1})y(k)+B(q^{-1})E(q^{-1})u(k)}{C(q^{-1})}$$

代入控制律的表达式,则有

$$u(k)=\frac{C(q^{-1})R(q^{-1})y_{\mathrm{r}}(k)-G(q^{-1})y(k)}{\frac{\lambda_0}{b_0}C(q^{-1})\Lambda(q^{-1})+B(q^{-1})E(q^{-1})} \tag{2-70}$$

上述结论证明思路与定理 2-1 证明过程类似，此处不再赘述。

广义最小方差控制有两种闭环结构。一种类似常规的闭环控制，是直接用受控对象的输出作反馈组成控制作用的，也称为显式结构，如图 2-6 所示。另一种结构是利用最优输出预测作为反馈组成控制作用，这种结构称为隐式结构，如图 2-7 所示。

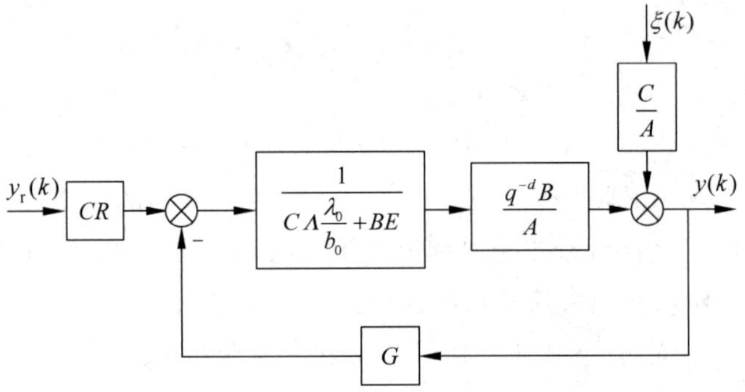

图 2-6 广义最小方差控制的显式结构

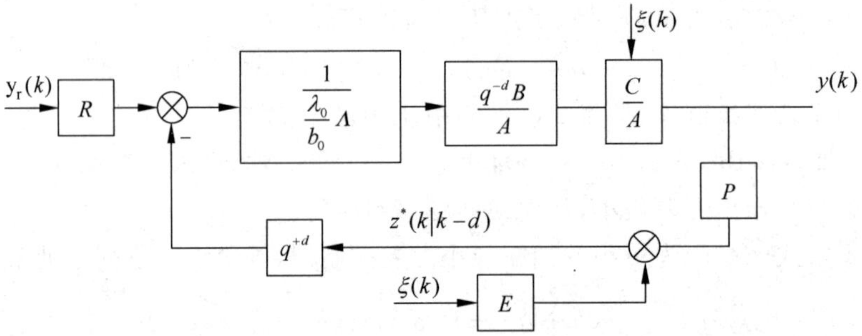

图 2-7 广义最小方差控制的隐式结构

尽管这两种结构采用的计算方法不同，但是其闭环性能完全等价。因此用其中任一种结构进行分析，都可以得到所需要的闭环性能。由图可以导出系统的闭环特征方程为

$$\frac{\lambda_0}{b_0}\Lambda(q^{-1})A(q^{-1})+P(q^{-1})B(q^{-1})=0$$

例 2-4 设有一非逆稳对象，其数学模型为

$$y(k)=0.95y(k-1)+1.0u(k-2)+2.0u(k-3)+\xi(k)-0.7\xi(k-1)$$

性能指标函数为

$$J=E\{[y(k+2)-yr(k)]^2+[\Lambda u(k)]^2\}$$

试确定 Λ 及控制律 $u(k)$。

解：根据题意，有下列已知信息

$$A(q^{-1})=1-0.5q^{-1},\quad B(q^{-1})=1+2q^{-1},$$
$$C(q^{-1})=1-0.7q^{-1},\quad d=2,\quad n_a=1, n_b=1, n_c=1,$$
$$P(q^{-1})=1,\quad R(q^{-1})=1。$$

根据 diophantine 方程

$$C(q^{-1})=A(q^{-1})E(q^{-1})+q^{-d}G(q^{-1})$$

得到

$$E(q^{-1})=1+0.25q^{-1},\quad G(q^{-1})=g_0=0.24,$$
$$B(q^{-1})E(q^{-1})=1+2.25q^{-1}+0.5q^{-2}$$

已知被控对象是非逆稳定系统，因而需要通过解闭环特征方程确定控制的加权因子 Λ。令

$$A(q^{-1})\frac{\lambda_0}{b_0}\Lambda+P(q^{-1})B(q^{-1})=0$$

取 $\Lambda=\lambda_0$，由于 $b_0=1, P(q^{-1})=1$，代入上式，有

$$(1-0.95q^{-1})\lambda_0^2+1+2q^{-1}=0$$

解得 $q=\dfrac{0.95\lambda_0^2-2}{\lambda_0^2+1}$，要使得闭环系统稳定，则必须满足 $\left|\dfrac{0.95\lambda_0^2-2}{\lambda_0^2+1}\right|<1$。

由此解得 $\lambda_0^2>0.5128$，即 $|\lambda|>0.716$，取 $\lambda=0.72$

由式(2-70)得出控制律

$$u(k)=\frac{1}{1.518}[y_r(k)-0.7y_r(k-1)-0.24y(k)-1.887u(k-1)-0.5u(k-2)]$$

□

最小方差控制虽然比最小方差控制在性能上有所改善，但要彻底解决非最小相位系统和复杂工业对象的自适应控制问题，还有待开发新的控制算法。20 世纪 70 年代末出现的基于多步预测和滚动优化的预测控制，以及 80 年代中期出现的广义预测控制，为更好地解决复杂工业对象的自适应控制问题提供了新方向。

2.3.4 极点配置自校正技术

极点配置是一种综合设计方法。众所周知，对于线性定常系统，不仅系统的稳定性取决于极点的分布，而且系统的控制品质，例如上升时间、超调量、振荡次数等，在很大程度上也与极点的位置密切相关。因此，设计者只要选择某种控制策略，将闭环极点移到相应的位置上，就可使系统性能满足预先规定的性能指标。这就是极点配置设计方法。极点配置方法与最小方差和广义最小方差控制不同，这种方法不是基于二次型指标的最优设计方法，而是基于瞬态响应的性能要求而进行极点设置的，因此具有工程概念直观，易于考虑各种工程约束的优点。

1. 极点配置设计方法

极点配置的方法有两种，一种是状态反馈极点配置；另一种是输出反馈极点配置

法。在自校正技术中，这两种方法都得到了应用。

考虑下式所示的CARMA模型

$$A(q^{-1})y(k)=B(q^{-1})u(k)+C(q^{-1})\xi(k) \tag{2-71}$$

式中

$$\begin{cases}A(q^{-1})=1+a_1q^{-1}+\cdots+a_nq^{-n}\\B(q^{-1})=b_1q^{-1}+\cdots+b_nq^{-n}\\C(q^{-1})=1+c_1q^{-1}+\cdots+c_nq^{-n}\end{cases}$$

这是一个一般形式的CARMA模型，如果过程时延 $d>1$，只需将 $B(q^{-1})$ 的相应低幂项系数设置为零即可。

对于系统式(2-71)，设从参考输入 y_r 到希望的输出响应 y_m 可由以下动态方程描述

$$A_m y_m=B_m y_r \tag{2-72}$$

即期望的闭环伺服脉冲传递函数为

$$G_m(z^{-1})=\frac{B_m(z^{-1})}{A_m(z^{-1})} \tag{2-73}$$

式中 A_m，B_m 互质。为此采用下面的反馈控制律

$$R(q^{-1})u(k)=T(q^{-1})y_r(k)-S(q^{-1})y(k) \tag{2-74}$$

其中 R，S 和 T 是待设计的多项式。控制系统的结构如图2-8所示。

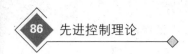

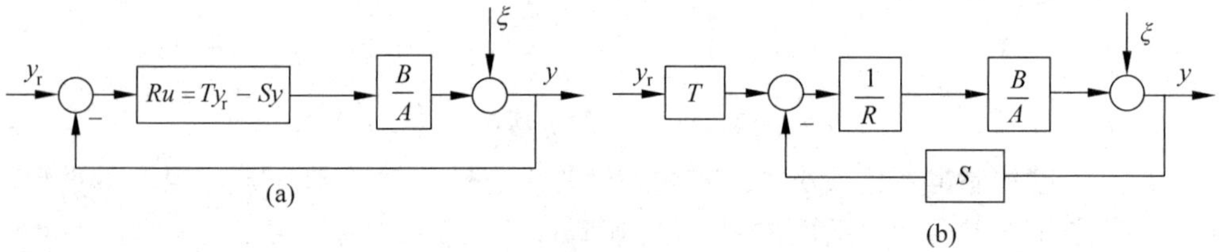

图2-8 控制系统的结构

由式(2-71)和式(2-74)中消去 u，得

$$y(k)=\frac{B(q^{-1})T(q^{-1})}{A(q^{-1})R(q^{-1})+B(q^{-1})S(q^{-1})}y_r(k)+\frac{C(q^{-1})R(q^{-1})}{A(q^{-1})R(q^{-1})+B(q^{-1})S(q^{-1})}\xi(k) \tag{2-75}$$

可见，极点配置设计的任务就是选择 R，S 和 T，使得闭环系统的伺服脉冲传递函数等于期望的脉冲传递函数，即

$$\frac{B(z^{-1})T(z^{-1})}{A(z^{-1})R(z^{-1})+B(z^{-1})S(z^{-1})}=\frac{B_m(z^{-1})}{A_m(z^{-1})} \tag{2-76}$$

由于只有状态反馈才能任意配置极点，所以在用输出反馈实现匹配式(2-76)时，除了用到期望的闭环脉冲传递函数之外，还必须用 $A_0(z^{-1})$ 规定观测器的动态特性。

关于由给定的期望脉冲传递函数 G_m 和观测器特性 A_0，设计 R，S 和 T 的问题，下

面将结合极点配置自校正控制来阐述。

2. 极点配置自校正控制

首先讨论对象参数已知时极点配置的设计方法。不失一般性，在式(2-71)中假定$C(q^{-1})=1$，即被控过程由以下方程描述

$$A(q^{-1})y(k)=B(q^{-1})u(k)+\xi(k) \tag{2-77}$$

其中，$u(k)$为控制变量；$y(k)$为实测输出；$\xi(k)$为扰动；$A(q^{-1})$，$B(q^{-1})$为后移算子多项式。为简单起见，下面直接用A，B表示。另外，再假设A和B是互质的，即它们没有任何公因子，而且A为首1多项式。假定相对阶数$d=\deg A-\deg B$是过程的延时拍数。

如果期望闭环脉冲传递函数由式(2-73)给出，采用式(2-74)所示的控制规律，按上述分析，得到

$$y(k)=\frac{BT}{AR+BS}y_{\mathrm{r}}(k)+\frac{R}{AR+BS}\xi(k) \tag{2-78}$$

为获得希望的输入输出响应，下列条件必须成立

$$\frac{BT}{AR+BS}=\frac{B_{\mathrm{m}}}{A_{\mathrm{m}}} \tag{2-79}$$

式(2-79)中的分母$AR+BS$是闭环特征多项式。我们已经知道，控制器的极点只能与稳定的对象的零点相对消，对于对象中不稳定的零点和阻尼很差的零点是不希望与控制器的极点相对消的。为此，将多项式B分解成两部分，即

$$B=B^{+}B^{-}$$

其中B^{+}是由稳定的和阻尼良好的零点所组成的多项式，而且是首1多项式。这些零点可与控制器的零点相对消。当$B^{-}=1$，表示B的所有零点都可以被对消。当$B^{+}=1$，表示B中没有任何零点被对消。既然B^{+}被对消，所以B^{+}也是闭环特征多项式的因子。闭环特征多项式的其余因子应当是A_{m}和A_0，其中A_0是指定的观测器多项式，这样就得到以下形式的Diophantine方程：

$$AR+BS=A_0A_{\mathrm{m}}B^{+} \tag{2-80}$$

由于A与B互质，由式(2-80)知，B^{+}应能除尽R，因此有

$$\begin{cases}R=R_1B^{+}\\ AR_1+B^{-}S=A_0A_{\mathrm{m}}\end{cases} \tag{2-81}$$

如果A，B^{-}互质，则Diophantine方程式(2-81)有唯一解，即多项式R_1，S有唯一解。假设方程式

$$AR+BS=A_c \tag{2-82}$$

是多项式R和S的一个线性方程，如果A和B互质，则总存在一个解。其实这个方程有很多解，比如如果R_0，S_0是方程式(2-82)的一个解，则

$$\begin{cases}R=R_0+BQ\\ S=S_0-AQ\end{cases}$$

也是方程式(2-82)的解，式中 Q 为任意多项式。我们可以用几种方式规定一个特解，但特解要受控制律必须是因果关系的约束，即受 $\deg S \leqslant \deg R$ 的条件约束。而该相容条件可保证存在一个因果解。如果令 A,B,A_c 分别为 n 阶、n 阶和 $(k+l+1)$ 阶的已知多项式，R,S 分别为 k 阶和 $l+1$ 阶多项式。令 Diophantine 方程式(2-82)两边的同幂项的系数相等，则可以把式(2-82)表达成以下线性方程组的形式

$$\begin{bmatrix} 1 & 0 & \cdots & 0 & b_0 & 0 & \cdots & 0 \\ a_1 & 1 & & \vdots & b_1 & b_0 & & \vdots \\ \vdots & a_1 & & 0 & b_2 & b_1 & & 0 \\ & \vdots & \ddots & \vdots & \vdots & \vdots & \ddots & b_0 \\ a_n & & & a_1 & b_n & & & b_1 \\ 0 & a_n & & & 0 & b_n & & b_2 \\ \vdots & & \ddots & & \vdots & & \ddots & \vdots \\ 0 & \cdots & 0 & a_n & 0 & \cdots & 0 & b_n \end{bmatrix} \begin{bmatrix} r_1 \\ \vdots \\ r_k \\ s_0 \\ \vdots \\ s_l \end{bmatrix} = \begin{bmatrix} a_{c1}-a_1 \\ \vdots \\ a_{cn}-a_n \\ a_{c(n+1)} \\ \vdots \\ a_{c(k+l+1)} \end{bmatrix} \tag{2-83}$$

上式左边的矩阵称为 Sylvester 矩阵。该矩阵具有这样的性质：它非奇异的充要条件是 A 和 B 两个多项式没有任何公因子。如果 A 和 B 没有公因子，则式(2-83)存在唯一解。

可以证明：极点配置如果存在因果解，那么它就是物理上是可实现的，其必要条件是必须满足以下两个不等式[24]

$$\deg A_{\mathrm{m}} - \deg B_{\mathrm{m}} \geqslant \deg A - \deg B \tag{2-84}$$

$$\deg A_0 \geqslant 2\deg A - \deg A_{\mathrm{m}} - \deg B^{+} - 1 \tag{2-85}$$

不等式(2-84)和式(2-85)又称为相容性条件，它具有重要的物理意义：不等式(2-84)意味着在参考模型 $M=B_{\mathrm{m}}/A_{\mathrm{m}}$ 中的相对阶次最低限度必须和对象 $P=B/A$ 的相对阶一样大；不等式(2-85)意味着为了获得一个在物理上可实现的控制律，观测器多项式的次数必须充分高。

例 2-5 假定被控过程的传递函数 $G(s)=\dfrac{1}{s(s+1)}$，考虑采用零阶保持器，若采样周期为 $T=0.5\mathrm{s}$，则相应的脉冲传递函数经计算为

$$G(z) = Z\left[\frac{1-\mathrm{e}^{-Ts}}{s}\,\frac{1}{s(s+1)}\right] = \frac{0.1065z+0.0902}{z^2-1.6065z+0.6065} = \frac{0.1065(z+0.8469)}{(z-1)(z-0.6065)}$$

现希望闭环系统为 $\dfrac{B_{\mathrm{m}}}{A_{\mathrm{m}}}=\dfrac{0.18}{q^2-1.3205q+0.4966}$，试用极点配置法设计控制器。

解：原过程的有两个极点，分别位于 1 和 0.6065 处，有一个零点位于 -0.8469，该零点在单位圆内，但阻尼较差。

(1) 考虑过程零点被对消的情况

$$B = B^{-}B^{+} = b_0\left(q+\frac{b_1}{b_0}\right) = 0.1065(q+0.8469)$$

可见 $b_0=0.1065$，$B^{+}=q+0.8469$。

根据相容性条件：$\deg A_0 \geqslant 2\deg A - \deg A_m - \deg B - 1$，有 $\deg A_0 \geqslant 2\times 2-2-1-1=0$，因此可以简单的取 $A_0(q)=1$。

根据方程 $AR_1+b_0S=A_0A_m$，用 A 除 A_0A_m，得 $R_1=1, b_0S=0.2860q-0.1099$，于是

$$S = 2.6854q - 1.0319$$

而

$$R = R_1B^+ = q + 0.8469$$
$$T = A_0B_m/b_0 = 0.18/0.1065 = 1.6901$$

于是，对消过程零点情况下，设计得到的控制律为

$$Ru = Ty_r - Sy$$

即

$$(q+0.8469)u(k) = 1.6901y_r(k) - (2.6854q-1.0319)y(k)$$

得

$$u(k) = 1.6901y_r(k-1) - 0.8469u(k-1) - 2.6854y(k) + 1.0319y(k-1)$$

(2) 考虑过程零点不对消的情况

为消除静差，取 $B_m=\beta B$，则期望的闭环传递函数为

$$G_m = \beta\frac{b_0q+b_1}{q^2+a_{m1}q+a_{m2}} = \frac{1+a_{m1}+a_{m2}}{b_0+b_1}\frac{b_0q+b_1}{q^2+a_{m1}q+a_{m2}}$$
$$= \frac{1-1.3205+0.4966}{0.1065+0.0902}\frac{0.1065q+0.0902}{q^2-1.3205q+0.4966}$$

为得到一可实现的控制律，根据相容性条件，

$$\deg A_0 \geqslant 2\deg A - \deg A_m - 1 = 2\times 2-2-1=1$$

即 $A_0(q)$ 至少取为 1 阶多项式。

此处为获得满意的性能，取阻尼好且衰减较快的极点，如

$$A_0(q) = q - 0.5$$
$$B = B^-B^+ = 0.1065q + 0.0902,\quad B^+=1, B^-=B$$

根据

$$\deg R = \deg A_0 + \deg A_m + \deg B^+ - \deg A = 1+2+0-2=1$$

设 $R(z)=q+r_1$，又 $\deg S \leqslant \deg R$，取

$$S(z) = s_0q + s_1$$

由方程 $AR+BS=A_0A_m$，得

$$(q^2-1.6065q+0.6065)(q+r_1)+(0.1065q+0.0902)(s_0q+s_1)$$
$$=(q-0.5)(q^2-1.3205q+0.4966)$$

比较两边同幂次项的系数，得

$$s_0 = 1.0264,\quad s_1 = -0.5783,\quad r_1 = -0.3233$$

于是有 $R(q)=q-0.3233$，$S(q)=1.0264q-0.5783$，$T=A_0B_m/B$，考虑 $B_m=\beta B$，故 $T=\beta A_0=0.8953(q-0.5)$。

将 R,S,T 代入 $Ru=Ty_r-Sy$，得控制律

$$u(k)=0.3233u(k-1)+0.8953r(k)-0.4476r(k-1)-1.0264y(k)+0.5783y(k-1)$$
□

下面讨论当被控过程多项式 A,B,C 未知时如何实现自校正控制。

自校正控制的设计思想是将未知参数的估计和控制器的设计分开独立进行，过程的未知参数用递推方法在线估计，估计出的参数估计就看成是真参数而不考虑估计误差的方差。将参数估计算法和极点配置的控制算法结合起来，就得到一种间接的自适应控制算法，即控制器参数不直接更新，而是通过估计过程模型参数而间接实现控制器的参数更新。如果把估计模型按控制器的参数重新参数化，就不需要估计过程参数而应直接估计控制器参数。由此得到的控制算法成为直接自适应算法。下面主要介绍间接自校正控制算法。

如前所述，构造自校正控制器最直观的途径是估计过程多项式 A,B 和 C 的参数，然后再建这些估计的参数用于控制器的设计。首先考虑确定性的情况，设随机干扰向为零。

设多项式 A 和 B 的阶数分别为 n_a,n_b 且过程的时延 $d=n_a-n_b$。假定

$$\boldsymbol{\theta}=[a_1,\cdots,a_{n_a},b_0,b_1,\cdots,b_{n_b}]^{\mathrm{T}}$$

$$\boldsymbol{\varphi}=[-y(k-1),\cdots,-y(k-n_a),u(k-d),u(k-d-1),\cdots,u(k-d-n_b)]^{\mathrm{T}}$$

多项式 A 和 B 系数可以采用带遗忘因子的最小二乘递推算法来估计。

在随机情况下，如果 $C(q^{-1})\neq1$，则最小二乘估计为有偏估计。这时，必须采用递推增广最小二乘算法，或递推极大似然法来估计参数。

如果加到过程的输入信号是充分激励的，且估计模型的结构合适，则当闭环系统稳定时，这些估计的参数都将收敛到它们的真值。

基于极点配置设计的间接自校正控制器算法：

(1) 设置希望的闭环脉冲传递函数 B_m/A_m 及期望的观测器多项式 A_0。

(2) 读取新的观测数据，构成观测数据向量 $\boldsymbol{\varphi}$，用最小二乘法或其他递推估计算法，估计 $\boldsymbol{\theta}$，即对象的多项式 A,B 和 C 的系数。

(3) 利用第一步估计得到的结果代替 A,B 和 C，求解方程

$$AR_1+B^-S=A_0A_m$$

得到 R_1 和 S，由方程 $R=B^+R_1$ 计算 R，再由 $T=A_0B'_m$，$B_m=B-B'_m$ 计算 T。

(4) 根据控制规律方程

$$Ru(k)=Ty_r(k)-Sy(k)$$

计算控制信号。

(5) 采样次数加 1，返回步骤(2)，继续循环。

例 2-6 某过程传递函数及采样周期和期望的闭环系统如例 2-5，观测器多项式仍然取为 $A_0(q)=q-0.5$，现假定过程参数未知，试采用极点配置法设计间接自校正控制系统。

解：根据间接自校正算法，采用最小二乘递推算法对过程参数进行估计，参数收敛情况如图 2-9 所示。由图可见，过程的各参数均收敛到了真值。

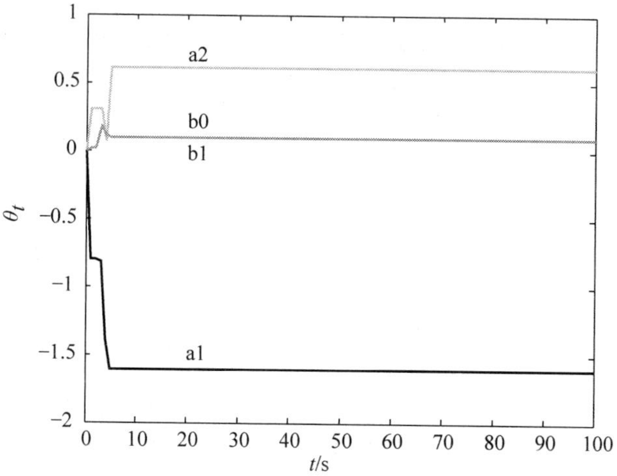

图 2-9 参数估计的收敛情况

图 2-10 是考虑对消了对象中阻尼不好的零点 $z=-0.84$ 情况下设计的极点配置间接自校正控制中的输入和输出信号，由仿真曲线可以看出，系统输出能够跟踪参考输入，但控制信号存在振荡现象，这一点是由于对消了对象中阻尼不好的零点 $z=-0.84$ 而引起的。如果改变极点配置的基本设计，不对消该零点，即取 $B_m=\beta B$，设置 β 的目的是为了消除系统稳态误差，则可以避免控制信号发生的剧烈振荡。不考虑零点对消时，系统地输入输出信号的仿真结果参见图 2-11，由图可见其闭环系统的性能是很满意的。 □

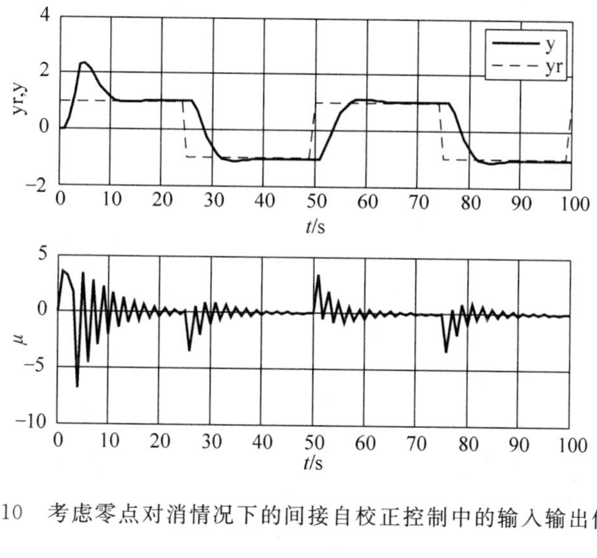

图 2-10 考虑零点对消情况下的间接自校正控制中的输入输出信号

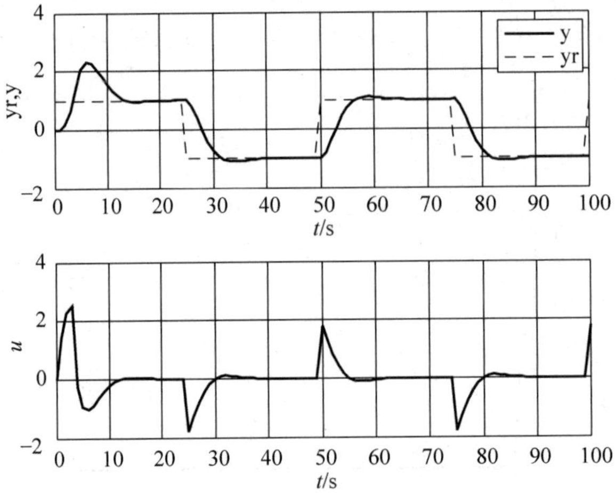

图 2-11　没有零点对消情况下的间接自校正控制中的输入输出信号

间接自校正控制算法在概念上比较直观,但在具体应用时会遇到一些困难。

首先,由于控制器的参数与对象的参数估计之间存在比较复杂的关系,因此关于系统的稳定性分析比较困难;其次,从过程参数影射到控制器参数时可能存在一些奇异点,例如当被估计的过程模型存在有重合的极点和零点时,以极点配置为基础的设计方法就会出现奇异点。因此在求解极点配置设计问题之前,应把公共的极点和零点对消;另外,为保证参数估计收敛到正确值,模型结构必须正确,过程输入必须持续激励。

为了克服以上缺点,可采用直接自校正控制。直接自校正控制不需要估计过程参数,而是直接估计控制器参数,因此相对要简单一些。

直接自校正控制要求将过程模型重新参数化。已知

$$A_0 A_m = R_1 A + B^- S$$

用 $y(k)$ 乘上式两端得

$$\begin{aligned} A_0 A_m y(k) &= R_1 A y(k) + B^- S y(k) \\ &= R_1 B u(k) + B^- S y(k) + R_1 C \xi(k) \\ &= B^- [R u(k) + S y(k)] + R_1 C \xi(k) \end{aligned} \tag{2-86}$$

即

$$A_0 A_m y(k) = \bar{R} u(k) + \bar{S} y(k) + R_1 C \xi(k) \tag{2-87}$$

其中 $\bar{R} = B^- R$, $\bar{S} = B^- S$。

此处 R 是首 1 多项式,而 $\bar{R}$ 是非首 1 多项式,$\bar{R}$,$\bar{S}$ 有一个公因子 B^-,它代表阻尼不好的零点,在计算控制律之前应将这个共因子消去,这样就得到了下列的控制算法。

直接自校正控制算法:

(1) 估计式(2-87)中多项式 $\bar{R}$ 和 $\bar{S}$ 的系数,设 $\xi=0$,考虑确定性情况。

(2) 对消 $\bar{R}$ 和 $\bar{S}$ 中可能有的公因子，得到 R 和 S。

(3) 利用(2)中得到的 R 和 S，由 $Ru=Ty_r-Sy$ 计算控制律 $u(k)$。

(4) 返回步骤(1)。

在该算法中，由于 B^- 的参数被估计了两次，因此与式(2-86)相比，估计的参数要多一些，而且在实施该算法时，第(2)步也会遇到困难。为此在一些特殊情况下，会对上述算法进一步改进，得到简单实用的算法，读者可参阅相关参考文献，此处不再赘述。

习 题

2-1 在设计自适应控制系统时，通常假定被控对象的参数是缓慢变化的，试讨论这种假设的合理性、重要性和实用性。

2-2 自适应控制系统主要有哪几种类型？

2-3 自适应控制的主要特点是什么？

2-4 以下哪种是模型参考自适应控制系统中采用的主要设计方法？

(1)极点配置方法；(2)基于稳定性理论的设计方法；(3)PID 控制器设计。

2-5 已知增益可调的可调系统模型为

$$(a_3p^3+a_2p^2+a_1p+1)y_s(t)=K_sr$$

其中，$p^i \overset{\text{def}}{=} \dfrac{d^i}{dt^i}$ 表示微分算子；参考模型为

$$(a_3p^3+a_2p^2+a_1p+1)y_m(t)=K_m(e,t)r$$

(1) 试用梯度法设计自适应系统；

(2) 当 r 为常数时，试确定使自适应系统稳定的增益范围；

(3) 当 r 为 $\sin\omega t$，通过仿真了解输入频率对稳定性的影响。

2-6 已知参考模型和可调系统模型分别为

$$\begin{bmatrix}\dot{x}_{1m}\\ \dot{x}_{2m}\end{bmatrix}=\begin{bmatrix}0 & 1\\ -a_0 & -a_1\end{bmatrix}\begin{bmatrix}x_{1m}\\ x_{2m}\end{bmatrix}+\begin{bmatrix}1\\ b\end{bmatrix}u;$$

$$\begin{bmatrix}\dot{x}_{1s}\\ \dot{x}_{2s}\end{bmatrix}=\begin{bmatrix}0 & 1\\ -a_{0s} & -a_1(e,t)\end{bmatrix}\begin{bmatrix}x_{1s}\\ x_{2s}\end{bmatrix}+\begin{bmatrix}1\\ b_s(e,t)\end{bmatrix}u;$$

其中，e 为广义误差向量，$e=\begin{bmatrix}e_1\\ e_2\end{bmatrix}=\begin{bmatrix}x_{1m}\\ x_{2m}\end{bmatrix}-\begin{bmatrix}x_{1s}\\ x_{2s}\end{bmatrix}$。

试用 Lyapunov 方法设计自适应控制系统，画出系统实现框图。

2-7 试求系列受控对象的最小方差控制律：

(1) $y(k)+a_1y(k-1)=b_0u(k-1)+\xi(k)$

(2) $y(k)+a_1y(k-1)=u(k-1)+b_1u(k-2)+\xi(k)+c_1\xi(k-1)$

其中 $\xi(k)$ 为零均值，方差为 1 的白噪声。

2-8　设有一受控对象

$$y(k)=1.3y(k-1)+0.4y(k-2)+u(k-2)-u(k-3)+\xi(k)-0.65\xi(k-1)+0.1\xi(k-2)$$

式中 $\xi(k)$ 为零均值，方差为 0.1 的白噪声，试按最小方差控制方案设计控制器，并计算其输出方差。

2-9　假定一对象方程为

$$y(k)+ay(k-1)=bu(k-1)+\xi(k)+c\xi(k-1)$$

其中 $\{\xi(k)\}$ 为零均值不相关的随机变量序列。

(1) 如果参数 a,b,c 已知，请导出使输出方差最小的控制律及闭环输出方程；如果参数 a,b,c 未知，最小方差控制律该如何实现？

(2) 若认为反馈控制律中只有一个参数即 $\theta=(c-a)/b$ 为未知，写出此时的自校正估计模型，及最小方差自校正控制律。

2-10　假定有一二阶工业过程

$$(1-1.7q^{-1}+0.6q^{-2})y(k)=(q^{-2}+1.2q^{-3})u(k)+y_d$$

期望多项式 A_m 取为二阶多项式，即 $A_m(q^{-1})=1-0.6q^{-1}+0.08q^{-2}$，试设计自校正 PID 控制器，并对控制系统进行数字仿真，参考输入可以取为方波。

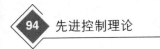

第3章

非线性系统控制初步

3.1 概述

当系统的运动规律可以用线性微分方程或线性算子来描述时，该系统称为线性系统。线性系统的一个基本性质是它满足叠加原理，由此产生了线性系统理论的基本分析方法：如时域中的卷积、状态空间法中的线性变换、频域和复频域中的传递函数方法等。

如果系统中至少含有一个非线性的环节或单元时(例如电路系统中的非线性电路元件，控制系统中的非线性环节等)，系统的运动规律将要由非线性微分方程或非线性算子来表征，我们称之为非线性系统。与线性系统相比，非线性系统具有如下特点：

(1) 非线性系统不满足叠加原理

是否满足叠加原理是线性系统和非线性系统的最主要的区别。对于线性系统，由于可以使用叠加原理，使系统的分析较为简单，小信号和大信号作用下的结果在基本性质上是一致的，系统的局部性质与全局性质是一致的。但由于非线性系统不满足叠加原理，因此线性系统中一系列行之有效的分析方法在非线性系统中不再适用，必须另辟蹊径。

(2) 非线性系统的解不一定唯一存在

当考察非线性系统的稳态性质时，其系统的特性由一组非线性代数方程来描述。这组方程可能有唯一解，可能有多个解，还可能根本无解。因此，在求解之前，应该对系统的解的性质进行判断。如果解根本不存在，求解它就没有任何意义；如果解存在但不唯一，就应对解的个数及位置在求解之前有一个大致的了解。

非线性动态系统的模型一般由一组非线性微分方程或状态方程来描述。对一个实际系统来说，它在一定初始条件下的解应该存在并且唯一。但由于系统的模型总是在对实际对象进行了某些简化或近似后而得到的，因此，非线性动态系统的方程不一定存在唯一解。对于不存在唯一解的非线性系统模型，用计算机来求其近似解就失去了意义。

(3) 非线性系统平衡状态的稳定性问题

线性系统一般存在一个平衡状态，并且很容易判断系统的平衡状态是否为稳定的。而非线性系统往往存在多个平衡状态，其中有些平衡状态是稳定的，有些平衡状态则是不稳定的。工程中常常需要确定解的稳定区和不稳定区的分界线，有时还需要研究某些参数变化时解的稳定性的变化规律。

(4) 非线性系统的一些特殊现象

非线性系统中常常会发生一些奇特的现象，这些非线性现象在过去和现在一直是非线性理论的重要研究课题，促进了非线性理论的研究和发展。例如非线性自治系统的自激振荡，周期激励作用下非线性系统的次谐波振荡和超次谐波振荡；激励频率连续变化时，系统幅频响应的跳变现象；分叉现象，即系统解的形式因为参数的微小变动而发生本质改变的现象；对于某些非线性系统，还会出现类似于随机系统出现的现象，即混沌现象。分叉、混沌现象的研究大大丰富了非线性系统的理论，促进了系统科学的发展。

非线性系统理论的研究内容是十分广泛的，非线性系统分析是非线性系统理论的基础，非线性系统的控制则是非线性系统理论的重要应用方向之一。

非线性系统分析是对给定的非线性系统采用一定的数学工具进行定性及定量的分析研究，得出系统的局部和全局特性。由于非线性微分方程一般不存在闭式解，故非线性系统目前还不存在统一的分析方法。从研究内容来看，非线性系统分析研究的内容和方法大体可分为二阶系统相平面方法和近似解析方法，高阶系统的定性分析，基于 Volterra 级数的非线性系统的频域方法，非线性系统的稳定性，非线性系统的特殊现象，非线性系统的分叉和混沌等。

对非线性系统进行控制时，从研究问题的提法和解决问题的方法都与不考虑控制时非线性系统的分析有了很大的不同。控制系统的最大的特点在于存在反馈。通常反馈可以由系统的状态构成(称为状态反馈)，或由系统的输出构成(称为输出反馈)。控制系统的基本问题就是系统在何种条件下可以通过反馈的选取及设计控制器来保证系统的稳定性，并实现一定的性能指标的要求。早期的非线性控制系统的研究是针对一些特殊的、基本的非线性特性(如继电、饱和、死区等)，研究合适的控制方法以得到较为理想的性能。20 世纪 80 年代以来，随着非线性系统理论的发展，产生了许多非线性系统控制的方法。应当指出，由于非线性控制系统的复杂性，目前还没有分析设计非线性控制系统的通用方法，已有的各种方法均有一定的适用范围。下面仅就有代表性的方法作一简单介绍。

(1) 描述函数法

描述函数法是20世纪40年代末提出的非线性系统控制的一种工程近似方法，这种方法适合于一类具有低通滤波特性的非线性系统。对于具有非线性部件的控制系统，当输入为正弦信号时，输出将含有高次谐波。但是对于具有低通滤波特性的非线性系统，高次谐波的对系统的影响较小。因此，人们设想用非线性部件的基波特性来近似代替该部件，这样就可以用线性系统的频域分析方法来分析非线性系统。描述函数法可用来分析非线性系统的稳定性和自持振荡问题，也可以用来进行非线性控制系统的综合。在自动控制原理的课程中，对控制系统中的描述函数方法已经做过初步介绍。

(2) 变结构控制

变结构控制是目前非线性控制系统较普遍的一种控制方法。所谓变结构控制系统，就是系统在工作时可以根据某种规则，在若干个控制器之间来回切换，以改善系统的动态性能。这是一种具有跳变性质的不连续系统，即使控制对象和各个控制器都是线性的，整个系统也是一种本质非线性系统。构造变结构控制器的核心是滑动模态的设计，即切换函数的选择算法。对于线性控制对象，滑动模态的设计已有了比较完善的结果，对于某些非线性控制对象，也提出了一些控制方法。滑动模态控制(简称滑模控制)有许多优点：首先，只要切换面是可达的，一旦系统的相点到达切换面后，系统的运行方式就只决定于切换面的方程，与系统原来的参数无关。其次，滑模控制可以实现对任一连续变化的输入信号的跟踪。最后，滑模控制对外部干扰具有较强的鲁棒性。滑模控制也存在一些不足，主要是当切换开关不理想时，会产生高频颤动。除此之外，为实现滑模控制，必须得到系统全部状态变量的信息，这在许多场合是比较困难的。变结构控制在某种意义上体现了一定的“智能”功能，具有较好的发展前景。

(3) 非线性系统的镇定

稳定性是控制系统的基本问题，一个控制系统首先必须是稳定的，然后才可以考虑其他动态及稳态指标。当系统的控制作用仅由反馈决定时，如何寻找合适的反馈，使得系统具有大范围的稳定性，其设计过程就称为镇定。对于线性系统，由于极点配置方法的提出，使得线性系统的镇定问题已得到完全解决。对于非线性系统，由于其可控性和可镇定性之间的关系是不明显的，虽然已经提出许多方法来解决某些非线性系统的全局镇定问题，但是，一般非线性系统的镇定问题还存在很多难点，还有许多亟待解决的问题。

(4) 非线性系统的微分几何方法

对于线性系统，其可控性、可观测性以及系统的可控分解和可观测分解是线性系统的基本性质，相应地，我们有简明的判别条件来判断系统是否具备这些性质。那么，对于非线性系统，是否还具有诸如可控性、可观测性这样一些性质？近年来发展起来的非线性系统的微分几何方法，从微分几何的角度，研究了一类具有仿射非线性的控制系统的可控性、可观测性等基本性质。这些研究有利于揭示非线性系统的某些本质特性。不过，非线性系统可控性、可观测性还没有找到像线性系统那样简明而易于使用的判别条件。利用微分几何方法，对非线性系统的反馈线性化问题，取得了很好的结果，并且在一些实际系统的控制中得到了应用。然而，能实现反馈线性化的非线性系统总是少量特定的一类非线性系统，因此，非线性系统的微分几何方法所能解决的问题是有限的。

(5) 非线性系统的鲁棒控制

控制系统的设计要以被控系统的数学模型为依据。然而，由于种种原因，被控对象总是存在着不确定性或摄动。这些不确定性包含参数不确定性、结构不确定性和各种干扰等，一般来说，这些不确定性或摄动是无法确切知道的。因此，从研究的角度来看，我们面对的对象不是一个单一的对象，而是一族对象。这样就必须用一类系统族来描述实际系统。所谓鲁棒性，就是所设计的控制系统对于具有不确定性的系统族仍然可以正常工作，如保证稳定性，并仍能保持较好的系统动态性能等。随着控制对象的日益复杂，环境的多变，大量的不确定因素的存在，研究控制系统的鲁棒控制显得日益重要，成为现代控制理论中的一个重要研究方向。

线性系统的鲁棒控制已有了不少理论成果，其中，线性系统的 H_∞ 控制的理论体系已经建立，其应用研究也取得了许多成果。对于非线性控制系统，鲁棒性分析与设计提出了多种方法。Lyapunov 方法是早期研究鲁棒稳定性采用的主要方法，但是其结果偏于保守。近年来，一些学者将基于非线性系统的无源性、耗散性及增益分析等方法应用于非线性控制系统的鲁棒分析与设计，提出了许多鲁棒镇定、鲁棒干扰抑制、鲁棒自适应控制的设计方法。由于非线性系统的复杂性，非线性控制系统的鲁棒分析和设计还存在很多困难，是一个具有很强挑战性的课题。

作为先进控制理论导论性质的课程，我们主要介绍近年来得到较多应用的非线性系统反馈线性化方法，以为读者进行非线性系统控制的研究打下初步的基础。

3.2 非线性控制系统的反馈线性化

非线性系统的线性化，是工程技术中一种常用方法。经典的线性化方法是取非线性系统的一次变分系统，这种线性化方法只适用于接近平衡点或稳定工作范围的邻域，当系统工作范围增大时，这种方法将会产生较大误差。因此，它不适用于系统状态远离平衡解的非线性系统的控制。

控制系统的基本问题就是系统在何种条件下可以通过反馈的选取及设计控制器来保证系统的稳定性，并实现一定的性能指标的要求。控制系统的最大的特点在于存在反馈。克服线性近似方法缺点的有效途径是采用通过反馈而实现的精确线性化的方法。本节我们主要介绍单输入单输出系统非线性反馈线性化的基本方法。

3.2.1 反馈线性化的基本概念

首先通过几个简单的例子，说明通过非线性反馈来实现非线性系统的精确线性化方法的基本特点。

例 3-1 考察一非线性系统，其系统模型可以描述为

$$\frac{\mathrm{d}x_1}{\mathrm{d}t} = -2x_1 + ax_2 + \sin x_1$$

$$\frac{\mathrm{d}x_2}{\mathrm{d}t} = -x_2\cos x_1 + \cos(2x_1)u$$

试讨论通过选择控制函数 u 实现系统稳定控制的方法。

解：显然，系统的平衡点为(0,0)。在平衡点附近，通过选取线性控制，可以保证系统的局部渐近稳定性。但是，线性控制无法保证系统在大范围的稳定性。这里的主要困难是第一个方程的非线性项无法通过控制输入项 u 将其消去。可是，如果作如下坐标变换

$$z_1 = x_1$$

$$z_2 = ax_2 + \sin x_1$$

则在新的坐标下，系统的描述变为

$$\frac{\mathrm{d}z_1}{\mathrm{d}t} = -2z_1 + z_2$$

$$\frac{\mathrm{d}z_2}{\mathrm{d}t} = -2z_1\cos z_1 + \cos z_1\sin z_1 + a\cos(2z_1)u$$

假定选择控制 u 为

$$u = \frac{1}{a\cos(2z_1)}(v - \cos z_1\sin z_1 + 2z_1\cos z_1)$$

其中，v 是等效输入。这样，在新坐标下，原非线性系统变换成为一个线性系统

$$\frac{\mathrm{d}z_1}{\mathrm{d}t} = -2z_1 + z_2$$

$$\frac{\mathrm{d}z_2}{\mathrm{d}t} = v$$

显然，这个系统是可控的。因此，可以采取线性反馈控制

$$v = -k_1z_1 - k_2z_2$$

以获得合适的性能。通过选取合适的系数可以将闭环系统的极点配置到复平面的任意位置。在此例中，我们选

$$v = -2z_2$$

则闭环系统的状态方程变为

$$\frac{\mathrm{d}z_1}{\mathrm{d}t} = -2z_1 + z_2$$

$$\frac{\mathrm{d}z_2}{\mathrm{d}t}=-2z_2$$

这个系统是渐近稳定的，即系统的状态 z_1，z_2 最终可以收敛到原点 O_z，因此，由上述坐标变换的逆变换

$$x_1=z_1$$

$$x_2=\frac{z_2-\sin z_1}{a}$$

可知，原非线性系统的状态 x_1，x_2 最终也收敛到原点 O_x。将控制律用原非线性系统的状态表示有

$$u=\frac{1}{a\cos(2x_1)}(-2ax_2-2\sin x_1-\cos x_1\sin x_1+2x_1\cos x_1)$$

采用上述的控制的闭环系统框图如图 3-1 所示，我们称其为输入-状态线性化。在这个系统中，存在两个闭环回路。内环使得系统达到输入状态线性化，而外环则使得系统成为渐近稳定的。□

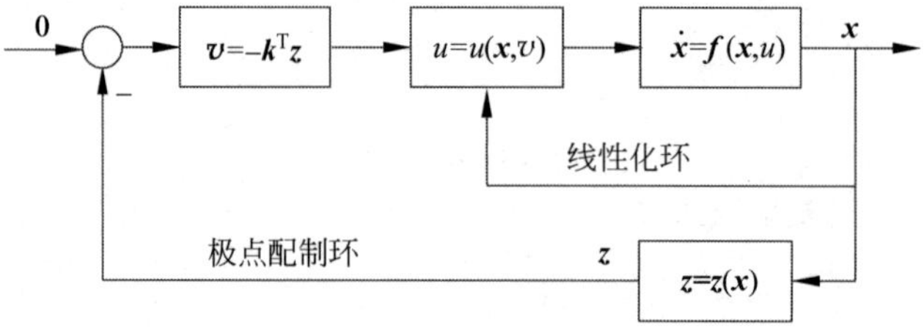

图 3-1 输入-状态线性化

关于这个例子需要说明以下几点：

(1) 这个控制律所得到的虽然是较大范围的线性化，但是并不是全局的。事实上，控制 u 在 $x_1=\frac{\pi}{4}\pm\frac{k\pi}{2}(k=1,2,\cdots)$ 处是没有定义的。显然，如果初始状态中 x_{10} 或某时刻系统的状态变量 x_1 正好位于上述点时，系统无法通过控制器使其向平衡点运动。

(2) 上述的线性化是通过状态变换和状态反馈变换来实现的，这一点不同于基于系统状态方程右端的 Jacobi 矩阵而实现的小范围线性近似对应的线性化。

例 3-2 考虑三阶系统

$$\frac{\mathrm{d}x_1}{\mathrm{d}t}=\sin x_2+(x_2+1)x_3$$

$$\frac{\mathrm{d}x_2}{\mathrm{d}t}=x_1^5+x_3$$

$$\frac{\mathrm{d}x_3}{\mathrm{d}t}=x_1^2+u$$

$$y=x_1$$

试讨论通过合适的变换及控制函数 u 的选择，实现输出 y 对于某种已知参考输出 y_R 的渐近模型跟踪控制。

解：为得到输出 y 与输入 u 之间的关系，将输出 y 对 t 求导有

$$\frac{\mathrm{d}y}{\mathrm{d}t}=\frac{\mathrm{d}x_1}{\mathrm{d}t}=\sin x_2+(x_2+1)x_3$$

$$\frac{\mathrm{d}^2y}{\mathrm{d}t^2}=\cos x_2\frac{\mathrm{d}x_2}{\mathrm{d}t}+\frac{\mathrm{d}x_2}{\mathrm{d}t}x_3+(x_2+1)\frac{\mathrm{d}x_3}{\mathrm{d}t}=(x_2+1)u+f_1(x_1,x_2,x_3)$$

其中

$$f_1(x_1,x_2,x_3)=(x_1^5+1)(x_3+\cos x_2)+(x_2+1)x_1^2$$

如果我们选择输入为

$$u=\frac{1}{x_2+1}[v-f_1(x_1,x_2,x_3)]$$

这里，v 是一个可确定的新的输入。在输入 u 的作用下，可以得到一个 y 与新输入 v 之间的简单线性微分关系，

$$\frac{\mathrm{d}^2y}{\mathrm{d}t^2}=v$$

令 $e=y(t)-y_\mathrm{d}(t)$，这里 $y_\mathrm{d}(t)$ 是某个参考模型的期望输出，选择新输入 v 为

$$v=\frac{\mathrm{d}^2y_\mathrm{d}}{\mathrm{d}t^2}-k_1e-k_2\frac{\mathrm{d}e}{\mathrm{d}t}$$

则可以得到系统关于跟随误差的微分方程

$$\frac{\mathrm{d}^2e}{\mathrm{d}t^2}+k_2\frac{\mathrm{d}e}{\mathrm{d}t}+k_1e=0$$

当 $k_1>0,k_2>0$ 时，就有 $\lim\limits_{t\to+\infty}e(t)=0$，且 $e(t)$ 按指数规律衰减，这样系统就可以实现模型渐近跟随控制。 □

应当注意，例 3-2 中除了 $x_2=-1$ 点外，控制律 u 总是有定义的。其次，这里要求所有状态 x_1,x_2,x_3 都是可测的，这是因为 u 和 v 的实现均需要知道状态变量的数值。

由上述例子可以看出，在一定条件下，我们可以通过设计输入 u 实现线性化，将系统变换为一个线性系统，在此基础上再设计控制器实现一定的系统性能。那么，对于一般的非线性系统，在什么条件下可以实现反馈线性化？下面简要介绍相关结论。

3.2.2 状态空间的坐标变换

首先介绍向量场李导数的概念。设 $\boldsymbol{x}\in U\subset R^n$，在 U 上给出一个光滑标量函数 $\lambda(\boldsymbol{x})$和一个 n 维的向量场 $\boldsymbol{f}(\boldsymbol{x})$，下面定义一个新的标量函数 $L_f\lambda(\boldsymbol{x})$

$$L_f\lambda(\boldsymbol{x})=\sum_{i=1}^{n}\frac{\partial\lambda}{\partial x_i}f_i(\boldsymbol{x})\tag{3-1}$$

称 $L_f\lambda(\boldsymbol{x})$ 为 $\lambda(\boldsymbol{x})$ 对向量场 $\boldsymbol{f}(\boldsymbol{x})$ 的李导数。下面解释 $L_f\lambda(\boldsymbol{x})$ 的几何意义。令 $\nabla\lambda(\boldsymbol{x})=\left[\frac{\partial\lambda}{\partial x_1},\frac{\partial\lambda}{\partial x_2},\cdots,\frac{\partial\lambda}{\partial x_n}\right]^{\mathrm{T}}$，它是 $\lambda(\boldsymbol{x})$ 的梯度向量，则

$$L_f\lambda(\boldsymbol{x})=\langle\nabla\lambda(\boldsymbol{x}),\boldsymbol{f}(\boldsymbol{x})\rangle$$

这说明，$L_f\lambda(\boldsymbol{x})$ 是标量函数 $\lambda(\boldsymbol{x})$ 在 $\boldsymbol{x}$ 处的梯度向量在向量场 $\boldsymbol{f}(\boldsymbol{x})$ 上的投影。一般人们习惯于将 $L_f\lambda(\boldsymbol{x})$ 写为下列形式

$$L_f\lambda(\boldsymbol{x})=\sum_{i=1}^{n}\frac{\partial\lambda}{\partial x_i}f_i(\boldsymbol{x})=\frac{\partial\lambda}{\partial\boldsymbol{x}}\boldsymbol{f}(\boldsymbol{x}) \tag{3-2}$$

其中，$\frac{\partial\lambda}{\partial\boldsymbol{x}}=\left[\frac{\partial\lambda}{\partial x_1}\quad\frac{\partial\lambda}{\partial x_2}\quad\cdots\quad\frac{\partial\lambda}{\partial x_n}\right]$ 是 $\lambda(\boldsymbol{x})$ 的 Jacobi 矩阵。我们可以多次重复上述的运算，比如先取 $\lambda(\boldsymbol{x})$ 沿向量场 $\boldsymbol{f}(\boldsymbol{x})$ 的导数，然后再取沿向量场 $\boldsymbol{g}(\boldsymbol{x})$ 的导数，就可定义新的函数

$$L_gL_f\lambda(\boldsymbol{x})=\sum_{i=1}^{n}\frac{\partial L_f\lambda}{\partial x_i}g_i(\boldsymbol{x})=\frac{\partial L_f\lambda}{\partial\boldsymbol{x}}\boldsymbol{g}(\boldsymbol{x}) \tag{3-3}$$

如果将 $\lambda(\boldsymbol{x})$ 沿向量场 $\boldsymbol{f}(\boldsymbol{x})$ 微分 k 次，可用符号 $L_f^k\lambda(\boldsymbol{x})$ 表示，我们有

$$L_f^k\lambda(\boldsymbol{x})=\frac{\partial(L_f^{k-1}\lambda)}{\partial\boldsymbol{x}}\boldsymbol{f}(\boldsymbol{x}) \tag{3-4}$$

并且定义 $L_f^0\lambda(\boldsymbol{x})=\lambda(\boldsymbol{x})$。

对于定义在 U 上的两个 n 维向量场 $\boldsymbol{f}(\boldsymbol{x})$ 和 $\boldsymbol{g}(\boldsymbol{x})$，可以定义向量场 $\boldsymbol{g}(\boldsymbol{x})$ 对 $\boldsymbol{f}(\boldsymbol{x})$ 的李导数，记为 $\mathrm{ad}_f\boldsymbol{g}(\boldsymbol{x})$ 或 $[\boldsymbol{f},\boldsymbol{g}](\boldsymbol{x})$。

$$\mathrm{ad}_f\boldsymbol{g}(\boldsymbol{x})=[\boldsymbol{f},\boldsymbol{g}](\boldsymbol{x})=\frac{\partial\boldsymbol{g}}{\partial\boldsymbol{x}}\boldsymbol{f}(\boldsymbol{x})-\frac{\partial\boldsymbol{f}}{\partial\boldsymbol{x}}\boldsymbol{g}(\boldsymbol{x}) \tag{3-5}$$

其中，$\frac{\partial\boldsymbol{g}}{\partial\boldsymbol{x}}$，$\frac{\partial\boldsymbol{f}}{\partial\boldsymbol{x}}$ 分别表示 $\boldsymbol{g}(\boldsymbol{x})$ 和 $\boldsymbol{f}(\boldsymbol{x})$ 的 Jacobi 矩阵

$$\frac{\partial\boldsymbol{g}}{\partial\boldsymbol{x}}=\begin{bmatrix}\frac{\partial g_1}{\partial x_1} & \frac{\partial g_1}{\partial x_2} & \cdots & \frac{\partial g_1}{\partial x_n}\\ \frac{\partial g_2}{\partial x_1} & \frac{\partial g_2}{\partial x_2} & \cdots & \frac{\partial g_2}{\partial x_n}\\ \vdots & \vdots & & \vdots\\ \frac{\partial g_n}{\partial x_1} & \frac{\partial g_n}{\partial x_2} & \cdots & \frac{\partial g_n}{\partial x_n}\end{bmatrix},\qquad \frac{\partial\boldsymbol{f}}{\partial\boldsymbol{x}}=\begin{bmatrix}\frac{\partial f_1}{\partial x_1} & \frac{\partial f_1}{\partial x_2} & \cdots & \frac{\partial f_1}{\partial x_n}\\ \frac{\partial f_2}{\partial x_1} & \frac{\partial f_2}{\partial x_2} & \cdots & \frac{\partial f_2}{\partial x_n}\\ \vdots & \vdots & & \vdots\\ \frac{\partial f_n}{\partial x_1} & \frac{\partial f_n}{\partial x_2} & \cdots & \frac{\partial f_n}{\partial x_n}\end{bmatrix}$$

$\mathrm{ad}_f\boldsymbol{g}(\boldsymbol{x})$ 称为 $\boldsymbol{f}(\boldsymbol{x})$ 和 $\boldsymbol{g}(\boldsymbol{x})$ 的李括号（或李积），它是一个新的向量场。事实上，这是两个向量场 $\frac{\partial\boldsymbol{g}}{\partial\boldsymbol{x}}\boldsymbol{f}(\boldsymbol{x})$ 和 $\frac{\partial\boldsymbol{f}}{\partial\boldsymbol{x}}\boldsymbol{g}(\boldsymbol{x})$ 的差。我们可以重复使用李括号。当 $\boldsymbol{g}(\boldsymbol{x})$ 对 $\boldsymbol{f}(\boldsymbol{x})$ 多次重复使用李括号时，常用下列符号

$$\mathrm{ad}_f^k\boldsymbol{g}(\boldsymbol{x})=[\boldsymbol{f},\mathrm{ad}_f^{k-1}\boldsymbol{g}](\boldsymbol{x})=\frac{\partial(\mathrm{ad}_f^{k-1}\boldsymbol{g})}{\partial\boldsymbol{x}}\boldsymbol{f}(\boldsymbol{x})-\frac{\partial\boldsymbol{f}}{\partial\boldsymbol{x}}\mathrm{ad}_f^{k-1}\boldsymbol{g}(\boldsymbol{x})$$

同时，定义 $\mathrm{ad}_f^0\boldsymbol{g}(\boldsymbol{x})=\boldsymbol{g}(\boldsymbol{x})$。

下面讨论非线性系统状态空间的坐标变换问题。考察单输入单输出仿射非线性

系统

$$\begin{cases}\dfrac{\mathrm{d}\boldsymbol{x}}{\mathrm{d}t}=\boldsymbol{f}(\boldsymbol{x})+\boldsymbol{g}(\boldsymbol{x})u\\ y=h(\boldsymbol{x})\end{cases}\tag{3-6}$$

其中，$\boldsymbol{x}\in U\subset R^n$，$\boldsymbol{f},\boldsymbol{g}$ 是光滑的向量场。设 $\boldsymbol{x}_0$ 的某个邻域为 $U_0\subset U$，如果对 $\boldsymbol{x}\in U_0$ 有

(1) $L_gL_f^kh(\boldsymbol{x})=0,k=0,1,\cdots,r-2$

(2) $L_gL_f^{r-1}h(\boldsymbol{x})\neq 0$

则称系统式(3-6)在 x_0 处具有相对阶 r。

例 3-3 考察受控 Van der Pol 振荡器

$$\frac{\mathrm{d}}{\mathrm{d}t}\begin{bmatrix}x_1\\x_2\end{bmatrix}=\begin{bmatrix}x_2\\-x_1+\varepsilon(1-x_1^2)x_2\end{bmatrix}+\begin{bmatrix}0\\1\end{bmatrix}u$$

选择输出为

$$y=h(x_1,x_2)=x_1$$

则有

$$L_gL_f^0h(\boldsymbol{x})=L_gh(\boldsymbol{x})=\frac{\partial h}{\partial \boldsymbol{x}}\boldsymbol{g}(\boldsymbol{x})=[1\quad 0]\begin{bmatrix}0\\1\end{bmatrix}=0$$

$$L_fh(\boldsymbol{x})=\frac{\partial h}{\partial \boldsymbol{x}}\boldsymbol{f}(\boldsymbol{x})=[1\quad 0]\begin{bmatrix}x_2\\-x_1+\varepsilon(1-x_1^2)x_2\end{bmatrix}=x_2$$

$$L_gL_fh(\boldsymbol{x})=\frac{\partial(L_fh)}{\partial \boldsymbol{x}}\boldsymbol{g}(\boldsymbol{x})=[0\quad 1]\begin{bmatrix}0\\1\end{bmatrix}=1$$

对于任意 $\boldsymbol{x}\in U$，本系统具有相对阶 2。

如果选输出为 $y=h(x_1,x_2)=\sin x_2$，则有

$$L_gL_f^0h(\boldsymbol{x})=L_gh(\boldsymbol{x})=\frac{\partial h}{\partial \boldsymbol{x}}\boldsymbol{g}(\boldsymbol{x})=[0\quad \cos x_2]\ \begin{bmatrix}0\\1\end{bmatrix}=\cos x_2$$

当 $x_{20}\neq(2k+1)\pi$ 时，系统具有相对阶 1，而当 $x_{20}=(2k+1)\pi$ 时，不能定义相对阶。 □

下面解释相对阶的意义。设系统式(3-6)在 x_0 处具有相对阶 r，对输出求导，

$$\frac{\mathrm{d}y}{\mathrm{d}t}=\frac{\partial h}{\partial \boldsymbol{x}}\frac{\mathrm{d}\boldsymbol{x}}{\mathrm{d}t}=\frac{\partial h}{\partial \boldsymbol{x}}(\boldsymbol{f}(\boldsymbol{x})+\boldsymbol{g}(\boldsymbol{x})u)=L_fh+(L_gh)u$$

如果 $r>1$，则 $L_gh=0$，$\dfrac{\mathrm{d}y}{\mathrm{d}t}$不显含输入 u。再对输出求二阶导数

$$\frac{\mathrm{d}^2y}{\mathrm{d}t^2}=\frac{\partial(L_fh)}{\partial \boldsymbol{x}}\frac{\mathrm{d}\boldsymbol{x}}{\mathrm{d}t}=L_f^2h+(L_gL_fh)u$$

如果 $r>2$，则 $L_gL_fh=0$，$\dfrac{\mathrm{d}^2y}{\mathrm{d}t^2}$不显含输入 u。则可以对输出求三阶导数

$$\frac{\mathrm{d}^3y}{\mathrm{d}t^3}=\frac{\partial(L_f^2h)}{\partial \boldsymbol{x}}\frac{\mathrm{d}\boldsymbol{x}}{\mathrm{d}t}=L_f^3h+(L_gL_f^2h)u$$

一般地，系统具有相对阶 r 时，一定有

$$L_gL_f^kh(\boldsymbol{x})=0,\quad k<r-1,\quad L_gL_f^{r-1}h(\boldsymbol{x})\neq 0$$

故有

$$\frac{\mathrm{d}^{r-1}y}{\mathrm{d}t^{r-1}}=L_f^{r-1}h+(L_gL_f^{r-2}h)u=L_f^{r-1}h$$

$$\frac{\mathrm{d}^ry}{\mathrm{d}t^r}=L_f^rh+(L_gL_f^{r-1}h)u$$

这说明，当系统具有相对阶 r 时，对系统的输出求导，直到 r 阶导数时才会出现输入 u。进一步，可以证明[31]：行向量

$$\left[\frac{\partial h(\boldsymbol{x}_0)}{\partial \boldsymbol{x}}\quad \frac{\partial L_fh(\boldsymbol{x}_0)}{\partial \boldsymbol{x}}\quad \cdots\quad \frac{\partial L_f^{r-1}h(\boldsymbol{x}_0)}{\partial \boldsymbol{x}}\right]$$

是线性无关的。

设系统(3-6)在 x_0 处相对阶为 $r(r\leqslant n)$，令

$$\begin{aligned}\phi_1(\boldsymbol{x})&=h(\boldsymbol{x})\\ \phi_2(\boldsymbol{x})&=L_fh(\boldsymbol{x})\\ &\vdots\\ \phi_r(\boldsymbol{x})&=L_f^{r-1}h(\boldsymbol{x})\end{aligned}$$

可以证明[31]：若 r 严格小于 n，则总能找到 $n-r$ 个函数 $\phi_{r+1}(\boldsymbol{x}),\cdots,\phi_n(\boldsymbol{x})$，使得映射

$$\boldsymbol{\Phi}(\boldsymbol{x})=\begin{bmatrix}\phi_1(\boldsymbol{x})\\ \vdots\\ \phi_n(\boldsymbol{x})\end{bmatrix}$$

在 x_0 处有非奇异的 Jacobi 矩阵。并且我们总是可以选择 $\phi_{r+1}(\boldsymbol{x}),\cdots,\phi_n(\boldsymbol{x})$，使得

$$L_g\phi_i(\boldsymbol{x})=0,\quad \forall\, r+1\leqslant i\leqslant n,\quad \forall\, \boldsymbol{x}\in U_0$$

上述结论说明，在 $\boldsymbol{x}_0$ 的邻域 U_0 内，$\boldsymbol{\Phi}(\boldsymbol{x})$的 Jacobi 矩阵可以作为一个局部坐标变换。

下面分析在变换

$$\boldsymbol{z}=\boldsymbol{\Phi}(\boldsymbol{x})=\begin{bmatrix}\phi_1(\boldsymbol{x})\\ \vdots\\ \phi_n(\boldsymbol{x})\end{bmatrix}=\begin{bmatrix}h(\boldsymbol{x})\\ L_fh(\boldsymbol{x})\\ \vdots\\ L_f^{r-1}h(\boldsymbol{x})\\ \lambda_1(\boldsymbol{x})\\ \vdots\\ \lambda_{n-r}(\boldsymbol{x})\end{bmatrix}\tag{3-7}$$

下，系统的描述。由于系统相对阶为 r，故对任意 $k<r-1$，$L_gL_f^kh=0$。而 $L_gL_f^{r-1}h(\boldsymbol{x})\neq 0$，因此有

$$\frac{\mathrm{d}z_1}{\mathrm{d}t}=\frac{\partial\phi_1}{\partial\boldsymbol{x}}\frac{\mathrm{d}\boldsymbol{x}}{\mathrm{d}t}=\frac{\partial h}{\partial\boldsymbol{x}}\frac{\mathrm{d}\boldsymbol{x}}{\mathrm{d}t}=\frac{\partial h}{\partial\boldsymbol{x}}(\boldsymbol{f}(\boldsymbol{x})+\boldsymbol{g}(\boldsymbol{x})u)=L_fh(\boldsymbol{x})=z_2$$

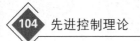

$$\cdots$$

$$\frac{\mathrm{d}z_{r-1}}{\mathrm{d}t} = \frac{\partial \phi_{r-1}}{\partial \boldsymbol{x}}\frac{\mathrm{d}\boldsymbol{x}}{\mathrm{d}t} = \frac{\partial (L_f^{r-2}h)}{\partial \boldsymbol{x}}\frac{\mathrm{d}\boldsymbol{x}}{\mathrm{d}t} = L_f^{r-1}h(\boldsymbol{x}) = z_r$$

对于 z_r 有

$$\frac{\mathrm{d}z_r}{\mathrm{d}t} = L_f^r h(\boldsymbol{x}) + L_g L_f^{r-1} h(\boldsymbol{x})u$$

由于 $\boldsymbol{z}=\boldsymbol{\Phi}(\boldsymbol{x})$在 $\boldsymbol{x}_0$ 处的 Jacobi 矩阵非奇异，故 $x=\boldsymbol{\Phi}^{-1}(z)$存在。令

$$a(\boldsymbol{z}) = L_f^r h(\boldsymbol{\Phi}^{-1}(\boldsymbol{z}))$$
$$b(\boldsymbol{z}) = L_g L_f^{r-1} h(\boldsymbol{\Phi}^{-1}(\boldsymbol{z}))$$

则有

$$\frac{\mathrm{d}z_r}{\mathrm{d}t} = a(\boldsymbol{z}) + b(\boldsymbol{z})u$$

而

$$\frac{\mathrm{d}z_{r+k}}{\mathrm{d}t} = \frac{\partial \phi_{r+k}}{\partial \boldsymbol{x}}\frac{\mathrm{d}\boldsymbol{x}}{\mathrm{d}t} = \frac{\partial \lambda_k}{\partial \boldsymbol{x}}\frac{\mathrm{d}\boldsymbol{x}}{\mathrm{d}t} = L_f\lambda_k(\boldsymbol{x}) + L_g\lambda_k(\boldsymbol{x})u$$
$$= L_f\lambda_k(\boldsymbol{\Phi}^{-1}(\boldsymbol{z})) \overset{\text{def}}{=\!=} q_{r+k}(\boldsymbol{z}), \quad 1 \leqslant k \leqslant n-r$$

于是，在变换 $\boldsymbol{z}=\boldsymbol{\Phi}(x)$下，系统的状态空间描述如下：

$$\begin{aligned}
\frac{\mathrm{d}z_1}{\mathrm{d}t} &= z_2 \\
&\vdots \\
\frac{\mathrm{d}z_{r-1}}{\mathrm{d}t} &= z_r \\
\frac{\mathrm{d}z_r}{\mathrm{d}t} &= a(\boldsymbol{z}) + b(\boldsymbol{z})u \\
\frac{\mathrm{d}z_{r+1}}{\mathrm{d}t} &= q_{r+1}(\boldsymbol{z}) \\
&\vdots \\
\frac{\mathrm{d}z_n}{\mathrm{d}t} &= q_n(\boldsymbol{z}) \\
y &= z_1
\end{aligned} \tag{3-8}$$

上述的方程组称为标准型，其示意图如图 3-2 所示。

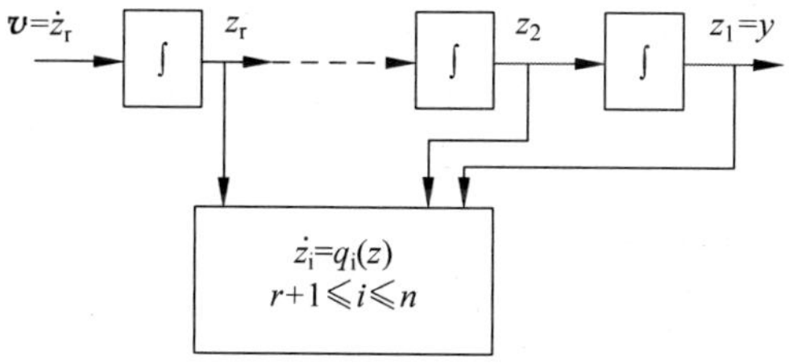

图 3-2　坐标变换后的标准型

例 3-4 考虑系统

$$\frac{\mathrm{d}x_1}{\mathrm{d}t}=-x_1+\mathrm{e}^{-x_2}u$$

$$\frac{\mathrm{d}x_2}{\mathrm{d}t}=x_1x_2+u$$

$$\frac{\mathrm{d}x_3}{\mathrm{d}t}=x_2$$

$$y=x_3$$

试给出非线性坐标变换。

解：显然，$\boldsymbol{f}(\boldsymbol{x})=[-x_1\quad x_1x_2\quad x_2]^{\mathrm{T}}$，$\boldsymbol{g}(\boldsymbol{x})=[\mathrm{e}^{-x_2}\quad 1\quad 0]^{\mathrm{T}}$，$h(\boldsymbol{x})=x_3$，我们有 $\dfrac{\partial h}{\partial \boldsymbol{x}}=[0\quad 0\quad 1]$，$L_gh(\boldsymbol{x})=0$，$L_fh(\boldsymbol{x})=x_2$，$\dfrac{\partial(L_fh)}{\partial \boldsymbol{x}}=[0\quad 1\quad 0]$，$L_gL_fh(\boldsymbol{x})=1$

相对阶 $r=1$，故可取 $z_1=\phi_1(\boldsymbol{x})=h(x)=x_3$，$z_2=\phi_2(\boldsymbol{x})=L_fh(\boldsymbol{x})=x_2$，于是有

$$\frac{\mathrm{d}z_1}{\mathrm{d}t}=L_fh(\boldsymbol{x})=x_2=z_2$$

$$\frac{\mathrm{d}z_2}{\mathrm{d}t}=L_f^2h(\boldsymbol{x})+L_gL_f(\boldsymbol{x})u=x_1x_2+u$$

又存在 $\lambda(x)=\phi_3(\boldsymbol{x})$满足

$$\frac{\partial\lambda}{\partial\boldsymbol{x}}\boldsymbol{g}(\boldsymbol{x})=\frac{\partial\lambda}{\partial x_1}\mathrm{e}^{-x_2}+\frac{\partial\lambda}{\partial x_2}=0$$

容易求得，函数

$$\phi_3(\boldsymbol{x})=-1+x_1+\mathrm{e}^{-x_2}$$

满足以上条件。于是我们得到了坐标变换$\boldsymbol{\Phi}(\boldsymbol{x})=[x_3\quad x_2\quad -1+x_1+\mathrm{e}^{-x_2}]^{\mathrm{T}}$，其 Jacobi 矩阵为

$$\frac{\partial\boldsymbol{\Phi}(\boldsymbol{x})}{\partial\boldsymbol{x}}=\begin{bmatrix}0&0&1\\0&1&0\\1&-\mathrm{e}^{-x_2}&0\end{bmatrix}$$

对所有 $\boldsymbol{x}$，上述矩阵非奇异。可以求出反变换为

$$x_1=1+z_1-\mathrm{e}^{-z_2}$$

$$x_2=z_2$$

$$x_3=z_1$$

于是在新坐标下，系统的描述为

$$\frac{\mathrm{d}z_1}{\mathrm{d}t}=z_2$$

$$\frac{\mathrm{d}z_2}{\mathrm{d}t}=z_2(1+z_1-\mathrm{e}^{-z_2})+u$$

$$\frac{dz_3}{dt} = -(1+z_1-e^{-z_2})(1+z_2e^{-z_2})$$

上述变换是全局有效的。 □

3.2.3 非线性系统的反馈线性化

通过坐标变换式(3-7)，我们可以将非线性系统式(3-6)变换成为标准型(3-8)，假定输入变量 u 可以表示成为状态变量和外部参考输入的函数，即有

$$u = \alpha(x) + \beta(x)v \tag{3-9}$$

设非线性系统(3-6)的相对阶为 $r=n$，则得到标准型的坐标变换为

$$\boldsymbol{Z} = \boldsymbol{\Phi}(\boldsymbol{x}) = \begin{bmatrix} \phi_1(\boldsymbol{x}) \\ \phi_2(\boldsymbol{x}) \\ \vdots \\ \phi_n(\boldsymbol{x}) \end{bmatrix} = \begin{bmatrix} h(\boldsymbol{x}) \\ L_f h(\boldsymbol{x}) \\ \vdots \\ L_f^{n-1} h(\boldsymbol{x}) \end{bmatrix} = \begin{bmatrix} z_1 \\ z_2 \\ \vdots \\ z_n \end{bmatrix} \tag{3-10}$$

于是得到标准型为

$$\begin{cases} \dfrac{dz_1}{dt} = z_2 \\ \dfrac{dz_2}{dt} = z_3 \\ \quad\vdots \\ \dfrac{dz_{n-1}}{dt} = z_n \\ \dfrac{dz_n}{dt} = a(\boldsymbol{z}) + b(\boldsymbol{z})u \end{cases} \tag{3-11}$$

其中，$a(\boldsymbol{z}) = L_f^n h(\boldsymbol{\Phi}^{-1}(\boldsymbol{z}))$，$b(\boldsymbol{z}) = L_g L_f^{n-1} h(\boldsymbol{\Phi}^{-1}(\boldsymbol{z}))$。显然，在 $\boldsymbol{z}_0 = \boldsymbol{\Phi}(\boldsymbol{x}_0)$ 的一个邻域内，$b(\boldsymbol{z}) = L_g L_f^{n-1} h(\boldsymbol{\Phi}^{-1}(\boldsymbol{z})) \neq 0$。选取如下的控制律

$$u = \frac{1}{b(\boldsymbol{z})}(-a(\boldsymbol{z}) + v) \tag{3-12}$$

可以得到闭环系统的描述

$$\begin{cases} \dfrac{dz_1}{dt} = z_2 \\ \dfrac{dz_2}{dt} = z_3 \\ \quad\vdots \\ \dfrac{dz_{n-1}}{dt} = z_n \\ \dfrac{dz_n}{dt} = v \end{cases} \tag{3-13}$$

这是一个线性且可控的系统。事实上，我们可以将式(3-12)在 $\boldsymbol{x}$ 坐标下表示，即有

$$u=\frac{1}{L_gL_f^{n-1}h(\boldsymbol{x})}(-L_f^nh(\boldsymbol{x})+v) \tag{3-14}$$

仍然可以得到式(3-13)。

在经过坐标变换得到的线性可控系统式(3-13)中,可以取新坐标下的状态反馈

$$v=\sum_{i=1}^{n}c_iz_i \tag{3-15}$$

以得到期望的特征值。将式(3-15)带入式(3-12)并在原 $\boldsymbol{x}$ 坐标下表示,可以得到

$$u=\frac{1}{L_gL_f^{n-1}h(\boldsymbol{x})}\left(-L_f^nh(\boldsymbol{x})+\sum_{i=1}^{n}c_iL_f^{i-1}h(\boldsymbol{x})\right) \tag{3-16}$$

由以上讨论可见,当非线性系统式(3-6)的相对阶为 n 时,在局部坐标变换和状态反馈下成为一个线性可控系统,其系统的状态信息并没有因此而有任何损失。这和经典控制中通过一次近似实现线性化有根本的区别：一次近似所实现的线性化忽略了原系统除一次项外所有的信息；而通过局部坐标变换和状态反馈所实现的线性化对原系统来说是精确的,故称为反馈精确线性化。

例 3-5 设非线性系统为

$$\frac{\mathrm{d}x_1}{\mathrm{d}t}=x_1+\mathrm{e}^{x_2}u$$

$$\frac{\mathrm{d}x_2}{\mathrm{d}t}=x_1+x_2+u$$

$$\frac{\mathrm{d}x_3}{\mathrm{d}t}=x_1-\mathrm{e}^{x_2}$$

$$y=x_3$$

试通过坐标变换及状态反馈使其成为一个线性可控系统。

解：该系统的相关向量场和输出函数为

$$\boldsymbol{f}(\boldsymbol{x})=[x_1+\mathrm{e}^{x_2}\quad x_1+x_2\quad x_1-\mathrm{e}^{x_2}]^{\mathrm{T}},\quad \boldsymbol{g}(\boldsymbol{x})=[\mathrm{e}^{x_2}\quad 1\quad 0]^{\mathrm{T}},\quad h(\boldsymbol{x})=x_3$$

因此有

$$\frac{\partial h}{\partial \boldsymbol{x}}=[0\quad 0\quad 1],\quad L_gh(\boldsymbol{x})=[0\quad 0\quad 1]\begin{bmatrix}\mathrm{e}^{x_2}\\1\\0\end{bmatrix}=0,$$

$$L_fh(\boldsymbol{x})=[0\quad 0\quad 1]\begin{bmatrix}x_1\\x_1+x_2\\x_1-\mathrm{e}^{x_2}\end{bmatrix}=x_1-\mathrm{e}^{x_2},\quad L_gL_fh(\boldsymbol{x})=[1\quad -\mathrm{e}^{x_2}\quad 0]\begin{bmatrix}\mathrm{e}^{x_2}\\1\\0\end{bmatrix}=0$$

$$L_f^2h(\boldsymbol{x})=[1\quad -\mathrm{e}^{x_2}\quad 0]\begin{bmatrix}x_1\\x_1+x_2\\x_1-\mathrm{e}^{x_2}\end{bmatrix}=x_1-(x_1+x_2)\mathrm{e}^{x_2}$$

$$L_gL_f^2h(\boldsymbol{x}) = [1-\mathrm{e}^{x_2} \quad (1+x_2)\mathrm{e}^{x_2} \quad 0]\begin{bmatrix}\mathrm{e}^{x_2}\\1\\0\end{bmatrix} = \mathrm{e}^{x_2}(2+x_2+\mathrm{e}^{x_2})$$

$$L_f^3h(\boldsymbol{x}) = [1-\mathrm{e}^{x_2} \quad (1+x_2)\mathrm{e}^{x_2} \quad 0]\begin{bmatrix}x_1\\x_1+x_2\\x_1-\mathrm{e}^{x_2}\end{bmatrix} = x_1+x_2(1+x_2)\mathrm{e}^{x_2}$$

当 $2+x_2+\mathrm{e}^{x_2}\neq 0$ 时，系统的相对阶为 3。我们取坐标变换为

$$z_1 = h(\boldsymbol{x}) = x_3$$

$$z_2 = L_fh(\boldsymbol{x}) = x_1-\mathrm{e}^{x_2}$$

$$z_3 = L_f^2h(\boldsymbol{x}) = x_1-(x_1+x_2)\mathrm{e}^{x_2}$$

原非线性系统化为

$$\frac{\mathrm{d}z_1}{\mathrm{d}t} = z_2$$

$$\frac{\mathrm{d}z_2}{\mathrm{d}t} = z_3$$

$$\frac{\mathrm{d}z_3}{\mathrm{d}t} = L_f^3h(\boldsymbol{\Phi}^{-1}(\boldsymbol{z}))+L_gL_f^2h(\boldsymbol{\Phi}^{-1}(\boldsymbol{z}))u$$

如果取反馈控制为

$$\begin{aligned}u &= \frac{1}{L_gL_f^2h(\boldsymbol{\Phi}^{-1}(\boldsymbol{z}))}(-L_f^3h(\boldsymbol{\Phi}^{-1}(\boldsymbol{z}))+v)\\ &= \frac{1}{\mathrm{e}^{x_2}(2+x_2+\mathrm{e}^{x_2})}[-(x_1+x_2(1+x_2)\mathrm{e}^{x_2})+v]\end{aligned}$$

则上述系统变换为一个线性可控的系统。应当注意，上述变换和反馈应满足 $2+x_2+\mathrm{e}^{x_2}\neq 0$ 的条件。在新坐标系中，经过反馈后，系统的状态方程变换为

$$\begin{bmatrix}\dfrac{\mathrm{d}z_1}{\mathrm{d}t}\\ \dfrac{\mathrm{d}z_2}{\mathrm{d}t}\\ \dfrac{\mathrm{d}z_3}{\mathrm{d}t}\end{bmatrix} = \begin{bmatrix}0&1&0\\0&0&1\\0&0&0\end{bmatrix}\begin{bmatrix}z_1\\z_2\\z_3\end{bmatrix}+\begin{bmatrix}0\\0\\1\end{bmatrix}v$$ □

从以上讨论可以看到，$h(\boldsymbol{x})$存在且系统的相对阶为 n，是非线性系统式(3-6)可以精确线性化的一个充分条件。进一步说，这也是非线性系统式(3-6)可以精确线性化的充分必要条件。以上讨论结果可以归纳为如下的定理：

定理 3-1　非线性系统$\dfrac{\mathrm{d}x}{\mathrm{d}t}=f(x)+g(x)u$ 在 $x_0\in U_0$ 可以精确线性化的充分必要条件是：存在定义于 U_0 上的实值函数$\lambda(x)$使得

$$\begin{cases}\dfrac{\mathrm{d}x}{\mathrm{d}t}=f(x)+g(x)u\\ y=\lambda(x)\end{cases}\tag{3-17}$$

在 $\boldsymbol{x}_0$ 处的相对阶为 n。

证明：上述命题的充分性显然是成立的，故只需证明必要性。设存在坐标变换 $\boldsymbol{z}=\boldsymbol{\Phi}(\boldsymbol{x})$，即

$$\begin{bmatrix}z_1\\ z_2\\ \vdots\\ z_n\end{bmatrix}=\begin{bmatrix}\lambda(\boldsymbol{x})\\ L_f\lambda(\boldsymbol{x})\\ \vdots\\ L_f^{n-1}\lambda(\boldsymbol{x})\end{bmatrix}$$

首先要说明，相对阶在坐标变换下是不变的。令

$$\bar{\boldsymbol{f}}(\boldsymbol{z})=\left[\frac{\partial\boldsymbol{\Phi}}{\partial\boldsymbol{x}}\boldsymbol{f}(\boldsymbol{x})\right]_{x=\boldsymbol{\Phi}^{-1}(z)},\quad \bar{\boldsymbol{g}}(\boldsymbol{z})=\left[\frac{\partial\boldsymbol{\Phi}}{\partial\boldsymbol{x}}\boldsymbol{g}(\boldsymbol{x})\right]_{x=\boldsymbol{\Phi}^{-1}(z)},\quad \bar{\lambda}(\boldsymbol{z})=\lambda(\boldsymbol{\Phi}^{-1}(\boldsymbol{x}))$$

则有

$$\begin{aligned}L_{\bar f}\bar\lambda(\boldsymbol{z})&=\frac{\partial\bar\lambda}{\partial\boldsymbol{z}}\bar{\boldsymbol{f}}(\boldsymbol{z})=\left[\frac{\partial\lambda}{\partial\boldsymbol{x}}\right]\left[\frac{\partial\boldsymbol{x}}{\partial\boldsymbol{z}}\right]\left[\frac{\partial\boldsymbol{\Phi}}{\partial\boldsymbol{x}}\boldsymbol{f}(\boldsymbol{x})\right]_{x=\boldsymbol{\Phi}^{-1}(z)}\\ &=\left[\frac{\partial\lambda}{\partial\boldsymbol{x}}f(\boldsymbol{x})\right]_{x=\boldsymbol{\Phi}^{-1}(z)}=[L_f\lambda(\boldsymbol{x})]_{x=\boldsymbol{\Phi}^{-1}(z)}\end{aligned}$$

$$\begin{aligned}L_{\bar g}L_{\bar f}\bar\lambda(z)&=\frac{\partial(L_{\bar f}\bar\lambda)}{\partial\boldsymbol{z}}\bar{\boldsymbol{g}}(\boldsymbol{z})=\left[\frac{\partial(L_{\bar f}\bar\lambda)}{\partial\boldsymbol{x}}\right]\left[\frac{\partial\boldsymbol{x}}{\partial\boldsymbol{z}}\right]\left[\frac{\partial\boldsymbol{\Phi}}{\partial\boldsymbol{x}}\boldsymbol{g}(\boldsymbol{x})\right]_{x=\boldsymbol{\Phi}^{-1}(z)}\\ &=\left[\frac{\partial(L_{\bar f}\bar\lambda)}{\partial\boldsymbol{x}}\boldsymbol{g}(\boldsymbol{x})\right]_{x=\boldsymbol{\Phi}^{-1}(z)}=[L_gL_f\lambda(\boldsymbol{x})]_{x=\boldsymbol{\Phi}^{-1}(z)}\end{aligned}$$

一般地

$$L_{\bar g}L_{\bar f}^{k}\bar\lambda(\boldsymbol{z})=\lfloor L_gL_f^k\lambda(\boldsymbol{x})\rfloor_{x=\boldsymbol{\Phi}^{-1}(z)}$$

因此，相对阶在坐标变换下是不变的。其次，考察相对阶在反馈变换下的不变性。令

$$u=\alpha(\boldsymbol{x})+\beta(\boldsymbol{x})v\quad \boldsymbol{x}\in U_0$$

则

$$\frac{\mathrm{d}\boldsymbol{x}}{\mathrm{d}t}=\boldsymbol{f}(\boldsymbol{x})+\boldsymbol{g}(\boldsymbol{x})u=\boldsymbol{f}(\boldsymbol{x})+\boldsymbol{g}(\boldsymbol{x})\alpha(\boldsymbol{x})+\boldsymbol{g}(\boldsymbol{x})\beta(\boldsymbol{x})v\overset{\text{def}}{=}\hat{\boldsymbol{f}}(\boldsymbol{x})+\hat{\boldsymbol{g}}(\boldsymbol{x})v$$

当相对阶为 $r>1$ 时，我们有

$$\begin{aligned}L_{\hat f}\lambda(\boldsymbol{x})&=L_{f+g\alpha}\lambda(\boldsymbol{x})=\frac{\partial\lambda}{\partial\boldsymbol{x}}\hat f(\boldsymbol{x})=\frac{\partial\lambda}{\partial\boldsymbol{x}}[f(\boldsymbol{x})+g(\boldsymbol{x})\alpha(\boldsymbol{x})]\\ &=L_f\lambda(\boldsymbol{x})+[L_g\lambda(\boldsymbol{x})]\alpha(\boldsymbol{x})=L_f\lambda(\boldsymbol{x})\end{aligned}$$

一般地，由数学归纳法可以证明，对 $1\leqslant k\leqslant r-1$

$$L_{f+g\alpha}^{k}\lambda(\boldsymbol{x})=L_f^k\lambda(\boldsymbol{x})$$

同理可以推得

$$\begin{aligned}L_{\hat g}L_{\hat f}^{k}\lambda(\boldsymbol{x})&=L_{g\beta}L_{f+g\alpha}^{k}\lambda(\boldsymbol{x})=L_{g\beta}L_f^k\lambda(\boldsymbol{x})\\ &=[L_gL_f^k\lambda(\boldsymbol{x})]\beta(\boldsymbol{x})=0\qquad 0\leqslant k<r-1\end{aligned}$$

$$L_{\hat{g}}L_{\hat{f}}^{r-1}\lambda(\boldsymbol{x}) = [L_g L_f^{r-1}\lambda(\boldsymbol{x})]\beta(\boldsymbol{x})$$

如果 $\beta(x_0)\neq 0$，则 $L_{\hat{g}}L_{\hat{f}}^{r-1}\lambda(\boldsymbol{x})\neq 0$。可见，相对阶 r 在反馈下也是不变的。

设在坐标变换 $\boldsymbol{z}=\boldsymbol{\Phi}(\boldsymbol{x})$ 及反馈 $u=\alpha(\boldsymbol{x})+\beta(\boldsymbol{x})v$ 下，原非线性系统式(3-7)化为线性可控的系统，即闭环系统

$$\frac{\mathrm{d}\boldsymbol{x}}{\mathrm{d}t} = \boldsymbol{f}(\boldsymbol{x}) + \boldsymbol{g}(\boldsymbol{x})u = \boldsymbol{f}(\boldsymbol{x}) + \boldsymbol{g}(\boldsymbol{x})\alpha(\boldsymbol{x}) + \boldsymbol{g}(\boldsymbol{x})\beta(\boldsymbol{x})v$$

在坐标变换 $\boldsymbol{z}=\boldsymbol{\Phi}(\boldsymbol{x})$ 下是线性且可控的，我们有

$$\frac{\mathrm{d}z}{\mathrm{d}t} = \frac{\partial \boldsymbol{\Phi}}{\partial \boldsymbol{x}}\frac{\mathrm{d}\boldsymbol{x}}{\mathrm{d}t} = \frac{\partial \boldsymbol{\Phi}}{\partial \boldsymbol{x}}[\boldsymbol{f}(\boldsymbol{x}) + \boldsymbol{g}(\boldsymbol{x})\alpha(\boldsymbol{x}) + \boldsymbol{g}(\boldsymbol{x})\beta(\boldsymbol{x})v] = \boldsymbol{A}\boldsymbol{z} + \boldsymbol{B}v$$

显然

$$\frac{\partial \boldsymbol{\Phi}}{\partial \boldsymbol{x}}[\boldsymbol{f}(\boldsymbol{x}) + \boldsymbol{g}(\boldsymbol{x})\alpha(\boldsymbol{x})]_{\boldsymbol{x}=\boldsymbol{\Phi}^{-1}(z)} = \boldsymbol{A}\boldsymbol{z}$$

$$\frac{\partial \boldsymbol{\Phi}}{\partial \boldsymbol{x}}[g(\boldsymbol{x})\beta(\boldsymbol{x})]_{\boldsymbol{x}=\boldsymbol{\Phi}^{-1}(z)} = \boldsymbol{B}$$

由于$(\boldsymbol{A},\boldsymbol{B})$是可控的，由线性系统理论可知，存在非奇异矩阵 $\boldsymbol{P}$ 及一个行向量 $\boldsymbol{K}$ 使得

$$\boldsymbol{P}(\boldsymbol{A}+\boldsymbol{B}\boldsymbol{K})\boldsymbol{P}^{-1} = \begin{bmatrix} 0 & 1 & 0 & \cdots & 0 \\ 0 & 0 & 1 & \cdots & 0 \\ \vdots & \vdots & \vdots & & \vdots \\ 0 & 0 & 0 & \cdots & 1 \\ 0 & 0 & 0 & \cdots & 0 \end{bmatrix} \quad \boldsymbol{P}\boldsymbol{B} = \begin{bmatrix} 0 \\ 0 \\ \vdots \\ 0 \\ 1 \end{bmatrix}$$

定义

$$\bar{z} = \boldsymbol{P}\boldsymbol{\Phi}(\boldsymbol{x}) = \bar{\boldsymbol{\Phi}}(\boldsymbol{x}), \quad \bar{\alpha}(\boldsymbol{x}) = \alpha(\boldsymbol{x}) + \beta(\boldsymbol{x})\boldsymbol{K}\boldsymbol{\Phi}(\boldsymbol{x})$$

则有

$$\frac{\partial \bar{\boldsymbol{\Phi}}}{\partial \boldsymbol{x}}[\boldsymbol{f}(\boldsymbol{x}) + \boldsymbol{g}(\boldsymbol{x})\bar{\alpha}(\boldsymbol{x})]_{\boldsymbol{x}=\bar{\boldsymbol{\Phi}}^{-1}(\bar{z})} = \boldsymbol{P}(\boldsymbol{A}+\boldsymbol{B}\boldsymbol{K})\boldsymbol{P}^{-1}\bar{\boldsymbol{z}} = \begin{bmatrix} 0 & 1 & 0 & \cdots & 0 \\ 0 & 0 & 1 & \cdots & 0 \\ \vdots & \vdots & \vdots & & \vdots \\ 0 & 0 & 0 & \cdots & 1 \\ 0 & 0 & 0 & \cdots & 0 \end{bmatrix}\bar{\boldsymbol{z}}$$

$$\frac{\partial \bar{\boldsymbol{\Phi}}}{\partial \boldsymbol{x}}[\boldsymbol{g}(\boldsymbol{x})\beta(\boldsymbol{x})]_{\boldsymbol{x}=\boldsymbol{\Phi}^{-1}(z)} = \boldsymbol{P}\boldsymbol{B} = \begin{bmatrix} 0 \\ \vdots \\ 0 \\ 1 \end{bmatrix}$$

定义输出函数

$$y = [1 \quad 0 \quad \cdots \quad 0]\bar{\boldsymbol{z}}$$

则线性系统具有相对阶 n。因为相对阶在坐标变换和反馈下是不变的，因此必要性得证。

□

以上我们讨论了仿射非线性系统的精确线性化问题，显然，通过反馈实现非线性

系统的精确线性化为我们分析及设计一类非线性系统提供了有力的工具，从理论上解决了这样一类非线性系统的设计问题。值得注意的是，对于具体的非线性系统，是否要通过反馈实现精确线性化要考虑实际的条件。下面通过一个简单的例子说明这一点。

例 3-6 考察一个标量系统

$$\frac{\mathrm{d}x}{\mathrm{d}t} = ax - bx^3 + u \quad a, b > 0$$

试讨论非线性反馈和线性反馈系统的特性。

解：显然可以取非线性反馈

$$u = -(k + a)x + bx^3 \quad k > 0$$

则闭环系统变为

$$\frac{\mathrm{d}x}{\mathrm{d}t} = -kx$$

实现了线性化，并且闭环系统是全局渐近稳定的。但是，如果我们仅仅取简单的线性反馈

$$u = -(k + a)x$$

则闭环系统变为

$$\frac{\mathrm{d}x}{\mathrm{d}t} = -kx - bx^3$$

此时，闭环系统不但是全局渐近稳定的，而且比非线性反馈所得到的线性系统具有更好的性能。事实上，$-bx^3$ 给系统提供了非线性阻尼，使得系统具有更快的衰减特性。因此，对于此系统，线性反馈的效果反而是更好的，并且线性反馈比非线性反馈更易于实现。 □

上述例子说明，在有些情况下，将非线性项完全消除可能是不明智的，因此，具体分析设计一个非线性控制系统时，应当充分了解对象的特性，以决定采取合适的控制方案。

3.3 非线性控制系统的渐近输出跟踪控制

3.3.1 基于反馈线性化的非线性系统渐近模型跟踪控制

对非线性系统，在许多情况下，我们希望系统的输出能够跟踪给定的曲线或函数。由于系统可能存在未知摄动的影响，所以我们要求只要系统的实际输出能够渐近地收敛到给定的参考相应 $y_R(t)$ 即可。一般地说，$y_R(t)$ 可视为由一个参考模型产生的输出，我们称这种情形为渐近模型跟踪控制。下面对这个问题进行简单的分析。考虑一个单输入单输出非线性系统

$$\begin{cases}\dfrac{\mathrm{d}\boldsymbol{x}}{\mathrm{d}t}=\boldsymbol{f}(\boldsymbol{x})+\boldsymbol{g}(\boldsymbol{x})u\\ y=h(\boldsymbol{x})\end{cases}\tag{3-18}$$

设其相对阶为 r,则系统的标准型可以写为

$$\frac{\mathrm{d}z_1}{\mathrm{d}t}=z_2,\quad \cdots,\quad \frac{\mathrm{d}z_{r-1}}{\mathrm{d}t}=z_r,\quad \frac{\mathrm{d}z_r}{\mathrm{d}t}=a(\boldsymbol{z})+b(\boldsymbol{z})u$$

$$\frac{\mathrm{d}z_{r+1}}{\mathrm{d}t}=q_1(\boldsymbol{z}),\quad \cdots,\quad \frac{\mathrm{d}z_n}{\mathrm{d}t}=q_{n-r}(\boldsymbol{z})$$

$$y=z_1$$

记 $\boldsymbol{z}_a=[z_1,z_2,\cdots,z_r]^{\mathrm{T}}$,$\boldsymbol{z}_b=[z_{r+1},\cdots,z_n]^{\mathrm{T}}$,可以将上述标准型记为

$$\frac{\mathrm{d}z_i}{\mathrm{d}t}=z_{i+1}\quad i=1,\cdots,r-1$$

$$\frac{\mathrm{d}z_r}{\mathrm{d}t}=a(\boldsymbol{z}_a,\boldsymbol{z}_b)+b(\boldsymbol{z}_a,\boldsymbol{z}_b)u$$

$$\frac{\mathrm{d}\boldsymbol{z}_b}{\mathrm{d}t}=q(\boldsymbol{z}_a,\boldsymbol{z}_b)$$

$$y=z_1\tag{3-19}$$

设有一个已知参考模型的输出信号 $y_{\mathrm{R}}(t)$为所设想的理想输出,我们的任务是决定反馈控制信号,使得实际输出 $y(t)$可以渐近跟踪参考输出。由于 $y_{\mathrm{R}}(t)$为参考模型的输出信号,故 $y_{\mathrm{R}}(t)$及其各阶导数 $y_{\mathrm{R}}^{(i)}(t)$均为已知。选择反馈控制信号为

$$u=\frac{1}{b(\boldsymbol{z}_a,\boldsymbol{z}_b)}\left[-a(\boldsymbol{z}_a,\boldsymbol{z}_b)+y_{\mathrm{R}}^{(r)}(t)-\sum_{i=1}^{r}c_{i-1}(z_i-y_{\mathrm{R}}^{(i-1)})\right]$$

其中,$c_0,\cdots,c_{r-1}$为待定常数。定义实际输出与参考输出之间的广义输出误差为

$$e(t)=y(t)-y_{\mathrm{R}}(t)$$

则有 $\mathrm{e}^{(i-1)}(t)=y^{(i-1)}(t)-y_{\mathrm{R}}^{(i-1)}(t)=z_i(t)-y_{\mathrm{R}}^{(i-1)}(t)$,故反馈信号又可以写为

$$u=\frac{1}{b(\boldsymbol{z}_a,\boldsymbol{z}_b)}\left[-a(\boldsymbol{z}_a,\boldsymbol{z}_b)+y_{\mathrm{R}}^{(r)}(t)-\sum_{i=1}^{r}c_{i-1}e^{(i-1)}\right]\tag{3-20}$$

代入式(3-19)中有

$$\begin{aligned}\frac{\mathrm{d}z_r}{\mathrm{d}t}&=a(\boldsymbol{z}_a,\boldsymbol{z}_b)+\left[-a(\boldsymbol{z}_a,\boldsymbol{z}_b)+y_{\mathrm{R}}^{(r)}(t)-\sum_{i=1}^{r}c_{i-1}e^{(i-1)}\right]\\&=y_{\mathrm{R}}^{(r)}(t)-\sum_{i=1}^{r}c_{i-1}e^{(i-1)}\end{aligned}$$

但是$\dfrac{\mathrm{d}z_r}{\mathrm{d}t}=y^{(r)}(t)$,故有

$$e^{(r)}+c_{r-1}e^{(r-1)}+\cdots+c_1e'+c_0e=0\tag{3-21}$$

由于 $c_0,\cdots,c_{r-1}$可以任意设置,因此,式(3-21)对应的微分方程的特征根可以任意配置。因此我们可以设置 $c_0,\cdots,c_{r-1}$使得所有特征根均位于复平面的左半开平面,即$\mathrm{Re}(s_i)<0$,甚至可以位于 $\mathrm{Re}(s_i)<\sigma_0$,这样可以使得误差以快于 $\mathrm{e}^{-\sigma_0 t}$的速率衰减,

系统的输出就可以渐近跟踪参考输出。

但是，以上讨论仅仅涉及了式(3-19)中前 r 个方程，而后 $n-r$ 个方程

$$\frac{\mathrm{d}\boldsymbol{z}_b}{\mathrm{d}t} = q(\boldsymbol{z}_a, \boldsymbol{z}_b) \tag{3-22}$$

的特性无法由反馈控制信号来决定，它们没有由输出体现其特性，是一种系统内部行为的状态变量。因此需要讨论在输出可以渐近跟踪参考输出时，其内部变量是否保持有界，只有内部变量保持有界，这种渐近输出跟踪才是有意义的。

首先看一种特殊情况，设 $y_{\mathrm{R}}(t)\equiv 0$，且当 $t\geqslant t_0$ 时，$y(t)\equiv 0$。因此，$\frac{\mathrm{d}z_1}{\mathrm{d}t}=y'(t)\equiv 0,\cdots,\frac{\mathrm{d}z_{r-1}}{\mathrm{d}t}\equiv 0$，即 $z_a(t)\equiv 0$。可见当 $y(t)\equiv 0$ 时，其 r 个状态 $\boldsymbol{z}_a(t)$ 也限制于恒为零的区域之中。并且输入 $u(t)$ 必满足下列方程

$$a(0,\boldsymbol{z}_b(t)) + b(0,\boldsymbol{z}_b(t))u(t) = 0 \tag{3-23}$$

即有

$$u(t) = -\frac{a(0,\boldsymbol{z}_b(t))}{b(0,\boldsymbol{z}_b(t))} \tag{3-24}$$

而 $z_b(t)$ 满足下列微分方程

$$\frac{\mathrm{d}\boldsymbol{z}_b}{\mathrm{d}t} = q(0,\boldsymbol{z}_b) \tag{3-25}$$

式(3-25)反映了当输入按式(3-24)选择使得输出 $y(t)$ 恒为零且 $\boldsymbol{z}_a(t)$ 也被限制于恒为零的区域时，其余系统变量 $\boldsymbol{z}_b(t)$ 的动态特性，它反映了系统的某些“内部”动态行为。它对于描述系统许多定性性质具有十分重要的意义，鉴于其重要性，我们称为系统的“零动态”。

显然，当 $y_{\mathrm{R}}(t)\equiv 0$ 时，为了保证 $\boldsymbol{z}_b(t)$ 有界，系统的零动态必须是渐近稳定的。这可以看作是式(3-22)有界的一个必要条件。

当 $y_{\mathrm{R}}(t)\neq 0$ 时，输入按式(3-20)选择时，记

$$\boldsymbol{z}_{a\mathrm{R}}(t) = [y_{\mathrm{R}}(t) \quad y'_{\mathrm{R}}(t) \quad \cdots \quad y_{\mathrm{R}}^{(r-1)}(t)]^{\mathrm{T}}$$
$$\Delta\boldsymbol{z}_a(t) = [e(t) \quad e'(t) \quad \cdots \quad e^{(r-1)}(t)]^{\mathrm{T}}$$

则 $\boldsymbol{z}_a(t)=\boldsymbol{z}_{a\mathrm{R}}(t)+\Delta\boldsymbol{z}_a(t)$，式(6-58)可以写为

$$\frac{\mathrm{d}\boldsymbol{z}_b}{\mathrm{d}t} = q(\boldsymbol{z}_{a\mathrm{R}} + \Delta\boldsymbol{z}_a, \boldsymbol{z}_b) \tag{3-26}$$

可以证明[31]，式(3-26)的有界性的充分条件如下。

定理 3-2 设 $z_{a\mathrm{R}}(t)$ 对所有 $t\geqslant 0$ 都有定义且有界，记方程

$$\frac{\mathrm{d}\boldsymbol{z}_b}{\mathrm{d}t} = \boldsymbol{q}(\boldsymbol{z}_{a\mathrm{R}}, \boldsymbol{z}_b) \tag{3-27}$$

的解为 $\boldsymbol{z}_{b\mathrm{R}}(t)$，$\boldsymbol{z}_{b\mathrm{R}}(0)=0$。设 $\boldsymbol{z}_{b\mathrm{R}}(t)$ 对所有 $t\geqslant 0$ 都有定义、有界，且一致渐近稳定，如果还有

$$s^r + c_{r-1}s^{r-1} + \cdots + c_1 s + c_0 = 0$$

的所有根都具有负实部，则对给定 $\varepsilon>0$，存在 $\delta>0$，使得当

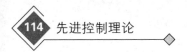

$$\| z_a(t_0) - z_{aR}(t_0) \| < \delta, \quad \| z_b(t_0) - z_{bR}(t_0) \| < \delta \quad t_0 \geqslant 0$$

就有

$$\| z_a(t) - z_{aR}(t) \| < \varepsilon, \quad \| z_b(t) - z_{bR}(t) \| < \varepsilon \quad \forall t \geqslant t_0 \geqslant 0$$

3.3.2 仿真实例

下面以三相电弧炉电极调节系统自适应控制系统[36-40]为例，采用基于反馈线性化的模型跟踪控制方案设计进行仿真。从工程应用的角度，我们可以把电弧炉主电路视为将电弧弧长映射为电弧电流的非线性静态环节。即有

$$\begin{cases} I_a = h_1(L_a, L_b, L_c) \\ I_b = h_2(L_a, L_b, L_c) \\ I_c = h_3(L_a, L_b, L_c) \end{cases} \tag{3-28}$$

其中，L_a, L_b, L_c 分别为三相电弧弧长；I_a, I_b, I_c 为三相电流。当固定其他两相弧长、仅让一相弧长变化时，弧长与电弧电流的相对关系如图 3-3 所示，其横坐标为 L/L_0，纵坐标为 I/I_0。当弧长为 L_0 时，对应的电弧电流为 I_0。所以图 3-3 是表示相对关系的无量纲曲线。电弧炉电极调节系统是一个复杂的系统，现实情况下弧长存在一定的干扰，由于三相电极各自有一个独立的电极调节系统，因此作为近似，一般仅考虑本相电弧弧长与电弧电流映射关系，而将其他相弧长变化对本相电流的影响看作是单相系统模型的摄动。在理想情况下对单相电弧炉调节器系统作进一步的化简之后，可得单相电机调节系统框图如图 3-4 所示，其中，u 是待定的控制信号，y 代表电弧电流输出，x 为电弧弧长。

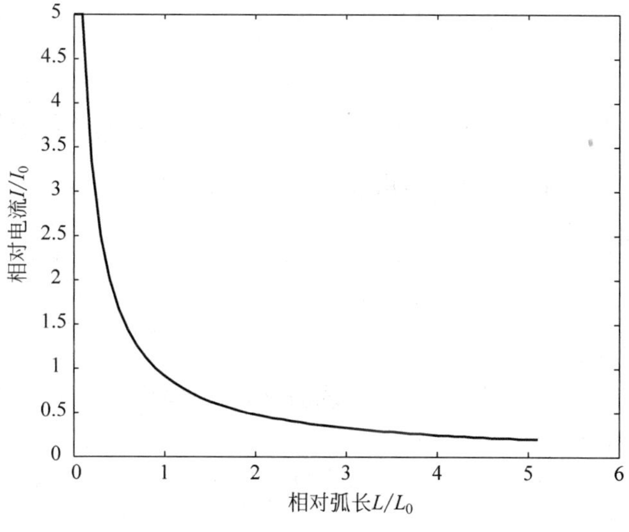

图 3-3 电弧弧长与电弧电流的相对关系

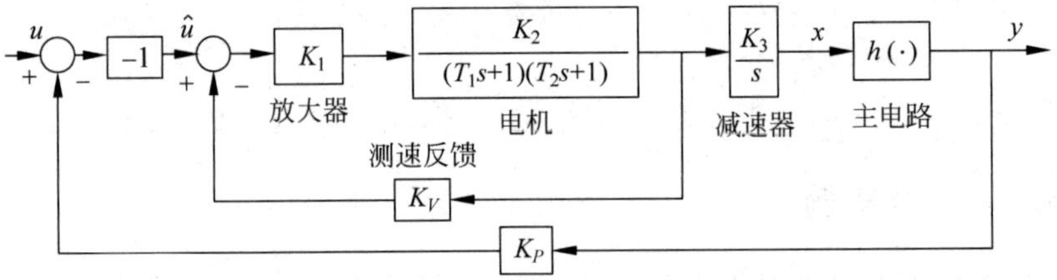

图 3-4 单相电弧炉电极调节系统的方框图

经简单推导可得系统微分方程

$$\frac{\mathrm{d}^3 x}{\mathrm{d}t^3}=\frac{-(T_1+T_2)}{T_1T_2}\frac{\mathrm{d}^2 x}{\mathrm{d}t^2}+\frac{-(1+K_1K_2K_V)}{T_1T_2}\frac{\mathrm{d}x}{\mathrm{d}t}+\frac{-K_1K_2K_3}{T_1T}[u-K_{\mathrm{P}}h(x)] \tag{3-29}$$

令 $x_1=x, x_2=\dot{x}, x_3=\ddot{x}$,

$$a_1=\frac{-(T_1+T_2)}{T_1T_2},\quad a_2=\frac{-(1+K_1K_2K_V)}{T_1T_2},\quad a_3=\frac{-K_1K_2K_3}{T_1T_2},$$

则有

$$\frac{\mathrm{d}x_1}{\mathrm{d}t}=x_2,\quad \frac{\mathrm{d}x_2}{\mathrm{d}t}=x_3,\quad \frac{\mathrm{d}x_3}{\mathrm{d}t}=a_1x_3+a_2x_2+a_3[u-K_{\mathrm{P}}h(x)]$$

所以系统可写为如下仿射系统的形式,即

$$\begin{cases}\dot{\boldsymbol{x}}=\boldsymbol{A}\boldsymbol{x}-\boldsymbol{B}K_{\mathrm{P}}h(x_1)+\boldsymbol{B}u\\ y=h(x_1)\end{cases} \tag{3-30}$$

其中 $\boldsymbol{A}=\begin{bmatrix}0&1&0\\0&0&1\\0&a_2&a_1\end{bmatrix}$, $\boldsymbol{B}=\begin{bmatrix}0\\0\\a_3\end{bmatrix}$, $\boldsymbol{x}=\begin{bmatrix}x_1\\x_2\\x_3\end{bmatrix}$。

由式(3-30)可知 $\boldsymbol{f}(\boldsymbol{x})=\boldsymbol{A}\boldsymbol{x}-\boldsymbol{B}K_{\mathrm{P}}h(x_1)$, $\boldsymbol{g}(\boldsymbol{x})=\boldsymbol{B}$。求系统的李导数可得 $L_gh=\begin{bmatrix}\frac{\partial^2 h}{\partial x_1^2}x_2 & \frac{\partial h}{\partial x_1} & 0\end{bmatrix}[0\quad 0\quad a_3]^{\mathrm{T}}=0$,由于

$$L_fh=\begin{bmatrix}\frac{\partial h}{\partial x_1} & 0 & 0\end{bmatrix}[x_2\quad x_3\quad a_2x_2+a_1x_3-a_3K_{\mathrm{P}}h(x_1)]^{\mathrm{T}}=\frac{\partial h}{\partial x_1}x_2$$

可得 $L_gL_fh=0, L_gL_f^2h=a_3\frac{\partial h}{\partial x_1}\neq 0$。

可以看出,系统的相对阶 $r=3$,与系统的阶数 n 相同。所以电弧炉电极调节系统可以精确反馈线性化。令

$$z_1=y(x)=h(x_1),\quad z_2=L_fh(x_1)=\frac{\partial h}{\partial x_1}x_2,\quad z_3=L_f^2h(x_1)=\frac{\partial^2 h}{\partial x_1^2}x_2^2+\frac{\partial h}{\partial x_1}x_3$$

$$\dot{z}_3=L_f^3h(x_1)+[L_gL_f^2h(x_1)]u$$

电弧炉电极调节系统的控制律可写为

$$u=\frac{1}{L_gL_f^2h(x_1)}(-L_f^3h(x_1)+v)$$

则

$$\begin{cases}\dot{z}_1=z_2\\ \dot{z}_2=z_3\\ \dot{z}_3=v\end{cases} \tag{3-31}$$

$$y=z_1$$

其中 v 为参考控制。上式可写为

$$\begin{cases}\dot{\boldsymbol{z}}=\boldsymbol{A}_1\boldsymbol{z}+\boldsymbol{B}_1v\\ y=\boldsymbol{Cz}\end{cases}$$

其中

$$\boldsymbol{A}_1=\begin{bmatrix}0&1&0\\0&0&1\\0&0&0\end{bmatrix},\quad \boldsymbol{B}_1=\begin{bmatrix}0\\0\\1\end{bmatrix},\quad \boldsymbol{C}=[1\quad 0\quad 0]$$

设其参考模型的理想输出为 y_{M}，我们的任务是决定参考控制信号，使得实际输出 $y(t)$ 可以渐近跟踪参考模型输出. 选择参考控制信号为

$$v=y_{\mathrm{M}}^{(3)}(t)-\sum_{i=1}^{3}c_{i-1}(z_i-y_{\mathrm{M}}^{(i-1)})$$

其中，c_0，c_1，c_2 为待定常数，定义实际输出与参考模型输出之间的广义输出误差为

$$e(t)=y(t)-y_{\mathrm{M}}(t)$$

则有 $e^{(i-1)}(t)=y^{(i-1)}(t)-y_{\mathrm{M}}^{(i-1)}(t)=z_{(i)}(t)-y_{\mathrm{M}}^{(i-1)}(t)$，所以参考控制信号又可以写作

$$v=y_{\mathrm{M}}^{(3)}(t)-\sum_{i=1}^{3}c_{i-1}e^{(i-1)}(t) \tag{3-32}$$

将式(3-32)带入式(3-31)中有 $\dot{z}_3=y_{\mathrm{M}}^{(3)}(t)-\sum_{i=1}^{3}c_{i-1}e^{(i-1)}(t)$，但是$\dot{z}_3=y^{(3)}(t)$，所以有

$$\dddot{e}+c_2\ddot{e}+c_1\dot{e}+c_0e=0 \tag{3-33}$$

由于 c_0，c_1，c_2 可以任意设置，因此，微分方程式(3-33)的特征根可以全部配置到复平面的左半开平面，即 $\mathrm{Re}(s_i)<0$，甚至可以位于 $\mathrm{Re}(s_i)<\sigma_0$，这样可以使得误差以快于 $\mathrm{e}^{-\sigma_0 t}$ 的速率衰减，系统的输出就可以渐近跟踪参考模型输出。

电弧炉电极调节系统中的参数值如下：$K_1=30.49$，$K_2=2.45$，$K_3=0.038$，$T_1+T_2=0.172$，$T_1T_2=0.000\,425$，$K_{\mathrm{V}}=0.05$，$K_{\mathrm{P}}=1$。

根据图 3-3 电弧长度与电流的关系，近似求得

$$h(L)=\frac{2.5}{1.25L+0.5}$$

设计时首先利用

$$u_1 = \frac{1}{L_g L_f^2 h}(-L_f^3 h + v)$$

将标称系统转化为线性系统，给定参考模型的三阶系统传函为

$$\frac{3000}{s^3 + 30s^2 + 450s + 3000}$$

据此得到 y_M。设计 v 确定式(3-33)中的参数 c_0, c_1, c_2，配置极点保证都在实轴左侧，经设计选中一组理想参数 c_0, c_1, c_2 值，$c_0 = 12\,000$，$c_1 = 1800$，$c_2 = 150$，最终配置极点分别为 -5，$-4-\mathrm{i}$，$-4+\mathrm{i}$。

为了较好地说明问题，我们将反馈线性化模型跟踪控制的控制效果与 PID 控制的控制效果进行对比，其中 PID 参数是在基于遗传算法选择出来的性能指标最佳的一组参数[41]。

当不存在弧长扰动时，给系统外加阶跃信号，仿真得出系统在反馈线性化鲁棒控制和 PID 控制下的响应曲线，如图 3-5(a)所示。

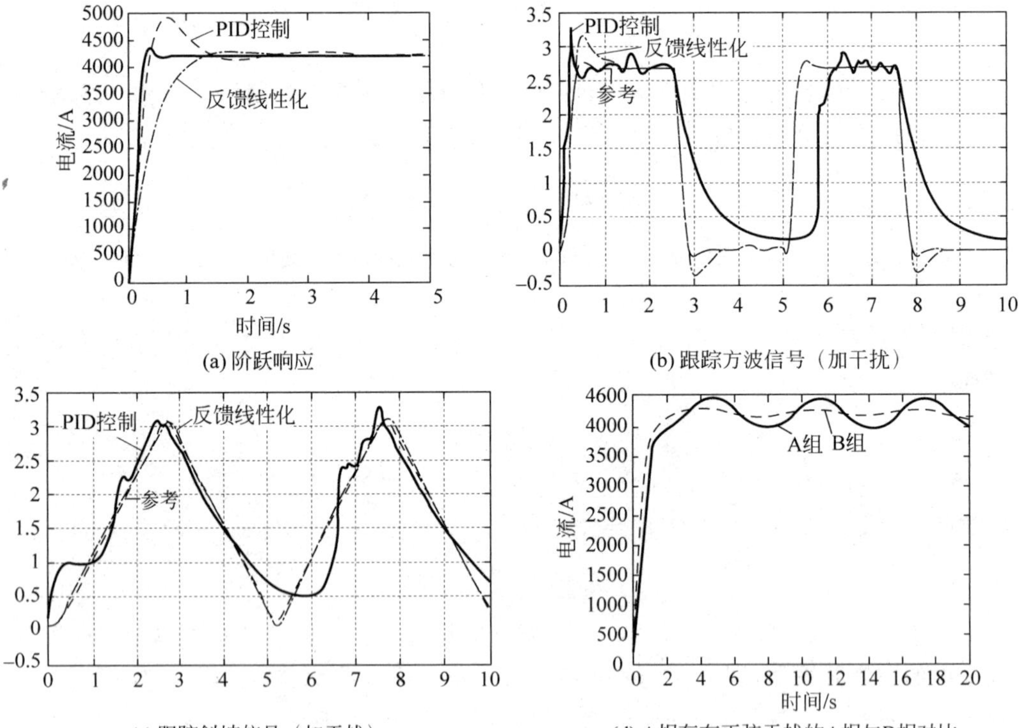

(a) 阶跃响应　(b) 跟踪方波信号（加干扰）

(c) 跟踪斜坡信号（加干扰）　(d) A相存在正弦干扰的A相与B相对比

图 3-5　反馈线性化控制与 PID 控制仿真结果对比

从图 3-5 中可以看出，采用反馈线性化控制控制调节时间略慢于 PID 控制调节时间，这是由于 PID 控制的控制信号是阶跃信号，而反馈线性化控制跟踪的是阶跃信号通过三阶参考模型的信号，存在一定的时间延迟。

当输入为幅值 2.7，周期 5s，脉冲宽度 50% 的方波信号，加入的干扰是频率为

10rad/s、幅值为 0.05 的正弦信号和能量为 0.001 35 的白噪声信号时，加上述实验的干扰时，仿真结果如图 3-5(b)所示。当输入为幅值 2.7，周期 5s 的三角波信号，加上述实验的干扰时，仿真结果如图 3-5(c)所示，可以看出反馈线性化方法在抑制干扰性能上远远优于 PID 控制方法。图 3-5(d)是 A 相弧长正弦波动时的 A 相和 B 相的仿真结果，其中，正弦频率为 1Hz，幅值为额定弧长的 30%。可以看出，A 相弧长的扰动对 B 相也会产生一定影响。

从以上仿真可以看出，基于反馈线性化模型跟踪算法可以获得更为良好的性能，为仿射非线性系统的控制提供了一个有力的工具，具有较为广阔的应用前景。

习题

3-1 试比较线性系统与非线性系统的主要区别。

3-2 试说明相对阶的意义。对于单输入单输出线性系统，相对阶反映了传递函数的何种特性？

3-3 说明对仿射非线性系统采用精确线性化方法进行模型跟踪控制的设计步骤。

3-4 什么是零动态？如何求非线性系统和线性系统的零动态？试举例说明。

3-5 试通过选择合适的控制函数 u 将如下非线性系统变换为一个线性可控系统，并设计状态反馈使其闭环系统的特征值居位于左半平面。

$$\begin{cases}\dfrac{\mathrm{d}x_1}{\mathrm{d}t}=x_2\\[2mm]\dfrac{\mathrm{d}x_2}{\mathrm{d}t}=-a\sin x_1-bx_2+cu\end{cases}$$

3-6 已知非线性系统状态方程为

$$\begin{cases}\dfrac{\mathrm{d}x_1}{\mathrm{d}t}=a(1-\cos x_2)\\[2mm]\dfrac{\mathrm{d}x_2}{\mathrm{d}t}=-x_1^2+u\end{cases}$$

试通过合适的非线性变换及选择合适的控制函数 u 将其变换为线性可控系统。

3-7 试求下列非线性系统的相对阶 r。

$$(1)\begin{cases}\dfrac{\mathrm{d}x_1}{\mathrm{d}t}=-x_1+x_2-x_3\\[2mm]\dfrac{\mathrm{d}x_2}{\mathrm{d}t}=-x_1x_3^2-x_2+u\\[2mm]\dfrac{\mathrm{d}x_3}{\mathrm{d}t}=-x_1+u\\[2mm]y=x_3\end{cases}$$

$$(2)\begin{cases}\dfrac{\mathrm{d}x_1}{\mathrm{d}t}=-x_1+x_2\\[2mm]\dfrac{\mathrm{d}x_2}{\mathrm{d}t}=3x_1^2x_2+x_2+u\\[2mm]y=-x_1^2+x_2\end{cases}$$

3-8　考虑一个直流电机系统，系统模型可用一个二阶系统表示

$$\begin{cases}\dfrac{\mathrm{d}x_1}{\mathrm{d}t}=-\theta_1x_1-\theta_2x_2+\theta_3\\[2mm]\dfrac{\mathrm{d}x_2}{\mathrm{d}t}=-\theta_4x_2+\theta_5x_1u\\[2mm]y=x_2\end{cases}$$

其中，x_1 为电枢电流；x_2 为电机角速度；$\theta_1\sim\theta_5$ 为正常数；u 为电机的控制输入。要求设计一个状态反馈控制器，使输出 y 渐近跟踪时变参考信号 $r(t)$，这里要求 $r(t)$ 和 $\dot{r}(t)$ 对于所有 $t>0$ 都连续且对于所有 t 有界。假设稳态工作区域限制为 $x_1>\dfrac{\theta_3}{2\theta_1}$。

(1) 证明系统的相对阶为 1；

(2) 采用反馈线性化方法，设计一个状态反馈控制，以实现渐近跟踪；

(3) 通过计算机仿真，研究当

$$r(t)=\begin{cases}100(1-\mathrm{e}^{-\tau t}) & t\geqslant 0\\ 0 & t<0\end{cases}$$

时，采用所设计的状态反馈控制器作用于系统，并通过调整控制参数及 τ 考察输出 y 渐近跟踪参考信号 $r(t)$ 的性能。

初始条件为：$x_1(0)=\dfrac{\theta_3}{\theta_1}$，$x_2(0)=0$；其参数所取数值为：$\theta_1=60$，$\theta_2=0.5$，$\theta_3=40$，$\theta_4=6$，$\theta_5=4\times10^4$。

第4章

模糊控制

1965 年美国加州大学自动控制系教授 L. A. Zadel 创立了模糊集合理论，奠定了模糊控制的基础。1974 年英国伦敦大学的 E. H. Mamdani 博士首先将模糊理论应用于锅炉和蒸汽机的控制，并在实验室内作了成功的实验，这不仅验证了模糊理论的有效性，也开创了模糊控制这一新的领域。在过去的几十年中，模糊控制是智能控制中的一个十分活跃的研究与应用领域。

模糊控制是建立在人工经验基础上的，对于一个熟练的操作人员，他往往凭借丰富的实践经验，采取适当的对策来巧妙地控制一个复杂过程。如果用模糊数学将其定量化，就转化为模糊控制算法，从而形成模糊控制理论。模糊控制是一种反映人类智慧的智能控制方法，它不依赖被控对象的精确数学模型，是以人对被控对象的控制经验为依据而设计的控制器，故它构造容易，易于被人们接受。模糊控制特别适合一些用传统控制方式难以解决的控制问题，如建模困难、多变量强耦合、高度非线性等。模糊控制具有鲁棒性强、易于掌握和操作、控制性能好的特点，因此受到了控制理论界和工程界的重视。

本章首先简要介绍模糊数学的基本理论，然后讨论模糊控制器的原理及其基本模糊控制器的设计方法，在此基础上，讲述几种改进的模糊控制器，最后介绍模糊控制与自适应控制相结合的模糊自适应控制。

4.1 模糊数学基础

4.1.1 模糊集合

在自然界和人类社会中的诸事万物都具有各种特征或属性，其中有些是严格而清晰的，但也有很多是模糊的，例如人的性别、年龄等特征都是清晰的，每一个人都有唯一确定的性别(男或女)、年龄(岁数)。但是人有一些特征就不能严格确定，如健康状况一般分为"好、比较好、良……"，至于什么样的身体属于好，什么样的属于良，很难确切地规定，即人类语言中的一些词汇是模糊的概念。模糊性在自然界和人类社会中是普遍存在的。而人类在解决问题时所使用的大量知识是经验性的，它们通常是用语言信息来描述的。语言信息通常具有模糊性，因此，如何描述模糊语言信息成为解决问题的关键。而模糊集合理论为人类提供了能充分利用语言信息的有效工具。

1. 特征函数和隶属函数

模糊集合理论是在普通集合理论的基础上发展起来的，在数学里经常用到普通集合，例如，集合 A 由 6 个离散值 1,2,3,4,5,6 组成，即

$$A=\{1,2,3,4,5,6\}$$

又如，集合 A 由所有正实数值组成，即

$$A=\{x,x\in R,0<x<+\infty\}$$

以上两个集合是普通集合，是完全不模糊的。对任意元素 x，只有两种可能：属于 A，不属于 A。这种特性可以用特征函数 $C_A(x)$ 来描述，即

$$C_A(x)=\begin{cases}1 & x\in A\\ 0 & x\notin A\end{cases} \tag{4-1}$$

为了表示模糊概念，需要引入模糊集合，模糊集合需要用隶属函数和隶属度来描述。隶属函数定义为

$$\mu_A(x)=\begin{cases}1 & x\in A\\ (0,\ 1) & x\in A \text{ 的程度}\\ 0 & x\notin A\end{cases} \tag{4-2}$$

式中，A 为模糊集合；$\mu_A(x)$ 表示元素 x 隶属于模糊集合 A 的程度，取值范围为 $[0,1]$，称 $\mu_A(x)$ 为模糊集合 A 的隶属度函数。

隶属函数将普通集合中特征函数的取值 $\{0,1\}$ 扩展到闭区间 $[0,1]$，即可用 0 到 1 之间的实数来表达某一元素属于模糊集合的程度。当对所有元素 x，$\mu_A(x)$ 仅等于 0 或 1 时，此模糊集合退化为普通集合，所以普通集合是模糊集合的特例，模糊集合是普通集合的推广。

2. 模糊集合的表示

(1) 列举法

模糊集合 A 由离散元素构成,表示为

$$A=\frac{\mu_A(x_1)}{x_1}+\frac{\mu_A(x_2)}{x_2}+\cdots+\frac{\mu_A(x_i)}{x_i}+\cdots \tag{4-3}$$

或

$$A=\{(x_1,\mu_A(x_1)),(x_2,\mu_A(x_2)),\cdots,(x_i,\mu_A(x_i)),\cdots\} \tag{4-4}$$

式中,$\mu_A(x_i)/x_i$ 并不表示分数,而表示论域中元素 x_i 与其隶属度之间的关系,“+”也不是求和,而是一种符号,表示模糊集合 A 是由各项汇总而组成。

(2) 向量表示法

$$A=\{\mu_A(x_1),\mu_A(x_2),\cdots,\mu_A(x_i),\cdots\} \tag{4-5}$$

按元素隶属度的次序排列,且隶属度为零的项不能省略。

(3) 隶属度表示法

模糊集合 A 由连续元素构成,各元素的隶属度就构成了隶属度函数 $\mu_A(x)$,此时 A 表示为

$$A=\int\mu_A(x)/x \tag{4-6}$$

式中,$\int$ 不代表数学意义上的积分,是模糊集合的一种表示,表示“构成”或“属于”。

例 4-1 设论域 $U=\{x_1,x_2,x_3\}$,其中元素 x_1,x_2,x_3 分别表示同学张三、李四、王五,设三个人学习成绩总平分是张三得 96 分,李四得 90 分,王五得 87 分,用“学习好”作评语。

若选普通集合 A 代表“学习好”,选取特征函数为

$$C_A(x_i)=\begin{cases}1, & 学习好\in A\\ 0, & 学习差\in A\end{cases} \tag{4-7}$$

此时 $C_A(x_1)=1,C_A(x_2)=1,C_A(x_3)=1$。这样用普通集合只能反映出他们三人都属于学习好集合,并没有反映出他们之间的差别。而如果用模糊集合 A 表示“学习好”,选取[0,1]区间上的隶属度来表示他们属于模糊集合 A 的程度,就能反映出三人的差别。

令隶属度函数为 $\mu_A(x_i)=\frac{x_i}{100}$,$i=1, 2, 3$,则 $\mu_A(x_1)=0.96$,$\mu_A(x_2)=0.90$,$\mu_A(x_3)=0.87$,这意味着张三、李四、王五隶属于“学习好”这个模糊集合 A 的程度分别为 0.96,0.9,0.87。用模糊集合 A 可表示为

$$A=\{0.96, 0.9, 0.86\}$$

□

例 4-2 以年龄为论域,取 $x=[0, 100]$,设模糊集合 Y 为年轻,则其隶属函数为

$$\mu_Y(x)=\begin{cases}1.0 & 0\leqslant x\leqslant 25\\ \left[1+\left(\frac{x-25}{5}\right)^2\right]^{-1} & 25<x\leqslant 100\end{cases}$$

画出该隶属函数曲线。

解：该隶属函数曲线如图 4-1 所示。 □

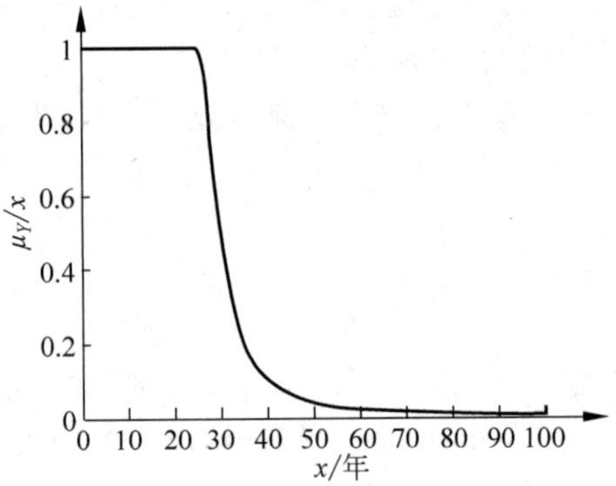

图 4-1 “年轻”的隶属函数曲线

3. 模糊集合的运算

1) 模糊集合的基本运算

两个模糊集合之间的运算实际上就是逐点对隶属度进行相应的运算。

(1) 空集

模糊集合 A 中所有元素的隶属度值为零，则为空集 $\varnothing$，模糊集合的空集为普通集合。

$$A=\varnothing \Leftrightarrow \mu_A(x)=0$$

(2) 全集

模糊集合 A 中所有元素的隶属度值为 1，则为全集 E，模糊集合的全集为普通集合。

$$A=E \Leftrightarrow \mu_A(x)=1$$

(3) 补集

若 $\overline{A}$ 为模糊集合的补集，则

$$\overline{A} \Leftrightarrow \mu_{\overline{A}}(x)=1-\mu_A(x)$$

(4) 并集

若 C 为 A 和 B 的并集，则 $C=A\cup B$

通常为

$$A\cup B \Leftrightarrow \mu_{A\cup B}(x)=\mu_A(x)\vee\mu_B(x)=\max(\mu_A(x),\mu_B(x))$$

(5) 交集

若 C 为 A 和 B 的交集，则 $C=A\cap B$

通常为

$$A\cap B \Leftrightarrow \mu_{A\cap B}(x)=\mu_A(x)\wedge\mu_B(x)=\min(\mu_A(x),\mu_B(x))$$

2) 模糊算子

模糊集合的并、交逻辑运算采用隶属函数的取大、取小运算是目前最常用的方法。但还有其他公式，这些公式统称为模糊算子。常用的模糊算子如下：

(1) 交运算算子，令 $C=A\cap B$，有 3 种模糊算子

模糊交算子

$$\mu_C(x)=\min(\mu_A(x),\mu_B(x))$$

代数积算子

$$\mu_C(x)=\mu_A(x)\cdot\mu_B(x)$$

有界积算子

$$\mu_C(x)=\max(0,\mu_A(x)+\mu_B(x)-1)$$

（2）并运算算子，令 $C=A\cup B$，有 3 种模糊算子

模糊并算子

$$\mu_C(x)=\max(\mu_A(x),\mu_B(x))$$

概率或算子

$$\mu_C(x)=\mu_A(x)+\mu_B(x)-\mu_A(x)\cdot\mu_B(x)$$

有界和算子

$$\mu_C(x)=\min(1,\mu_A(x)+\mu_B(x))$$

4. 隶属函数

隶属函数很好地描述了事物的模糊性，所以模糊集合用隶属函数来描述。正确确定隶属函数是运用模糊逻辑解决实际问题的基础。通常用模糊统计法、主观经验法和神经网络法确定隶属函数。常用的隶属函数主要有以下几种。

（1）高斯型隶属函数

$$\mu_A(x)=\mathrm{e}^{-\left(\frac{x-c}{\sigma}\right)^2}$$

式中，通常参数 $\sigma>0$，c 为高斯曲线的中心。在软件 MATLAB 中该隶属函数可表示为 $gaussmf(x,[\sigma,c])$。

（2）三角形隶属函数

$$\mu_A(x)=\begin{cases}0 & x\leqslant a\\ \dfrac{x-a}{b-a} & a\leqslant x\leqslant b\\ \dfrac{c-x}{c-b} & b\leqslant x\leqslant c\\ 0 & x\geqslant c\end{cases}$$

式中，参数 a 和 c 确定三角形的"脚"，参数 b 确定三角形的"峰"。在软件 MATLAB 中该隶属函数可表示为 $trimf(x,[a,b,c])$。

（3）梯形隶属函数

$$\mu_A(x)=\begin{cases}0 & x\leqslant a\\ \dfrac{x-a}{b-a} & a\leqslant x\leqslant b\\ 1 & b\leqslant x\leqslant c\\ \dfrac{d-x}{d-c} & c\leqslant x\leqslant d\\ 0 & x\geqslant d\end{cases}$$

式中，参数 a 和 d 确定梯形的"脚"，参数 b 和 c 确定梯形的"肩膀"。在软件 MATLAB 中该隶属函数可表示为 $trapmf(x,[a,b,c,d])$。

4.1.2 模糊关系与模糊推理

模糊关系在模糊集合论中占有重要的地位，而当论域元素为有限时，模糊关系可

以用模糊矩阵来表示。模糊推理正是建立在模糊关系的基础上。

1. 模糊关系与模糊矩阵

1）模糊关系

模糊关系是普通关系的推广，普通关系是描述元素之间是否有关联，而模糊关系则是描述元素之间关联程度的多少，普通关系亦可看做是模糊关系的特例。

设 X,Y 是两个非空集合，则直积 $X\times Y=\{(x,y)\mid x\in X,y\in Y\}$ 中的一个模糊子集 $\widetilde{R}$ 称为从 X 到 Y 的一个模糊关系，模糊关系 $\widetilde{R}$ 由隶属函数 $\mu_{\widetilde{R}}$ 来描述，序偶 (x,y) 的隶属度为 $\mu_{\widetilde{R}}(x,y)$，其大小表明了序偶 (x,y) 具有关系 $\widetilde{R}$ 的程度。

上述定义的模糊关系称为二元模糊关系，当 $X=Y$ 时，称为 X 上的模糊关系 $\widetilde{R}$。当论域 X,Y 都是有限集时，模糊关系 $\widetilde{R}$ 可以用模糊矩阵 R 表示。设 $X=\{x_1,x_2,\cdots,x_n\}$，$Y=\{y_1,y_2,\cdots,y_n\}$，模糊矩阵 R 的元素 r_{ij} 表示论域 X 中第 i 个元素 x_i 与论域 Y 中的第 j 个元素 y_j 对于模糊关系 $\widetilde{R}$ 的隶属程度，即 $r_{ij}=\mu_{\widetilde{R}}(x_i,y_j)$。

2）模糊矩阵

设有 n 阶模糊矩阵 $\boldsymbol{A}$ 和 $\boldsymbol{B}$，$\boldsymbol{A}=(a_{ij})$，$\boldsymbol{B}=(b_{ij})$，且 $i,j=1,2,\cdots,n$，则模糊矩阵几种运算如下：

(1) 并运算

若 $c_{ij}=a_{ij}\vee b_{ij}$，则 $\boldsymbol{C}=(c_{ij})$ 为 $\boldsymbol{A}$ 和 $\boldsymbol{B}$ 的并，记为 $\boldsymbol{C}=\boldsymbol{A}\cup\boldsymbol{B}$。

(2) 交运算

若 $c_{ij}=a_{ij}\wedge b_{ij}$，则 $\boldsymbol{C}=(c_{ij})$ 为 $\boldsymbol{A}$ 和 $\boldsymbol{B}$ 的交，记为 $\boldsymbol{C}=\boldsymbol{A}\cap\boldsymbol{B}$。

(3) 补运算

若 $c_{ij}=1-a_{ij}$，则 $\boldsymbol{C}=(c_{ij})$ 为 $\boldsymbol{A}$ 的补，记为 $\boldsymbol{C}=\bar{\boldsymbol{A}}$。

(4) 合成运算

若 $c_{ij}=\bigvee\limits_{k}\{a_{ik}\wedge b_{kj}\}$，则 $\boldsymbol{C}=(c_{ij})$ 为 $\boldsymbol{A}$ 和 $\boldsymbol{B}$ 的合成运算，记为 $\boldsymbol{C}=\boldsymbol{A}\circ\boldsymbol{B}$。

设上式中矩阵 $\boldsymbol{A}$ 是 $x\times y$ 上的模糊关系，矩阵 $\boldsymbol{B}$ 是 $y\times z$ 上的模糊关系，模糊矩阵 $\boldsymbol{A}$ 与 $\boldsymbol{B}$ 的合成是指，根据第一个集合 x 和第二个集合 y 之间的模糊关系 $\boldsymbol{A}$ 与第二个集合 y 和第三个集合 z 之间的模糊关系 $\boldsymbol{B}$，进而得到第一个集合 x 和第三个集合 z 之间模糊关系 $\boldsymbol{C}$ 的运算形式。模糊矩阵的合成类似于普通矩阵的乘积，将乘积运算换成"取小"，将加运算换成"取大"即可。

例 4-3 设两模糊矩阵 $\boldsymbol{P}=\begin{bmatrix}0.6 & 0.9\\0.2 & 0.7\end{bmatrix}$，$\boldsymbol{Q}=\begin{bmatrix}0.5 & 0.7\\0.1 & 0.4\end{bmatrix}$，求 $\boldsymbol{P}\cup\boldsymbol{Q}$，$\boldsymbol{P}\cap\boldsymbol{Q}$，$\bar{\boldsymbol{P}}$，$\boldsymbol{P}\circ\boldsymbol{Q}$。

解：

$$\boldsymbol{P}\cup\boldsymbol{Q}=\begin{bmatrix}0.6\vee 0.5 & 0.9\vee 0.7\\0.2\vee 0.1 & 0.7\vee 0.4\end{bmatrix}=\begin{bmatrix}0.6 & 0.9\\0.2 & 0.7\end{bmatrix}$$

$$\boldsymbol{P}\cap\boldsymbol{Q}=\begin{bmatrix}0.6\wedge 0.5 & 0.9\wedge 0.7\\0.2\wedge 0.1 & 0.7\wedge 0.4\end{bmatrix}=\begin{bmatrix}0.5 & 0.7\\0.1 & 0.4\end{bmatrix}$$

$$\bar{P}=\begin{bmatrix}1-0.6 & 1-0.9\\ 1-0.2 & 1-0.7\end{bmatrix}=\begin{bmatrix}0.4 & 0.1\\ 0.8 & 0.3\end{bmatrix}$$

$$P\circ Q=\begin{bmatrix}(0.6\wedge 0.5)\vee(0.9\wedge 0.1) & (0.6\wedge 0.7)\vee(0.9\wedge 0.4)\\ (0.2\wedge 0.5)\vee(0.7\wedge 0.1) & (0.2\wedge 0.7)\vee(0.7\wedge 0.4)\end{bmatrix}$$

$$=\begin{bmatrix}0.5\vee 0.1 & 0.6\vee 0.4\\ 0.2\vee 0.1 & 0.2\vee 0.4\end{bmatrix}=\begin{bmatrix}0.5 & 0.6\\ 0.2 & 0.4\end{bmatrix}$$ □

2. 模糊推理

含有模糊概念的语法规则所构成的语句称为模糊语句。常用的模糊推理语句有以下几种形式。

1）简单模糊推理语句

简单模糊推理语句形式为“若 x 是 a，则 y 是 b”，其中 x，y 均为语言变量，a，b 分别为语言变量的值。可用模糊命题，A 表示“x 是 a”，B 表示“y 是 b”，A 和 B 为不同论域上的模糊集合，则简单模糊条件语句可表示为

“若 A 则 B” 或 “if A then B”

其中语句的“若……”部分称为前件(或条件部分)，“则……”部分称为后件(或结论部分)。具有“x 是 a”形式的语句称模糊判断句，其中 x 为语言变量，a 为该语言变量的一个值。

2）多重简单模糊推理语句

由多个简单模糊推理语句并列组成的语句叫多重条件模糊推理语句，其句型为

“若 A 则 B，否则 C” 或 “if A then B，else C”

3）多维模糊推理语句

多维模糊推理语句形式为“若 x_1 是 a_1 且 x_2 是 a_2，…，且 x_n 是 a_n，则 y 是 b”，其中“x_1 是 a_1”，…，“x_n 是 a_n”，“y 是 b”均为模糊判断句。在模糊控制中，应用最多的是一类二维模糊推理语句，一般用 A 表示偏差，B 表示偏差变化率，C 表示控制量，语句形式为

“若 A 且 B 则 C” 或 “if A and B then C”

下面以这类二维模糊推理语句为例进行分析与推导。

设 A，B，C 分别为论域 X，Y，Z 上的模糊集合，模糊推理语句“If A and B then C”蕴涵的三元模糊关系为

$$R=(A\times B)^{T_1}\times C \tag{4-8}$$

式中，$(A\times B)^{T_1}$ 为模糊关系矩阵 $(A\times B)_{m\times n}$ 构成的 $m\times n$ 列向量；T_1 为列向量转换；m 和 n 分别为 A 和 B 论域元素的个数。

根据模糊推理规则，基于模糊关系 R，若给定 A_1 和 B_1，则可求出对应输出 C_1

$$C_1=(A_1\times B_1)^{T_2}\circ R \tag{4-9}$$

式中，$(A_1\times B_1)^{T_2}$ 为模糊关系矩阵 $(A_1\times B_1)_{m\times n}$ 构成的 $m\times n$ 行向量；T_2 为行向量转换。

例 4-4 设论域 $X=\{a_1,a_2\}$，$Y=\{b_1,b_2,b_3\}$，$Z=\{c_1,c_2\}$，已知 $A=\frac{1}{x_1}+\frac{0.5}{x_2}$，$B=\frac{0.1}{y_1}+\frac{0.5}{y_2}+\frac{1}{y_3}$，$C=\frac{0.2}{z_1}+\frac{1}{z_2}$。试确定"If A and B then C"所决定的模糊关系 R，以及输入为 $A_1=\frac{0.8}{x_1}+\frac{0.1}{x_2}$，$B_1=\frac{0.5}{y_1}+\frac{0.2}{y_2}+\frac{0}{y_3}$时的输出 C_1。

解：

$$A\times B=\begin{bmatrix}1\\0.5\end{bmatrix}\times\begin{bmatrix}0.1 & 0.5 & 1\end{bmatrix}=\begin{bmatrix}0.1 & 0.5 & 1\\0.1 & 0.5 & 0.5\end{bmatrix}$$

$$R=(A\times B)^{T_1}\times C=\begin{bmatrix}0.1\\0.5\\1\\0.1\\0.5\\0.5\end{bmatrix}\times\begin{bmatrix}0.2 & 1\end{bmatrix}=\begin{bmatrix}0.1 & 0.1\\0.2 & 0.5\\0.2 & 1\\0.1 & 0.1\\0.2 & 0.5\\0.2 & 0.5\end{bmatrix}$$

当输入为 A_1 和 B_1 时，

$$A_1\times B_1=\begin{bmatrix}0.8\\0.1\end{bmatrix}\times\begin{bmatrix}0.5 & 0.2 & 0\end{bmatrix}=\begin{bmatrix}0.5 & 0.2 & 0\\0.1 & 0.1 & 0\end{bmatrix}$$

$$C_1=(A_1\times B_1)^{T_2}\circ R=\begin{bmatrix}0.5 & 0.2 & 0 & 0.1 & 0.1 & 0\end{bmatrix}\circ\begin{bmatrix}0.1 & 0.1\\0.2 & 0.5\\0.2 & 1\\0.1 & 0.1\\0.2 & 0.5\\0.2 & 0.5\end{bmatrix}$$

$$=\begin{bmatrix}0.2 & 0.2\end{bmatrix}$$

□

4.2 模糊控制基本原理

4.2.1 模糊控制器的基本结构

模糊控制是以模糊集理论、模糊语言变量和模糊逻辑推理为基础的一种智能控制方法。它模仿人的模糊推理与决策的行为。模糊控制属于一种语言控制，为实现模糊控制，语言变量的概念可作为描述人的手动控制策略的基础，在此基础上构成模糊控制器。在模糊控制中，模糊控制器的作用在于通过计算机根据由精确量转化来的模糊输入信息，按照总结操作人员或专家经验取得的语言控制规则进行模糊推理，给出模糊输出判决，并再将其转化为精确量，作为施加到被控对象（或过程）的控制量。这反映人们在对被控过程进行控制中，不断将观察到的过程输出的精确量转化为模糊量，经过人脑的思维与逻辑推理取得模糊判决后，再将判决的模糊量转化为精确量，去实现手动控制的整个过程。可见，模糊控制是模拟人的一种智能控制，它反映人们在对被控过程进行控制中，不断将观察到的过程输出的精确量转化为模糊量，经过人脑的思维与逻辑推理取得模糊判决后，再将判决的模糊量转化为精确量，去实现手动控制的整个过程。因而模糊控制器体现了模糊集合理论、语言变量及模糊推理在不具有数学模型的条件下，而控制策略只有以语言形式定性描述的复杂被控过程中的有效应用。在模糊控制系统中，根据输入变量和输出变量的个数，可分为单变量模糊控制和多变量模糊控制。

1. 单变量模糊控制器

在单变量模糊控制器中，为了获得被控对象更多信息，通常还要取输入变量的导数作为模糊控制器的输入量，故单变量模糊控制器可分为三种，如图 4-2 所示。

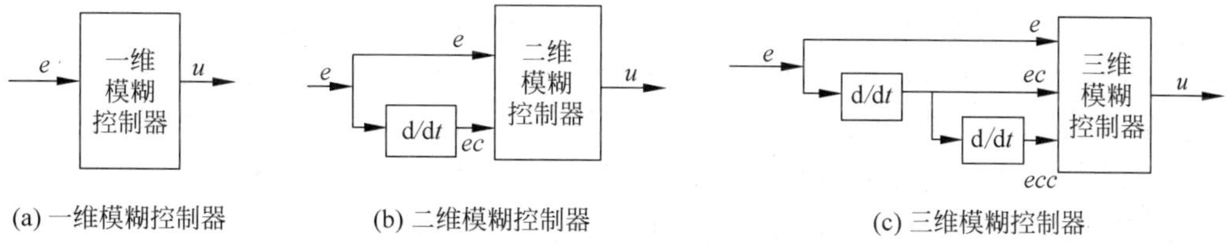

图 4-2 单变量模糊控制器

（1）一维模糊控制器

如图 4-2(a)所示，一维模糊控制器的输入变量常常选择为被控量与期望值的偏差 e。因只采用偏差值，很难反映被控对象的动态特性品质，故通常所获得的系统动态性能是很难令人满意的。这种一维模糊控制器一般被用于一阶被控对象。

（2）二维模糊控制器

如图 4-2(b)所示，二维模糊控制器的两个输入变量通常选择为被控量与期望值的偏差 e 和偏差变化率 ec，因 e 和 ec 能够较多地反映被控对象的输出量的动态特性，故在控制效果上要比一维控制器好得多，是目前应用最多的一类模糊控制器。

（3）三维模糊控制器

如图 4-2(c)所示，三维模糊控制器的三个输入变量通常选择为被控量与期望值的偏差 e、偏差变化率 ec 和偏差变化的变化率 ecc。因这种模糊控制器结构较复杂，推理运算时间长，故除对动态特性的要求特别高的情况之外，一般较少选用三维模糊控制器。

从理论上讲，模糊控制系统所选用的模糊控制器维数越高，系统的控制精度也就越高。但是维数选择越高，模糊控制律就越复杂，基于模糊合成推理的控制算法的计算机实现也就越困难，故人们在设计模糊控制系统时通常选用二维模糊控制器。

2. 多变量模糊控制器

多变量模糊控制器的输入量和输出量都是多个变量，其结构如图 4-3 所示。要直接设计一个多变量模糊控制器是相当困难的，可利用模糊控制器本身的解耦特点，通过模糊关系方程求解，在控制器结构上实现解耦，即将一个多输入多输出的模糊控制器，分解成若干个多输入单输出的模糊控制器，这样就可采用单变量模糊控制方法进行设计。

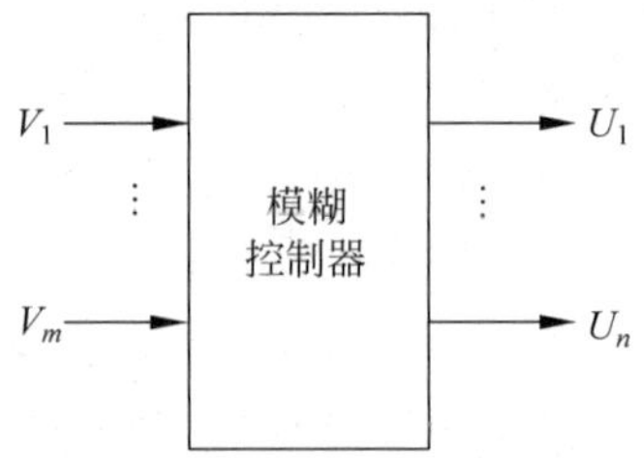

图 4-3　多变量模糊控制器

二维模糊控制器是目前应用最多的一类模糊控制器，故以二维模糊控制器为例，介绍模糊控制器的内部结构及其设计过程。模糊控制器主要由三部分组成，模糊控制系统结构方框图如图 4-4 所示，图中，r 是系统的输入(精确量)；e 和 ec 分别为系统误差与误差变化率(精确量)；$\widetilde{E}$和$\widetilde{EC}$ 分别为反映系统误差与误差变化率的语言变量的模糊量；u 为模糊控制器输出的控制量(精确量)，y 为系统输出(精确量)。图中虚线框中的部分为模糊控制器，由图中可看出设计模糊控制器需要完成三部分工作：①精确量的模糊化，既将精确量转换为模糊量；②模糊控制算法的设计，通过一组模糊条件语句构成模糊控制规则，并计算模糊控制规则决定的模糊关系；③输出信息的模糊判决，完成由模糊量到精确量的转化。下面将分三小节详细阐述模糊控制器的设计过程。

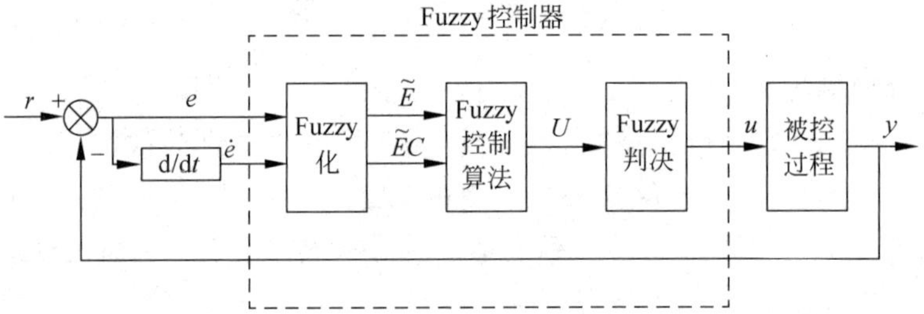

图 4-4　模糊控制系统结构方框图

4.2.2　精确量的模糊化

模糊控制器的输入语言变量在通常情况下取被控量与期望值的误差 e 及其变化率 ec，误差 e 及其变化率 ec 的实际变化范围，称为误差及其变化率语言变量的基本论域，分别记为$[-e_{\max},e_{\max}]$及$[-ec_{\max},ec_{\max}]$。

设误差所取的模糊集合的论域为 $X=\{-n,-n+1,\cdots,0,\cdots,n-1,n\}$，其中 n 为在 $0\sim e_{\max}$范围内的误差量化后分成的档数，一般常取 $n=6$ 或 7。可通过量化因子进行论域变换，量化因子的定义如下：

$$k_e=\frac{n}{e_{\max}} \tag{4-10}$$

定义量化因子 k_e 后，系统的任意误差 e_i 都可以量化为论域 X 上的某一个元素：

(1) 当 $l \leqslant k_e e_i \leqslant l+1$(其中 $l<n$)时，如果 $l \leqslant k_e e_i < l+\frac{1}{2}$，则将 e_i 量化为 l；如果 $l+\frac{1}{2} \leqslant k_e e_i < l+1$，则将 e_i 量化为 $l+1$。

(2) 当 $|k_e e_i|>n$ 时，如果 $k_e e_i<-n$，则将 e_i 量化为 $-n$；如果 $k_e e_i>n$，则将 e_i 量化为 n。

同理，对于误差变化率的基本论域 $[-ec_{\max}, ec_{\max}]$，若设定论域 $Y=\{-n,-n+1,\cdots,0,\cdots,n-1,n\}$ 的量化档数为 n，则误差变化率的量化因子亦可定义为

$$k_{ec}=\frac{n}{ec_{\max}} \tag{4-11}$$

对于模糊控制器输出的控制量 u，定义比例因子 k_u 为

$$k_u=\frac{u_{\max}}{n} \tag{4-12}$$

其中，控制量 u 的基本论域为 $[-u_{\max}, u_{\max}]$，n 为量化档数。由式(4-12)可见，比例因子 k_u 与量化档数 n 之积即是实际加到被控对象上的控制量 u。如果比例因子 k_u 取得过大，则会造成被控过程阻尼程度的下降；反之，取得过小，则将导致被控过程的响应时间加长。

通常对于误差、误差变化率和控制量等模糊变量，常选用正大(PB)、正中(PM)、正小(PS)、零(Z)、负小(NS)、负中(NM)、负大(NB)等 7 个模糊集合来描述。有时将零分成正零(PZ)与负零(NZ)两个值，这样就构成了 8 个模糊集合。每个模糊集合都可用其隶属函数来描述，根据人们对事物的判断往往采用正态分布的思维特点，通常选用正态函数做隶属函数。

在选定模糊控制器的语言变量(如误差 $\widetilde{E}$、误差变化率 $\widetilde{EC}$ 和控制量 u)及其所取的语言值(如模糊集合 PB,PM,…,NB)，并确定了各个模糊集合的隶属函数之后，可分别为语言变量建立用以说明各语言值从属于各自论域程度的赋值表，如表 4-1 所示。

表 4-1 语言变量 $\widetilde{E}$ 的赋值表

$\widetilde{E}$ \ X	−6	−5	−4	−3	−2	−1	0	1	2	3	4	5	6
NB	1	0.8	0.4	0.1	0	0	0	0	0	0	0	0	0
NM	0.2	0.7	1	0.7	0.2	0	0	0	0	0	0	0	0
NS	0	0	0.1	0.5	1	0.5	0.1	0	0	0	0	0	0
N0	0	0	0	0	0.1	0.6	1	0	0	0	0	0	0
P0	0	0	0	0	0	0	1	0.6	0.1	0	0	0	0
PS	0	0	0	0	0	0	0.1	0.5	1	0.5	0.1	0	0
PM	0	0	0	0	0	0	0	0	0.2	0.7	1	0.7	0.2
PB	0	0	0	0	0	0	0	0	0	0.1	0.4	0.8	1

基于模糊变量的赋值表，可方便地实现精确量的模糊化。例如，已知某精确量为误差 e_i，并已知量化因子 k_e，可先求取 e_i 的量化等级 $n_i=k_e e_i$，然后查找语言变量 E 的赋值表，找出在元素 n_i 上与最大隶属度对应的语言值所决定的模糊集合。该模糊集合即代表模糊化后的精确量。例如，根据系统实际误差测量值 e_i（精确量），由 $k_e e_i$ 计算出量化等级 $n_i=2$，查语言变量 E 赋值表 4-1，在 2 级上的隶属度 0，0.1，0.2，1 中间求取与最大隶属度 1 对应的模糊集合 PS 为

$$PS = [0 \quad 0 \quad 0 \quad 0 \quad 0 \quad 0 \quad 0.1 \quad 0.5 \quad 1 \quad 0.5 \quad 0.1 \quad 0 \quad 0]$$

模糊集合 PS 即是精确量误差 e_i 的模糊化。

4.2.3 模糊规则设计

模糊控制算法的核心既是模糊控制规则，模糊控制规则通常基于专家知识或手动操作人员长期积累的经验，它是按人的直觉推理的一种语言表示形式。模糊规则通常有一系列的关系词连接而成，如 if-then，else，also，and，or 等，最常用的关系词为 if-then，also，对于多变量模糊控制系统，还有 and 等。例如，某模糊控制系统输入变量为误差 e 和误差变化率 ec，它们对应的语言变量为 E 和 EC，可给出一组模糊规则为

R_1：if E is NM and EC is NM then U is PB

R_2：if E is NM and EC is NS then U is PM

R_i：…

通常将 if…部分称为"前提部"，而 then…部分称为"结论部"，其基本结构可归纳为 if A and B then C，每条模糊规则所蕴含的模糊关系 R_i 的计算如式(4-8)所示。如果有 m 条这样的模糊规则，整个模糊规则所代表的总模糊关系 R 可表示为 m 个模糊关系 R_i 的"并"运算，即

$$R = \bigcup_{i=1}^{m} R_i \tag{4-13}$$

有了表达手动控制策略的总模糊关系 R，在给定模糊控制器输入语言变量论域上的模糊子集 E_1 和 EC_1，则由推理合成规则可计算出输出语言变量论域上的模糊集合 U_1

$$U_1 = (E_1 \times EC_1)^{T_2} \circ R \tag{4-14}$$

4.2.4 输出信息的模糊判决

由模糊推理合成得到的模糊控制器的输出量 U 是模糊集合，还不能作为施加到执行器上的控制量，必须进行转换，求得精确的控制量，由模糊量转化为精确量称为反模糊化，亦称输出信息的模糊判决。常用的反模糊化方法有最大隶属度法、重心法和加权平均法，下面主要介绍前两种方法。

1. 最大隶属度法

选取输出模糊集合中隶属度最大的论域元素作为输出值，即 $v=\max\mu(z_0)$，

$z_0 \in Z$，然后乘以比例因子获得控制量 $u=k_u z_0$，若在输出论域 Z 中，其最大隶属度对应的输出值多于一个，则取所有具有最大隶属度输出的平均值，即 $z_0=\frac{1}{N}\sum_{i=1}^{N} z_i$，式中 N 为具有相同最大隶属度输出的总数。

最大隶属度法排除了其他一切隶属度较小的论域元素（量化等级）的作用，故概括的信息量较少，其突出优点是计算简单易行。在控制指标要求不高的情况下，可采用该方法。

2. 重心法

为了获得精确的控制量，就要求模糊方法能够很好地表达输出隶属度函数的计算结果，重心法是取隶属度函数曲线与横坐标围成面积的重心对应的论域元素作为反模糊化的结果。对于具有 m 个输出量化级数的离散域情况有

$$z_0=\frac{\sum_{k=1}^{m} z_k \mu(z_k)}{\sum_{k=1}^{m} \mu(z_k)} \tag{4-15}$$

最后乘以比例因子得到控制量 $u=k_u z_0$。与最大隶属度法相比，重心法具有更平滑的输出推理控制，对应于输入信号的微小变化，输出也会发生变化。

当建立了隶属度赋值表和模糊控制规则表，并选定了反模糊化方法后，就可以设计基本模糊控制器了。

4.2.5 基本模糊控制器的设计

首先根据隶属度赋值表和模糊控制规则表，由式(4-8)与式(4-13)计算出总模糊关系 R；然后如果已知系统误差 e_i 为论域 $X=\{-6, -5, \cdots, 0, \cdots, 5, 6\}$ 中的某元素 x_i，误差变化率 ec_j 为论域 $Y=\{-6, -5, \cdots, 0, \cdots, 5, 6\}$ 中的某元素 y_j，应用推理合成由式(4-14)计算出此时反映控制量变化的模糊集合 U_{ij}，采用适当方法对其进行反模糊化，由所得论域 $Z=\{-6, -5, \cdots, 0, \cdots, 5, 6\}$ 上的元素 z_k，最终可获得应加到被控对象的实际控制量变化的精确量 u_{ij}。对论域 X,Y 中全部元素的所有组合计算出相应的以论域 Z 元素表示的控制量变化值，并写成矩阵 $(u_{ij})_{13\times 13}$。由该矩阵构成的相应表格称为模糊控制器的查询表，如表 4-2 所示。

表 4-2 模糊控制查询表

e \ u \ ec	−6	−5	−4	−3	−2	−1	0	1	2	3	4	5	6
−6	7	6	7	6	7	7	7	4	4	2	0	0	0
−5	6	6	6	6	6	6	6	4	4	2	0	0	0
−4	7	6	7	6	7	7	7	4	4	2	0	0	0

续表

e \ u \ ec	−6	−5	−4	−3	−2	−1	0	1	2	3	4	5	6
−3	7	6	6	6	6	6	6	3	2	0	−1	−1	−1
−2	4	4	4	5	4	4	4	1	0	0	−1	−1	−1
−1	4	4	4	5	4	4	1	0	0	0	−3	−2	−1
0	4	4	4	5	1	1	0	−1	−1	−1	−4	−4	−4
1	2	2	2	2	0	0	−1	−4	−4	−3	−4	−4	−4
2	1	2	1	2	0	−3	−4	−4	−4	−3	−4	−4	−4
3	0	0	0	0	−3	−3	−6	−6	−6	−6	−6	−6	−6
4	0	0	0	−2	−4	−4	−7	−7	−7	−6	−7	−6	−7
5	0	0	0	−2	−4	−4	−6	−6	−6	−6	−6	−6	−6
6	0	0	0	−2	−4	−4	−7	−7	−7	−6	−7	−6	−7

在具有基本模糊控制器的控制系统中，一般是将上述查询表存放到计算机中，在实时控制过程中，计算机直接根据采样和论域变换得来的以论域元素形式表现的 e_i 和 ec_j，由查询表的第 i 行与第 j 列找到跟 e_i 和 ec_j 对应的同样以论域元素形式表现的控制量变化 u_{ij}，并以此去控制被控对象，以达到预期的控制目的。

可见，查询表是体现模糊控制算法的最终结果。通常查询表是事先离线计算取得的，将其放到计算机中，在实时控制过程中，实现模糊控制的过程便转化为计算量不大的查找查询表的过程。故尽管在离线情况下完成模糊控制算法的计算量大又费时，但以查询表形式实现的模糊控制却具有良好的实时性，模糊控制不依赖于被控对象的精确数学模型，能够比较容易地将人的控制经验融入控制器中，模糊控制规则不受任何约束，可以完全是不解析，便于同有实践经验的操作者一起讨论和修改，定性地采纳各种好的控制思想。因此，基本模糊控制器适用于控制那些因具有非线性，或参数随工作点的变动较大，或交叉耦合严重，或环境因素干扰强烈，而不易获得精确数学模型和数学模型不确定或多变的一类被控对象。并且模糊控制规则具有较大的通用性，通过一些修改与组合就可适用于多种不同的被控对象。

模糊控制器具有良好控制效果的关键是有一个完善的控制规则，但对于高阶、非线性、大时滞、时变以及随机干扰严重的复杂被控对象，仅靠对操作者实践经验的总结或模糊信息的归纳，很难设计出适合于被控对象的所有不同运行状态的控制规则，为解决这类设计问题，在基本模糊控制器的设计基础上，提出改进型模糊控制器，旨在克服基本模糊控制器的不足，能够实时修正模糊控制器的规则或参数，使控制系统的性能不断完善。

4.3 改进型模糊控制器

在前面阐述了基本模糊控制器的设计基础上，本节重点介绍一些旨在克服基本模糊控制器的不足，设计四种改进型模糊控制器的方法。

4.3.1 参数自寻优模糊控制

对于高阶、非线性、大时滞、时变以及随机干扰严重的复杂被控过程，仅靠对操作者实践经验的总结或模糊信息的归纳，很难设计出适合于被控过程的所有不同运行状态的控制规则。为解决这类设计问题，在基本模糊控制器的设计基础上，介绍一种参数自寻优模糊控制器，能实时地修正模糊控制规则，使控制系统的性能不断完善，直到达到控制要求。

参数自寻优模糊控制器的系统方框图如图 4-5 所示。以修正因子 α 为寻优参数，以目标函数 $J=\int t\mid e(t)\mid \mathrm{d}t$ 为寻优指标，寻优过程针对被控过程的运行状态根据目标函数 J 不断推断出新的修正因子值以逐渐减少 J 值来进行，直到推算出使 $J=\min$ 的最优修正因子 α^* 为止。若运行状态发生新的变化，则重新开始新一轮的寻优过程，直到调整出适合于新运行状态的修正因子。寻优算法可采用优化设计方法，这里不再详述。

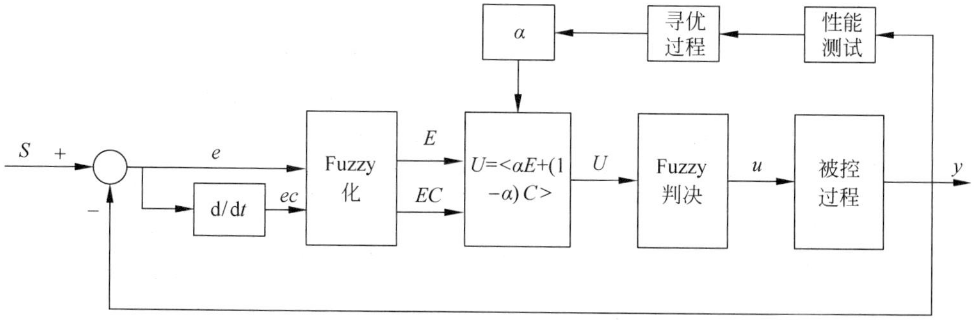

图 4-5 参数自寻优模糊控制系统方框图

例 4-5 设被控过程的传递函数为 $\frac{1}{s(s+1)}$，按图 4-5 组成带修正因子自寻优模糊控制器的模糊控制系统，其控制规则选为

$$U=\begin{cases}\langle \alpha_0 E+(1-\alpha_0)EC\rangle, & 当\ E=0\\ \langle \alpha_1 E+(1-\alpha_1)EC\rangle, & 当\ E=\pm 1\\ \langle \alpha_2 E+(1-\alpha_2)EC\rangle, & 当\ E=\pm 2\\ \langle \alpha_3 E+(1-\alpha_3)EC\rangle, & 当\ E=\pm 3\end{cases} \tag{4-16}$$

首先初选一组修正因子：$\alpha_0=0.1$，$\alpha_1=0.2$，$\alpha_2=0.4$，$\alpha_3=0.6$，其初始控制规则如表 4-3 所示。其中 E，EC，U 分别是系统的偏差 e、偏差变化率 ec 及控制量变化 u 的集合。

表 4-3　初始控制规则表（$\alpha_0=0.1$，$\alpha_1=0.2$，$\alpha_2=0.4$，$\alpha_3=0.6$）

U \ E \ EC	−3	−2	−1	0	1	2	3
−3	−3	−3	−2	−2	−1	−1	−1
−2	−3	−2	−1	−1	0	0	1
−1	−3	−2	−1	0	1	1	2
0	−3	−2	−1	0	1	2	3
1	−2	−1	−1	0	1	2	3
2	−1	0	0	1	1	2	3
3	1	1	2	2	2	3	3

本例以 $J=\int_0^{\infty} t\,|\,e(t)\,|\,\mathrm{d}t$ 为目标函数，采用单纯形法作为寻优方法，经过几次调整修正因子 $\alpha=\{\alpha_0,\alpha_1,\alpha_2,\alpha_3\}$，最终找到使 $J=\min$ 的最优修正因子 $\alpha^*=\{\alpha_0^*,\alpha_1^*,\alpha_2^*,\alpha_3^*\}$，取得的优化控制规则如表 4-4 所示。 □

表 4-4　优化控制规则表（$\alpha_0^*=0.29$，$\alpha_1^*=0.55$，$\alpha_2^*=0.74$，$\alpha_3^*=0.89$）

U \ E \ EC	−3	−2	−1	0	1	2	3
−3	−3	−3	−3	−3	−3	−3	−3
−2	−3	−2	−2	−2	−1	−1	−1
−1	−2	−2	−1	−1	0	1	1
0	−2	−2	−1	0	1	2	2
1	−1	−1	0	1	1	2	2
2	1	1	1	2	2	2	3
3	3	3	3	3	3	3	3

与在初始控制规则控制下的系统单位阶跃响应结果相比，在优化控制规则控制下的系统单位阶跃响应的上升速度快，调整时间短，其目标函数值由初始控制规则时的 $J_{\min}=6.432$ 降至优化控制规则时的 $J_{优化}^*=1.732$。显然，通过修正因子的自调整、自寻优，确使系统具有良好的控制性能。

总之，参数自寻优方法可以用于具有自调整控制规则功能的模糊控制器的设计。对于一个被控对象的特性不太明确或过于复杂而无法用精确数学模型描述的模糊控制系统来说，可以先凭实践经验选择一个初始控制规则，在此基础上，应用修正因子的自寻优方法，经过几次调整，便可找到一个满足要求的控制效果的优化控制规则。当被控对象参数发生变化而使原控制规则不再适用时，可通过参数的在线自调整，最终获取适应于参数变化后的优化控制规则。

4.3.2 改善精度的模糊控制

1. 基本设计方法

基本模糊控制器相当于一种具有 PD 控制规律的控制器，由于其缺少积分作用，通常稳态误差可能较大，有时甚至其输出在设定点附近出现震荡现象，故不易满足其在控制精度方面的要求。解决这个问题的方法有多种，这里仅介绍其中一种改善控制精度的方法。

在基本模糊控制器基础上，为了更好地模拟人的操作经验，改善控制精度的模糊控制器的基本设计思想是，首先将语言变量偏差 e 和偏差变化率 ec 的量测值，由各自的模糊子集赋值表量化出相应的等级 M_1 与 N_1，

$$M_1=\langle k_{e0}\cdot e+0.5\rangle \quad N_1=\langle k_{ec0}\cdot ec+0.5\rangle$$

其次由查询表找出与 M_1，N_1 对应的基本模糊控制器输出的量化等级 L_1，于是求得与 e，ec 对应的控制量 u_1 为

$$u_1=U_0+k_{u0}L_1 \tag{4-17}$$

其中 k_{e0}，k_{ec0} 与 k_{u0} 分别为偏差、偏差变化率与控制量的量化因子；U_0 为基本模糊控制器输出的设定值；符号〈·〉代表对 M_1 与 N_1 的取整运算，这种取整会带来 $\pm\dfrac{0.5}{k_{e0}}$ 与 $\pm\dfrac{0.5}{k_{ec0}}$ 的误差，尤其当 k_{e0} 与 k_{ec0} 选择较小时，信息量丢失就会更多。为此，在 M_1 与 N_1 的判断基础上，为提高控制精度进一步再做判断，求得

$$M_2=\langle (k_{e0}\cdot e-M_1)k_{e1}+0.5\rangle \quad N_2=\langle (k_{ec0}\cdot ec-N_1)k_{ec1}+0.5\rangle$$

由 M_2，N_2 从查询表查得相应的 L_2，根据 M_2，N_2 计算出控制量 u 的修正量 Δu 为

$$\Delta u=k_{u0}\cdot k_{u1}\cdot L_2$$

于是，与量测值 e，ec 对应的经过一次修正的模糊控制器的输出 u 应是

$$u=u_1+\Delta u=U_0+k_{u0}(L_1+k_{u1}L_2) \tag{4-18}$$

其中 L_1 代表 $k_{e0}\cdot e$，$k_{ec0}\cdot ec$ 整数部分对应的控制作用的量化等级；L_2 代表 $k_{e0}\cdot e$，$k_{ec0}\cdot ec$ 小数部分对应的控制作用的量化等级，即设计基本模糊控制器时所丢失的信息对应的用以修正控制作用的量化等级。

上面所述是经过一次修正得到的一阶改善精度的模糊控制器。实际应用时，可根据对控制精度的要求，还可设计 2 阶，3 阶，…，n 阶改善精度的模糊控制器。

2. 改善精度的模糊控制器的特点

相对于基本模糊控制器，改善精度的模糊控制器更有优势。

(1) 改善精度的模糊控制器能准确地执行控制规则

基本模糊控制器的查询表只是在不连续的量化等级上准确反映控制规则，对于那

些不能恰好取此等量化等级时，基本模糊控制器只能做近似处理，因而必然产生误差。而改善精度的模糊控制器能按同一张查询表对此类误差加以修正，而且这种修正可以多次反复进行，当修正次数趋于无穷时，误差可以完全消失，做到最精确地执行控制规则。如果人的操作是有效的，基于总结人的操作经验而得到的控制规则是合理的，则改善精度的模糊控制器就能无限地逼近人的操作，从而获得良好的控制效果。

(2) 改善精度的模糊控制器能有效减少稳态误差

当 e,ec 均为零级，即 M_1,$N_1=0$ 时，基本模糊控制器的输出 u 亦为零级，即 $L_1=0$。在这种情况下，稳态误差不可避免，并且由于稳态误差的存在，在干扰作用下常常还会产生自振荡现象。但对于改善精度的模糊控制器来说，当 $I_1=J_1=L_1=0$ 时，I_2,J_2 不为零，从而 L_2 亦不为零，此时的控制器输出为

$$u=U_0+k_{u0}k_{u1}L_2 \tag{4-19}$$

这样就使控制器还处于控制状态，通过修正来减少稳态误差，使一阶改善精度的模糊控制器的稳态误差有效降低。可见只要修正次数取得足够多，改善精度的模糊控制器能有效减少稳态误差。

从以上分析可看出，与基本模糊控制器相比，改善精度的模糊控制器对提高被控对象的稳态性能是很有效的。

4.3.3 模糊 PID 控制

目前，在工业生产过程中，大量采用的仍然是 PID 控制，在实际中取得了较好的控制效果。其控制作用的一般形式为 $u(k)=K_PE(k)+K_I\sum E(k)+K_DEC(k)$，其中 $E(k)$，$\sum E(k)$，$EC(k)=E(k)-E(k-1)(k=0,1,2,\cdots)$分别为其输入变量偏差、偏差和与偏差变化；$K_P$,$K_I$,$K_D$ 分别为比例系数、积分系数和微分系数。但由于常规 PID 调节器不具有在线整定参数 K_P,K_I,K_D 的功能，致使其不能满足在不同 E 和 EC 下系统对 PID 参数的自整定要求，从而影响其控制效果的进一步提高。一些学者对 PID 参数的自整定问题进行了研究，发表了相关的研究成果。然而这些方法大都是对被控过程在线辨识的基础上分别对上述三个参数进行自调整。这类方法对特性分明的被控过程的在线自校正是可行的，但对那些不能用精确数学模型描述的复杂过程却难以奏效。模糊控制为解决这一问题提供了一条有效途径。

运用模糊数学的基本理论和方法，把规则的条件、操作用模糊集表示，并把这些模糊控制规则及有关信息作为知识存入计算机知识库中，然后计算机根据控制系统的实际响应情况，运用模糊推理，实现对 PID 参数的最佳调整，这就是模糊 PID 控制。模糊 PID 控制器有多种结构形式，但其工作原理基本一致。模糊 PID 控制器结构如图 4-6 所示，误差 e 和误差变化 ec 作为控制器的输入，利用模糊控制规则在线对 PID 参数进行修正，以满足不同时刻的 e 和 ec 对 PID 参数自整定的要求。

在模糊 PID 控制中，PID 参数自整定是找出 PID 的参数 K_P,K_I,K_D 与 e 和 ec 之间的模糊关系，在运行中通过不断检测 e 和 ec，根据模糊控制原理来对 PID 的三个参

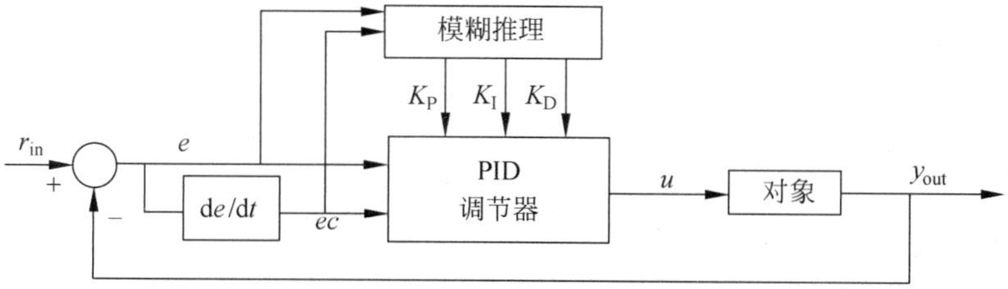

图 4-6 模糊 PID 控制器结构

数进行在线修正，以满足不同 e 和 ec 时对控制参数的要求，从而使被控对象有良好的动、静态性能。从系统的稳定性、响应速度、超调量和稳态精度等各方面来考虑，PID 的参数 K_P，K_I，K_D 作用如下：

(1) 比例系数 K_P 的作用是加快系统的响应速度，K_P 越大，系统的响应速度越快，但易产生超调，甚至会导致系统不稳定；K_P 取值过小，则会使响应速度变慢，从而延长调节时间，使系统静态、动态特性变坏。

(2) 积分系数 K_I 的作用是消除系统的稳态误差。K_I 越大，系统的稳态误差消除越快，但 K_I 过大，在响应过程的初期会产生积分饱和现象，从而会增大系统的超调量；若 K_I 过小，将使系统静态误差难以消除，从而影响系统的稳态精度。

(3) 微分系数 K_D 的作用是改善系统的动态性能，其作用是在响应过程中抑制偏差向任何方向的变化，对偏差变化进行提前预报。但 K_D 过大，会使响应过程提前制动，从而延长调节时间，而且会降低系统的抗干扰性能。

PID 参数的整定必须考虑在不同时刻三个参数的作用及相互之间的互联关系。模糊 PID 控制设计的核心是总结工程设计人员的技术知识和实际操作经验，建立合适的模糊规则表，得到针对 K_P，K_I，K_D 三个参数分别整定的模糊控制表。根据相关经验，某 PID 的参数 K_P，K_I，K_D 的模糊规则表分别如表 4-5、表 4-6、表 4-7 所示。

表 4-5 K_P 的模糊规则表

e \ ec	NB	NM	NS	ZO	PS	PM	PB
NB	PB	PB	PM	PM	PS	ZO	ZO
NM	PB	PB	PM	PS	PS	ZO	NS
NS	PM	PM	PM	PS	ZO	NS	NS
ZO	PM	PM	PS	ZO	NS	NM	NM
PS	PS	PS	ZO	NS	NS	NM	NM
PM	PS	ZO	NS	NM	NM	NM	NB
PB	ZO	ZO	NM	NM	NM	NB	NB

表 4-6 K_I 的模糊规则表

e \ ec	NB	NM	NS	ZO	PS	PM	PB
NB	NB	NB	NM	NM	NS	ZO	ZO
NM	NB	NB	NM	NS	NS	ZO	ZO
NS	NB	NM	NS	NS	ZO	PS	PS
ZO	NM	NM	NS	ZO	PS	PM	PM
PS	NM	NS	ZO	PS	PS	PM	PB
PM	ZO	ZO	PS	PS	PM	PB	PB
PB	ZO	ZO	PS	PM	PM	PB	PB

表 4-7 K_D 的模糊规则表

e \ ec	NB	NM	NS	ZO	PS	PM	PB
NB	PS	NS	NB	NB	NB	NM	PS
NM	PS	NS	NB	NM	NM	NS	ZO
NS	ZO	NS	NM	NM	NS	NS	ZO
ZO	ZO	NS	NS	NS	NS	NS	ZO
PS	ZO	ZO	ZO	ZO	ZO	ZO	ZO
PM	PB	NS	PS	PS	PS	PS	PB
PB	PB	PM	PM	PM	PS	PS	PB

PID 参数的模糊控制规则表建立好后，可用如下方法校正参数 K_P, K_I, K_D。

对系统误差 e 和误差变化 ec 定义模糊集上的论域，如

$$e, ec = \{-5, -4, -3, -2, -1, 0, 1, 2, 3, 4, 5\}$$

其模糊子集为 $e, ec = \{NB, NM, NS, ZO, PS, PM, PB\}$，模糊子集中元素分别代表负大，负中，负小，零，正小，正中，正大。设 e, ec 和 K_P, K_I, K_D 的模糊子集的隶属度函数为正态分布型，根据各模糊子集的隶属度赋值表和各参数的模糊规则表，应用模糊合成推理设计 K_P, K_I, K_D 的三个模糊查询表，由查询表查出参数的修正量 $\Delta K_P, \Delta K_I, \Delta K_D$ 代入下式计算得到当前时刻 PID 参数。

$$K_P(k+1) = K_P(k) + \Delta K_P(k)$$
$$K_I(k+1) = K_I(k) + \Delta K_I(k)$$
$$K_D(k+1) = K_D(k) + \Delta K_D(k)$$

在线运行过程中，控制系统通过对模糊逻辑规则的结果处理、查表和运算，完成对

PID 参数的在线自调整。

模糊 PID 控制通过模糊推理在线调整 PID 控制器的三个参数，使 PID 控制器能实时有效地控制被控对象，从而可有效地提高系统的控制性能。模糊 PID 控制兼具模糊控制与 PID 控制的优势，故能达到较高的控制精度。它比单用模糊控制和单用 PID 控制具有更好的控制性能。

4.3.4 T-S 模糊模型

T-S 模型是日本的 T. Takagi 和 M. Sugeno 提出的，它不仅可以描述模糊控制规则，也可以描述控制对象。对于单输入单输出系统的 n 阶被控对象，其 T-S 模型的一般形式是

L^i：if $x(k)$ is A_1^i and $\cdots$ and $x(k-n+1)$ is A_n^i

and $u(k)$ is B_1^i and $\cdots$ and $u(k-m+1)$ is B_m^i

then $x^i(k+1)=a_0^i+a_1^i x(k)+\cdots+a_n^i x(k-n+1)+b_1^i u(k)+\cdots+b_m^i u(k-m+1)$

其中，$L^i(i=1,2,\cdots,l)$代表第 i 条模糊规则，l 是规则集中规则的总数；$x(k),x(k+1),\cdots,x(k-n+1)$是系统的状态变量；$u(k),u(k+1),\cdots,u(k-m+1)$是被控系统的控制变量；$A_p^i$ 和 B_q^i 分别是相应的状态变量和控制变量的模糊集合；$x^i(k+1)$是被控系统的输出；$a_p^i(p=1,2,\cdots,n)$和 $b_q^i(q=1,2,\cdots,m)$是结论中的系数。

应用加权平均法解模糊，被控系统的总输出为

$$x(k+1)=\sum_{i=1}^{l}w^i x^i(k+1)\Big/\sum_{i=1}^{l}w^i \tag{4-20}$$

其中 w^i 为第 i 条模糊规则的激活度，可由式(4-21)求得

$$w^i=\prod_{p=1}^{n}\mu_p^i(x(k-p+1))\cdot\prod_{q=1}^{m}\mu_q^i(u(k-q+1)) \tag{4-21}$$

在这里是用算术积来定义“AND”算子的，μ_p^i 和 μ_q^i 分别代表模糊集合 A_p^i 和模糊集合 B_q^i 的隶属度函数。

在 T-S 模型中，每条规则的结论部分是个线性方程，表示系统局部的线性输入输出关系，而系统的总输出是所有线性子系统输出的加权平均，可以表示全局的非线性输入输出关系，故 T-S 模型是一种对非线性系统局部线性化的描述方法，在实际中有广泛的应用范围。T-S 模型也可以写成矢量形式，

L^i：if $\boldsymbol{x}(k)$ is $\boldsymbol{P}^i$ and $\boldsymbol{u}(k)$ is $\boldsymbol{Q}^i$

then $x^i(k+1)=a_0^i+\sum_{p=1}^{n}a_p^i x(k-p+1)+\sum_{q=1}^{m}b_q^i u(k-q+1)$

其中，$\boldsymbol{x}(k)=[x(k),x(k-1),\cdots,x(k-n+1)]^{\mathrm{T}}$，$\boldsymbol{u}(k)=[u(k),u(k-1),\cdots,u(k-m+1)]^{\mathrm{T}}$，$\boldsymbol{P}^i=[A_1^i,A_2^i,\cdots,A_n^i]^{\mathrm{T}}$，$\boldsymbol{Q}^i=[B_1^i,B_2^i,\cdots,B_n^i]^{\mathrm{T}}$，$\boldsymbol{x}(k)$ is $\boldsymbol{P}^i$ 等价于 $x(k)$ is A_1^i and $\cdots$ and $x(k-n+1)$ is A_n^i。

例如某模糊控制器的输入为 X 和 Y，输出为 Z，将输入 X 和 Y 模糊化为两个模糊

量，即“小”和“大”。对此设计 T-S 模糊控制规则，则输出 Z 为输入 X 和 Y 的线性函数，T-S 模糊控制规则如下

If X is small and Y is small then $Z=-X+Y-3$

If X is small and Y is big then $Z=X+Y-1$

If X is big and Y is small then $Z=-2Y+2$

If X is big and Y is big then $Z=2X+Y-6$

定义模糊集合的隶属度后，就可以按照式(4-20)计算这个 T-S 模糊控制器的输出。

本节前面介绍的模糊系统是 Mamdani 模糊模型，而本节介绍的 T-S 模糊模型与 Mamdani 模糊模型是有区别的，T-S 模糊模型输出量是常量或线性函数，即精确量，Mamdani 模糊模型的输出量是模糊量。T-S 模型的模糊推理系统非常适合于分段线性控制系统，如在导弹、飞行器的控制中，可根据高度和速度建立 T-S 模型的模糊推理系统，实现性能良好的线性控制。

4.4 自适应模糊控制

由于模糊控制器采用了 IF-THEN 控制规则，故不便于控制参数的学习和调整。为了扬长避短，将模糊控制与自适应控制相结合构成模糊自适应控制。模糊自适应控制是指具有自适应学习算法的模糊逻辑系统，其学习算法是依靠数据信息来调整模糊逻辑系统的参数。与传统的自适应控制相比，模糊自适应控制的优越性在于可以利用操作人员提供的语言性模糊信息，而传统的自适应控制则不能。这对于具有不确定性的复杂系统尤其重要。

根据模糊控制器结构的不同，模糊自适应控制有两种不同的形式：一种是直接自适应模糊控制，根据实际系统性能与期望性能之间的偏差，通过自适应率直接调整模糊控制器的参数；另一种是间接自适应模糊控制，通过模糊辨识获得被控对象的模型，然后根据所得模型在线设计模糊控制器。

4.4.1 模糊推理系统

模糊化、模糊推理和解模糊除 4.1 节中介绍的还有其他多种形式，例如模糊推理还有乘积推理、最小推理和 Zadeh 推理等其他形式。组合这些不同形式的模糊化、模糊推理和解模糊可以得到多种模糊系统，常用的有中心平均解模糊器的模糊系统和最大值解模糊器的模糊系统。在这里主要介绍带有中心平均解模糊器的模糊系统。

以二维系统为例，设二维模糊系统为 $f(x_1,x_2)$，x_i 的论域为$[\alpha_i,\beta_i]$，在论域$[\alpha_i,\beta_i]$上定义 $N_i(i=1,2)$标准的、一致的和完备的模糊集合 $A_i^1,A_i^2,\cdots,A_i^{N_i}$，组建 $M=N_1\times N_2$ 条 IF-THEN 模糊规则，即

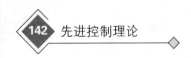

$R_{i_1 i_2}$：如果 x_1 为 $A_1^{i_1}$ 且 x_2 为 $A_2^{i_2}$，则 y 为 $B^{i_1 i_2}$

模糊规则中，$i_1=1,2,\cdots,N_1$，$i_2=1,2,\cdots,N_2$，将模糊集合 $B^{i_1 i_2}$ 的中心用 $\bar{y}^{i_1 i_2}$ 表示。

采用乘积推理机、单值模糊器和中心平均解模糊器，根据 $N_1 \times N_2$ 条模糊规则构造的模糊系统 $f(x_1,x_2)$ 为

$$f(x_1,x_2)=\frac{\sum_{i_1=1}^{N_1}\sum_{i_2=1}^{N_2}\bar{y}^{i_1 i_2}(\mu_{A_1}^{i_1}(x_1)\mu_{A_2}^{i_2}(x_2))}{\sum_{i_1=1}^{N_1}\sum_{i_2=1}^{N_2}\mu_{A_1}^{i_1}(x_1)\mu_{A_2}^{i_2}(x_2)} \tag{4-22}$$

形如式(4-22)的模糊系统是万能逼近器。设 $g(x_1,x_2)$ 是一个二维未知非线性函数，且在集合 $U=[\alpha_1,\beta_1]\times[\alpha_2,\beta_2]$ 上是连续可微的，可设计如式(4-22)的模糊系统 $f(x_1,x_2)$ 逼近未知函数 $g(x_1,x_2)$。由万能逼近定理[48]可知，对任意给定的 $\varepsilon>0$，可将逼近精度 h_1 和 h_2 选得足够小，使 $\left\|\frac{\partial g}{\partial x_1}\right\|_\infty h_1+\left\|\frac{\partial g}{\partial x_2}\right\|_\infty h_2<\varepsilon$ 成立，从而保证 $\sup_{x\in U}|g(\boldsymbol{x})-f(\boldsymbol{x})|=\|g-f\|_\infty<\varepsilon$，即模糊系统 $f(x_1,x_2)$ 能以较高精度逼近未知非线性函数 $g(x_1,x_2)$。

通过对每个 x_i 定义更多的模糊集合可以得到更为准确的逼近器，即模糊规则越多，所产生的模糊系统越有效。

4.4.2 间接自适应模糊控制

1. 问题描述

考虑如下 n 阶非线性系统

$$x^{(n)}=f(x,\dot{x},\cdots,x^{(n-1)})+g(x,\dot{x},\cdots,x^{(n-1)})u \tag{4-23}$$

$$y=x \tag{4-24}$$

式中，f 和 g 为未知非线性函数；$u\in R$ 和 $y\in R$ 分别为系统的输入和输出。

设系统的期望输出为 y_{m}，则误差为 e

$$e=y_{\mathrm{m}}-y,\quad \boldsymbol{e}=(e,\dot{e},\cdots,e^{(n-1)})^{\mathrm{T}} \tag{4-25}$$

选择 $\boldsymbol{K}=(k_n,k_{n-1},\cdots,k_1)^{\mathrm{T}}$，使多项式 $s^n+k_1 s^{(n-1)}+\cdots+k_n$ 的所有根都在复平面左半平面上，令控制律为

$$u^*=\frac{1}{g(\boldsymbol{x})}[-f(\boldsymbol{x})+y_{\mathrm{m}}^{(n)}+\boldsymbol{K}^{\mathrm{T}}\boldsymbol{e}] \tag{4-26}$$

将式(4-26)代入式(4-23)中，得到闭环控制系统的方程为

$$e^n+k_1 e^{(n-1)}+\cdots+k_n e=0 \tag{4-27}$$

由 $\boldsymbol{K}$ 的选取，可得 $t\to\infty$ 时 $e(t)\to 0$，即系统的输出 y 渐近地收敛于期望输出 y_{m}。

由于非线性函数 $f(\boldsymbol{x})$ 和 $g(\boldsymbol{x})$ 是未知的，控制律式(4-26)很难实现。在此可采用模糊系统 $\hat{f}(\boldsymbol{x})$ 和 $\hat{g}(\boldsymbol{x})$ 代替 $f(\boldsymbol{x})$ 和 $g(\boldsymbol{x})$，实现自适应模糊控制。故间接自适应模糊

控制的目标是基于模糊系统设计一个反馈控制律 $u=u(\boldsymbol{x}|\boldsymbol{\theta})$ 和调整参数向量 $\boldsymbol{\theta}$ 的自适应律，使系统的输出 y 能够跟踪期望输出 y_{m}。

2. 模糊控制器的设计

用模糊系统 $\hat{f}(\boldsymbol{x}|\boldsymbol{\theta}_f)$ 和 $\hat{g}(\boldsymbol{x}|\boldsymbol{\theta}_g)$ 分别代替式(4-26)中的 $f(\boldsymbol{x})$ 和 $g(\boldsymbol{x})$，则间接模糊自适应控制律为

$$u=\frac{1}{\hat{g}(\boldsymbol{x}\mid\boldsymbol{\theta}_g)}\left[-\hat{f}(\boldsymbol{x}\mid\boldsymbol{\theta}_f)+y_{\mathrm{m}}^{(n)}+\boldsymbol{K}^{\mathrm{T}}\boldsymbol{e}\right] \tag{4-28}$$

要想实现控制律式(4-28)，需要设计 $\hat{f}(\boldsymbol{x}|\boldsymbol{\theta}_f)$ 和 $\hat{g}(\boldsymbol{x}|\boldsymbol{\theta}_g)$ 的具体公式。以 $\hat{f}(\boldsymbol{x}|\boldsymbol{\theta}_f)$ 来逼近 $f(\boldsymbol{x})$ 为例，可用以下两步构造模糊系统 $\hat{f}(\boldsymbol{x}|\boldsymbol{\theta}_f)$。

步骤 1：对变量 $x_i(i=1,2,\cdots,n)$，定义 p_i 个模糊集合 $A_i^{l_i}(l_i=1,2,\cdots,p_i)$。

步骤 2：采用以下 $\prod_{i=1}^{n}p_i$ 条模糊规则来构造模糊系统 $\hat{f}(\boldsymbol{x}|\boldsymbol{\theta}_f)$：

$$\text{如果 } x_1 \text{ 为 } A_1^{l_1} \text{ 且} \cdots \text{且 } x_n \text{ 为 } A_1^{l_n}, \quad \text{则 } \hat{f} \text{ 为 } E^{l_1\cdots l_n} \tag{4-29}$$

式中，$l_i=1,2,\cdots,p_i$；$i=1,2,\cdots,n$。

选用乘积推理机、单值模糊器和中心平均解模糊器，则模糊系统的输出为

$$\hat{f}(\boldsymbol{x}\mid\boldsymbol{\theta}_f)=\frac{\sum_{l_1=1}^{p_1}\cdots\sum_{l_n=1}^{p_n}\bar{y}_f^{l_1\cdots l_n}\left(\prod_{i=1}^{n}\mu_{A_i}^{l_i}(x_i)\right)}{\sum_{l_1=1}^{p_1}\cdots\sum_{l_n=1}^{p_n}\left(\prod_{i=1}^{n}\mu_{A_i}^{l_i}(x_i)\right)} \tag{4-30}$$

令 $\bar{y}_f^{l_1\cdots l_n}$ 为自由参数，放在集合 $\boldsymbol{\theta}_f\in R^{\prod_{i=1}^{n}p_i}$ 中，则式(4-30)变为

$$\hat{f}(\boldsymbol{x}\mid\boldsymbol{\theta}_f)=\boldsymbol{\theta}_f^{\mathrm{T}}\boldsymbol{\xi}(\boldsymbol{x}) \tag{4-31}$$

式中，$\boldsymbol{\xi}(\boldsymbol{x})$ 为 $\prod_{i=1}^{n}p_i$ 维向量，被称作模糊基函数向量，其第 $l_1,\cdots,l_n$ 个元素为

$$\xi_{l_1\cdots l_n}(\boldsymbol{x})=\frac{\prod_{i=1}^{n}\mu_{A_i}^{l_i}(x_i)}{\sum_{l_1=1}^{p_1}\cdots\sum_{l_n=1}^{p_n}\left(\prod_{i=1}^{n}\mu_{A_i}^{l_i}(x_i)\right)} \tag{4-32}$$

同理，可构造模糊系统 $\hat{g}(\boldsymbol{x}|\boldsymbol{\theta}_g)$ 来逼近 $g(\boldsymbol{x})$，如式(4-33)所示

$$\hat{g}(\boldsymbol{x}\mid\boldsymbol{\theta}_g)=\boldsymbol{\theta}_g^{\mathrm{T}}\boldsymbol{\eta}(\boldsymbol{x}) \tag{4-33}$$

3. 自适应律的设计

将式(4-28)代入式(4-23)可得如下模糊控制系统的闭环动态表达式

$$\boldsymbol{e}^{(n)}=-\boldsymbol{K}^{\mathrm{T}}\boldsymbol{e}+\left[\hat{f}(\boldsymbol{x}\mid\boldsymbol{\theta}_f)-f(\boldsymbol{x})\right]+\left[\hat{g}(\boldsymbol{x}\mid\boldsymbol{\theta}_g)-\boldsymbol{g}(\boldsymbol{x})\right]u \tag{4-34}$$

令

$$\boldsymbol{\Lambda} = \begin{bmatrix} 0 & 1 & 0 & 0 & \cdots & 0 & 0 \\ 0 & 0 & 1 & 0 & \cdots & 0 & 0 \\ \vdots & \vdots & \vdots & \vdots & & \vdots & \vdots \\ 0 & 0 & 0 & 0 & \cdots & 0 & 1 \\ -k_n & -k_{n-1} & \cdots & \cdots & \cdots & \cdots & -k_1 \end{bmatrix}, \quad \boldsymbol{b} = \begin{bmatrix} 0 \\ 0 \\ \cdots \\ 0 \\ 1 \end{bmatrix} \tag{4-35}$$

则式(4-34)可重新写为向量形式

$$\dot{\boldsymbol{e}} = \boldsymbol{\Lambda e} + \boldsymbol{b}\{[\hat{f}(\boldsymbol{x} \mid \boldsymbol{\theta}_f) - f(\boldsymbol{x})] + [\hat{g}(\boldsymbol{x} \mid \boldsymbol{\theta}_g) - g(\boldsymbol{x})]u\} \tag{4-36}$$

定义最优参数为

$$\boldsymbol{\theta}_f^* = \arg \min_{\theta_f \in \Omega_f} [\sup_{x \in R^n} \mid \hat{f}(\boldsymbol{x} \mid \boldsymbol{\theta}_f) - f(\boldsymbol{x}) \mid] \tag{4-37}$$

$$\boldsymbol{\theta}_g^* = \arg \min_{\theta_g \in \Omega_g} [\sup_{x \in R^n} \mid \hat{g}(\boldsymbol{x} \mid \boldsymbol{\theta}_g) - g(\boldsymbol{x}) \mid] \tag{4-38}$$

式中，Ω_f 和 Ω_g 分别为$\boldsymbol{\theta}_f$ 和$\boldsymbol{\theta}_g$ 的集合；$\hat{f}(\boldsymbol{x}|\boldsymbol{\theta}_f^*)$和$\hat{g}(\boldsymbol{x}|\boldsymbol{\theta}_g^*)$分别是 $f(\boldsymbol{x})$和 $g(\boldsymbol{x})$的最优逼近器。下面定义最小逼近误差为

$$\omega = [\hat{f}(\boldsymbol{x} \mid \boldsymbol{\theta}_f^*) - f(\boldsymbol{x})] + [\hat{g}(\boldsymbol{x} \mid \boldsymbol{\theta}_g^*) - g(\boldsymbol{x})]u \tag{4-39}$$

将 ω 代入式(4-36)得

$$\dot{\boldsymbol{e}} = \boldsymbol{\Lambda e} + \boldsymbol{b}\{[\hat{f}(\boldsymbol{x} \mid \boldsymbol{\theta}_f) - \hat{f}(\boldsymbol{x} \mid \boldsymbol{\theta}_f^*)] + [\hat{g}(\boldsymbol{x} \mid \boldsymbol{\theta}_g) - \hat{g}(\boldsymbol{x} \mid \boldsymbol{\theta}_g^*)]u + \omega\} \tag{4-40}$$

将式(4-31)和式(4-33)代入式(4-40)，可得闭环动态方程为

$$\dot{\boldsymbol{e}} = \boldsymbol{\Lambda}\, \boldsymbol{e} + \boldsymbol{b}[(\boldsymbol{\theta}_f - \boldsymbol{\theta}_f^*)^{\mathrm{T}}\xi(\boldsymbol{x}) + (\boldsymbol{\theta}_g - \boldsymbol{\theta}_g^*)^{\mathrm{T}}\boldsymbol{\eta}(\boldsymbol{x})u + \omega] \tag{4-41}$$

式(4-41)清晰地描述了跟踪误差和控制参数$\boldsymbol{\theta}_f$、$\boldsymbol{\theta}_g$ 之间的关系。自适应律的任务是为$\boldsymbol{\theta}_f$，$\boldsymbol{\theta}_g$ 确定一个调节律，使得跟踪误差 $\boldsymbol{e}$ 和参数误差$\boldsymbol{\theta}_f-\boldsymbol{\theta}_f^*$，$\boldsymbol{\theta}_g-\boldsymbol{\theta}_g^*$ 达到最小。为此，定义 Lyapunov 函数如下

$$V = \frac{1}{2}\boldsymbol{e}^{\mathrm{T}}\boldsymbol{Pe} + \frac{1}{2\gamma_1}(\boldsymbol{\theta}_f - \boldsymbol{\theta}_f^*)^{\mathrm{T}}(\boldsymbol{\theta}_f - \boldsymbol{\theta}_f^*) + \frac{1}{2\gamma_2}(\boldsymbol{\theta}_g - \boldsymbol{\theta}_g^*)^{\mathrm{T}}(\boldsymbol{\theta}_g - \boldsymbol{\theta}_g^*) \tag{4-42}$$

式中，γ_1，γ_2 是正的常数，$\boldsymbol{P}$ 为一个正定矩阵且满足 Lyapunov 方程

$$\boldsymbol{\Lambda}^{\mathrm{T}}\boldsymbol{P} + \boldsymbol{P\Lambda} = -\boldsymbol{Q} \tag{4-43}$$

式中，$\boldsymbol{Q}$ 是一个任意的 $n \times n$ 正定矩阵，$\boldsymbol{\Lambda}$ 如式(4-35)所示。对 V 求关于时间的导数 $\dot{V}$，并将式(4-41)代入到$\dot{V}$中得

$$\begin{aligned}
\dot{V} &= \frac{1}{2}\dot{\boldsymbol{e}}^{\mathrm{T}}\boldsymbol{Pe} + \frac{1}{2}\boldsymbol{e}^{\mathrm{T}}\boldsymbol{P}\dot{\boldsymbol{e}} + \frac{1}{\gamma_1}(\boldsymbol{\theta}_f - \boldsymbol{\theta}_f^*)^{\mathrm{T}}\dot{\boldsymbol{\theta}}_f + \frac{1}{\gamma_2}(\boldsymbol{\theta}_g - \boldsymbol{\theta}_g^*)^{\mathrm{T}}\dot{\boldsymbol{\theta}}_g \\
&= \frac{1}{2}\boldsymbol{e}^{\mathrm{T}}(\boldsymbol{\Lambda}^{\mathrm{T}}\boldsymbol{P} + \boldsymbol{P\Lambda})\,\boldsymbol{e} + \boldsymbol{e}^{\mathrm{T}}\boldsymbol{P}b[(\boldsymbol{\theta}_f - \boldsymbol{\theta}_f^*)^{\mathrm{T}}\xi(\boldsymbol{x}) + (\boldsymbol{\theta}_g - \boldsymbol{\theta}_g^*)^{\mathrm{T}}\eta(\boldsymbol{x})u + \omega] + \\
&\quad \frac{1}{\gamma_1}(\boldsymbol{\theta}_f - \boldsymbol{\theta}_f^*)^{\mathrm{T}}\dot{\boldsymbol{\theta}}_f + \frac{1}{\gamma_2}(\boldsymbol{\theta}_g - \boldsymbol{\theta}_g^*)^{\mathrm{T}}\dot{\boldsymbol{\theta}}_g \\
&= -\frac{1}{2}\boldsymbol{e}^{\mathrm{T}}\boldsymbol{Q}\,\boldsymbol{e} + \boldsymbol{e}^{\mathrm{T}}\boldsymbol{Pb}\omega + \frac{1}{\gamma_1}(\boldsymbol{\theta}_f - \boldsymbol{\theta}_f^*)^{\mathrm{T}}[\dot{\boldsymbol{\theta}}_f + \gamma_1\boldsymbol{e}^{\mathrm{T}}\boldsymbol{Pb}\xi(\boldsymbol{x})] +
\end{aligned}$$

$$\frac{1}{\gamma_2}(\boldsymbol{\theta}_g-\boldsymbol{\theta}_g^*)^{\mathrm{T}}[\dot{\boldsymbol{\theta}}_g+\gamma_2\boldsymbol{e}^{\mathrm{T}}\boldsymbol{Pb}\eta(\boldsymbol{x})u]$$

选择自适应律如下

$$\dot{\boldsymbol{\theta}}_f=-\gamma_1\boldsymbol{e}^{\mathrm{T}}\boldsymbol{Pb}\xi(\boldsymbol{x}) \tag{4-44}$$

$$\dot{\boldsymbol{\theta}}_g=-\gamma_2\boldsymbol{e}^{\mathrm{T}}\boldsymbol{Pb}\eta(\boldsymbol{x})u \tag{4-45}$$

则

$$\dot{V}=-\frac{1}{2}\boldsymbol{e}^{\mathrm{T}}\boldsymbol{Q}\boldsymbol{e}+\boldsymbol{e}^{\mathrm{T}}\boldsymbol{Pb}\omega \tag{4-46}$$

由于$-\frac{1}{2}\boldsymbol{e}^{\mathrm{T}}\boldsymbol{Qe}<0$,通过选取最小逼近误差 ω 非常小的模糊系统,可实现$\dot{V}\leqslant 0$。这样可使 V 最小,从而可使跟踪误差 $\boldsymbol{e}$ 和参数误差 $\boldsymbol{\theta}_f-\boldsymbol{\theta}_f^*$,$\boldsymbol{\theta}_g-\boldsymbol{\theta}_g^*$ 达到最小。

至此,完成了间接自适应模糊控制器的设计。间接型自适应模糊控制系统框图如图 4-7 所示。由图中可知自适应参数即为模糊规则参数$\boldsymbol{\theta}_f$ 和$\boldsymbol{\theta}_g$,其初始值可由对被控对象的认识(或知识)确定。

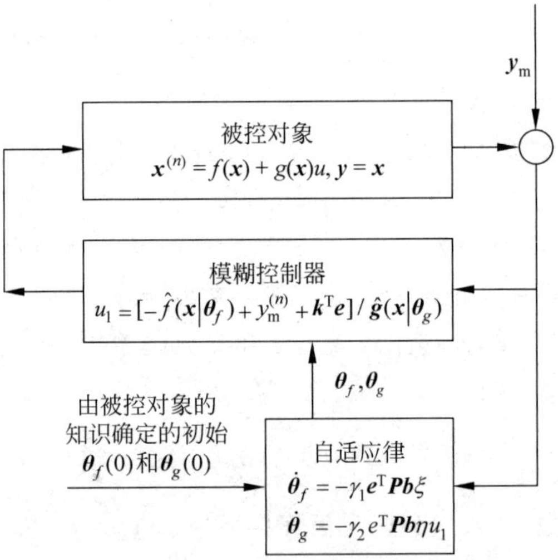

图 4-7 间接型自适应模糊控制系统

4.4.3 直接自适应模糊控制

4.4.2 节介绍的间接自适应模糊控制系统中模糊系统是根据被控对象的知识构造出来的,而直接自适应模糊控制系统与之不同,其模糊系统是根据控制知识构造出来的。

1. 问题描述

考虑如下方程所描述的研究对象

$$x^{(n)}=f(x,\dot{x},\cdots,x^{(n-1)})+bu \tag{4-47}$$

$$y = x \tag{4-48}$$

式中，f 为未知非线性函数；b 为未知的正常数。

与间接自适应模糊控制的目标相似，直接自适应模糊控制也是基于模糊系统设计反馈控制器 $u=u(\boldsymbol{x}|\boldsymbol{\theta})$ 和一个调整参数向量 $\boldsymbol{\theta}$ 的自适应律，使得系统的输出 y 能跟踪期望输出 y_{m}。与式(4-26)相似，反馈控制律为

$$u^{*} = \frac{1}{b}\left[-f(\boldsymbol{x}) + y_{\mathrm{m}}^{(n)} + \boldsymbol{K}^{\mathrm{T}}\boldsymbol{e}\right] \tag{4-49}$$

由于 $\boldsymbol{f}$ 和 b 未知，在直接自适应模糊控制中，直接用模糊系统逼近反馈控制律 u^{*}，故采用描述控制知识的模糊规则，即

$$\text{如果 } x_1 \text{ 为 } P_1^r \text{ 且} \cdots \text{且 } x_n \text{ 为 } P_n^r\text{，则 } u \text{ 为 } Q^r \tag{4-50}$$

式中，P_i^r，Q^r 为 R 中的模糊集合，且 $r=1,2,\cdots,L_u$。

2. 模糊控制器的设计

采用单一模糊系统作为控制器，直接自适应模糊控制器为

$$u = u_D(\boldsymbol{x} \mid \boldsymbol{\theta}) \tag{4-51}$$

式中，u_D 是一个模糊系统；$\boldsymbol{\theta}$ 是可调参数集合。模糊系统 $u_D(\boldsymbol{x}|\boldsymbol{\theta})$ 可由以下两步来构造：

步骤 1：对变量 $x_i(i=1,2,\cdots,n)$，定义 m_i 个模糊集合 $A_i^{l_i}(l_i=1,2,\cdots,m_i)$。

步骤 2：采用以下 $\prod_{i=1}^{n} m_i$ 条模糊规则来构造模糊系统 $u_D(\boldsymbol{x}|\boldsymbol{\theta})$，即

$$\text{如果 } x_1 \text{ 为 } A_1^{l_1} \text{ 且} \cdots \text{且 } x_n \text{ 为 } A_1^{l_n}\text{，则 } u_D \text{ 为 } S^{l_1\cdots l_n} \tag{4-52}$$

式中，$l_i=1,2,\cdots,m_i$；$i=1,2,\cdots,n$。

采用乘积推理机、单值模糊器和中心平均解模糊器来设计模糊系统，其输出为

$$u_D(\boldsymbol{x} \mid \boldsymbol{\theta}) = \frac{\sum_{l_1=1}^{m_1}\cdots\sum_{l_n=1}^{m_n} \bar{y}_u^{l_1\cdots l_n}\left(\prod_{i=1}^{n}\mu_{A_i}^{l_i}(x_i)\right)}{\sum_{l_1=1}^{m_1}\cdots\sum_{l_n=1}^{m_n}\left(\prod_{i=1}^{n}\mu_{A_i}^{l_i}(x_i)\right)} \tag{4-53}$$

令 $\bar{y}_u^{l_1\cdots l_n}$ 为自由参数，放在集合 $\boldsymbol{\theta} \in R^{\prod_{i=1}^{n} m_i}$ 中，则模糊控制器变为

$$u_D(\boldsymbol{x} \mid \boldsymbol{\theta}) = \boldsymbol{\theta}^{\mathrm{T}}\boldsymbol{\xi}(\boldsymbol{x}) \tag{4-54}$$

式中，$\boldsymbol{\xi}(\boldsymbol{x})$ 为 $\prod_{i=1}^{n} m_i$ 维向量，其第 $l_1,\cdots,l_n$ 个元素为

$$\xi_{l_1\cdots l_n}(\boldsymbol{x}) = \frac{\prod_{i=1}^{n}\mu_{A_i}^{l_i}(x_i)}{\sum_{l_1=1}^{m_1}\cdots\sum_{l_n=1}^{m_n}\left(\prod_{i=1}^{n}\mu_{A_i}^{l_i}(x_i)\right)} \tag{4-55}$$

模糊控制规则式(4-52)是通过设置其初始参数而被嵌入到模糊控制器中的。

3. 自适应律的设计

将式(4-49)和式(4-51)代入式(4-47)中，整理可得如下闭环动态方程

$$e^{(n)} = -\boldsymbol{K}^{\mathrm{T}}\boldsymbol{e} + \boldsymbol{b}[u^* - u_D(\boldsymbol{x} \mid \boldsymbol{\theta})] \tag{4-56}$$

令

$$\boldsymbol{\Lambda} = \begin{bmatrix} 0 & 1 & 0 & 0 & \cdots & 0 & 0 \\ 0 & 0 & 1 & 0 & \cdots & 0 & 0 \\ \vdots & \vdots & \vdots & \vdots & & \vdots & \vdots \\ 0 & 0 & 0 & 0 & \cdots & 0 & 1 \\ -k_n & -k_{n-1} & \cdots & \cdots & \cdots & \cdots & -k_1 \end{bmatrix}, \quad \boldsymbol{b} = \begin{bmatrix} 0 \\ 0 \\ \vdots \\ 0 \\ b \end{bmatrix} \tag{4-57}$$

则式(4-56)可重新写为向量形式

$$\dot{\boldsymbol{e}} = \boldsymbol{\Lambda}\,\boldsymbol{e} + \boldsymbol{b}[u^* - u_D(\boldsymbol{x} \mid \boldsymbol{\theta})] \tag{4-58}$$

定义最优参数为

$$\boldsymbol{\theta}^* = \arg \min_{\boldsymbol{\theta} \in R^{\prod_{i=1}^{n} m_i}} [\sup_{x \in R^n} \mid u_D(\boldsymbol{x} \mid \boldsymbol{\theta}) - u^* \mid] \tag{4-59}$$

定义最小逼近误差为

$$\omega = u_D(\boldsymbol{x} \mid \boldsymbol{\theta}^*) - u^* \tag{4-60}$$

由式(4-58)可得

$$\dot{\boldsymbol{e}} = \boldsymbol{\Lambda e} + \boldsymbol{b}[u_D(\boldsymbol{x} \mid \boldsymbol{\theta}^*) - u_D(\boldsymbol{x} \mid \boldsymbol{\theta})] - \boldsymbol{b}[u_D(\boldsymbol{x} \mid \boldsymbol{\theta}^*) - u^*] \tag{4-61}$$

将式(4-54)和式(4-59)代入式(4-61)中得误差方程

$$\dot{\boldsymbol{e}} = \boldsymbol{\Lambda}\,\boldsymbol{e} + \boldsymbol{b}(\boldsymbol{\theta}^* - \boldsymbol{\theta})^{\mathrm{T}}\boldsymbol{\xi}(\boldsymbol{x}) - \boldsymbol{b}\omega \tag{4-62}$$

定义 Lyapunov 函数如下

$$V = \frac{1}{2}\boldsymbol{e}^{\mathrm{T}}\boldsymbol{Pe} + \frac{\boldsymbol{b}}{2\gamma}(\boldsymbol{\theta}^* - \boldsymbol{\theta})^{\mathrm{T}}(\boldsymbol{\theta}^* - \boldsymbol{\theta}) \tag{4-63}$$

式中，γ 是正的常数，$\boldsymbol{P}$ 为一个正定矩阵且满足 Lyapunov 方程

$$\boldsymbol{\Lambda}^{\mathrm{T}}\boldsymbol{P} + \boldsymbol{P\Lambda} = -\boldsymbol{Q} \tag{4-64}$$

式中，$\boldsymbol{Q}$ 是一个任意的 $n \times n$ 正定矩阵，$\boldsymbol{\Lambda}$ 如式(4-57)所示。对 V 求关于时间的导数 $\dot{V}$，并将式(4-61)代入到$\dot{V}$中得

$$\begin{aligned} \dot{V} &= \frac{1}{2}\dot{\boldsymbol{e}}^{\mathrm{T}}\boldsymbol{Pe} + \frac{1}{2}\boldsymbol{e}^{\mathrm{T}}\boldsymbol{P}\dot{\boldsymbol{e}} - \frac{\boldsymbol{b}}{\gamma}(\boldsymbol{\theta}^* - \boldsymbol{\theta})^{\mathrm{T}}\dot{\boldsymbol{\theta}} \\ &= \frac{1}{2}\boldsymbol{e}^{\mathrm{T}}(\boldsymbol{\Lambda}^{\mathrm{T}}\boldsymbol{P} + \boldsymbol{P\Lambda})\,\boldsymbol{e} + \boldsymbol{e}^{\mathrm{T}}\boldsymbol{P}\,\boldsymbol{b}[(\boldsymbol{\theta}^* - \boldsymbol{\theta})^{\mathrm{T}}\boldsymbol{\xi}(\boldsymbol{x}) - \omega] - \frac{\boldsymbol{b}}{\gamma}(\boldsymbol{\theta}^* - \boldsymbol{\theta})^{\mathrm{T}}\dot{\boldsymbol{\theta}} \end{aligned}$$

令 p_n 为 $\boldsymbol{P}$ 的最后一列，由 $\boldsymbol{b}=[0,\cdots,0,b]^{\mathrm{T}}$ 可知 $\boldsymbol{e}^{\mathrm{T}}\boldsymbol{Pb}=\boldsymbol{e}^{\mathrm{T}}p_n\boldsymbol{b}$，则

$$\dot{V} = -\frac{1}{2}\boldsymbol{e}^{\mathrm{T}}\boldsymbol{Qe} + \frac{\boldsymbol{b}}{\gamma}(\boldsymbol{\theta}^* - \boldsymbol{\theta})^{\mathrm{T}}[\gamma\boldsymbol{e}^{\mathrm{T}}p_n\boldsymbol{\xi}(\boldsymbol{x}) - \dot{\boldsymbol{\theta}}] - \boldsymbol{e}^{\mathrm{T}}p_n\boldsymbol{b}\omega$$

选择自适应律如下

$$\dot{\boldsymbol{\theta}} = \gamma\boldsymbol{e}^{\mathrm{T}}p_n\boldsymbol{\xi}(\boldsymbol{x}) \tag{4-65}$$

则

$$\dot{V} = -\frac{1}{2}\boldsymbol{e}^{\mathrm{T}}\boldsymbol{Qe} - \boldsymbol{e}^{\mathrm{T}}p_n\boldsymbol{b}\omega \tag{4-66}$$

由于$-\frac{1}{2}\boldsymbol{e}^{\mathrm{T}}\boldsymbol{Q}\boldsymbol{e}<0$，$\omega$ 是最小逼近误差，通过设计足够多规则的模糊系统 $u_D(\boldsymbol{x}|\boldsymbol{\theta})$，可使 ω 充分小，并满足 $|\boldsymbol{e}^{\mathrm{T}}p_n\boldsymbol{b}\omega|<\frac{1}{2}\boldsymbol{e}^{\mathrm{T}}\boldsymbol{Q}\boldsymbol{e}$，从而使得 $\dot{V}<0$。

至此，完成了直接自适应模糊控制器的设计。直接自适应模糊控制系统框图如图 4-8所示。

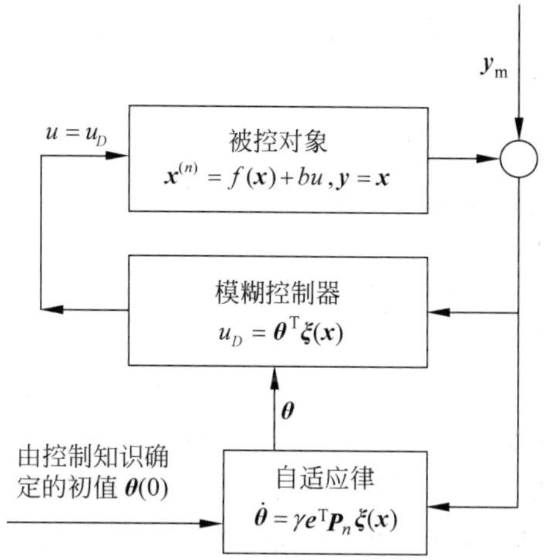

图 4-8 直接自适应模糊控制系统

4.5 模糊控制的应用及发展方向

4.5.1 模糊控制的应用

模糊控制技术是 21 世纪的核心技术，日用家电、工业领域中的过程控制及机电行业等都是模糊控制技术的重要应用领域。

在微机芯片的控制下能够模拟人的思维进行操作的家用电器简称模糊家电。模糊电视机可以根据室内光线的强弱自动调整电视机的亮度，根据人与电视机的距离自动调整音量，还能够自动调节电视机的色度、清晰度和对比度。模糊空调能够根据红外线传感器识别人数、温度、面积大小、门开关等房间信息，快速调整室内温度，提高舒适度。在模糊微波炉内装有多个传感器，这些传感器能对食品的重量、高度、形状和温度等进行测量，并利用这些信息自动选择化霜、再热和烧烤等几种工作方式，并自动决定烹制时间。模糊洗衣机能够自动识别洗衣物的重量、质地及脏污程度，采用模糊控制技术自动选择合理的水位、洗涤时间、水流程序等。日本率先研制生产了多种模糊家电产品，我国也在加大开发研制模糊家电产品的速度，我国目前较成熟的模糊家电产品是模糊洗衣机。

模糊控制广泛地应用于过程控制中。模糊控制在退火炉、电弧炉、水泥窑、热风炉、煤粉炉等工业炉控制中都有广泛的应用。蒸馏塔的模糊控制、污水处理系统的模糊控制都是模糊控制在石化工业中的应用。在煤矿行业中有选矿破碎过程的模糊控制、煤矿供水的模糊控制等。食品加工行业中有甜菜生产过程的模糊控制和酒精发酵温度的模糊控制等。

模糊控制在机电行业中也有广泛的应用,如集装箱吊车的模糊控制、空间机器人柔性臂动力学的模糊控制、交直流电动机调速的模糊控制、快速伺服系统定位的模糊控制、电梯群控系统多目标模糊控制等。

4.5.2 模糊控制的发展方向

将模糊控制与其他控制方法相结合构成模糊复合控制是模糊控制的重要发展方向。

将模糊控制与常规 PID 控制相结合构成模糊 PID 复合控制能有效地提高控制系统的精度,比单用模糊控制和单用 PID 控制具有更好的控制性能。将模糊控制与自适应控制相结合,使自适应模糊控制系统同时兼具模糊控制和自适应控制的优势,对于那些具有非线性、大时滞、高阶次的复杂系统具有更好的控制效果。模糊专家控制是将专家系统与模糊控制相结合,专家系统的引入可提高模糊系统的智能水平,模糊专家控制保持了基于规则的方法和模糊集处理带来的灵活性,同时又把专家系统技术的知识表达方法结合进来,能有效地处理更广泛的控制问题。模糊神经控制是基于神经网络的模糊控制方法,它利用神经网络的学习能力,可获取并修正模糊控制规则和隶属函数,因而同时兼具模糊控制和神经网络控制的优势,能更有效地处理复杂系统的控制问题。

模糊控制尽管已得到迅猛发展,但仍有一些理论问题需要进一步研究与完善。模糊控制的研究还有许多工作需要做:模糊控制的机理及稳定性分析,新型模糊控制系统、模糊专家控制系统、模糊神经控制系统的分析与设计,模糊集成控制系统的设计方法研究,模糊控制芯片、模糊控制装置及通用模糊控制系统的开发及工程应用。

习题

4-1 已知温度的论域为[−6,6],试设计高斯型隶属函数,分别表示模糊集合负大、负中、负小、零、正小、正中、正大。

4-2 设模糊集合$\widetilde{A}=\begin{bmatrix}0.1 & 0.2\\0.6 & 0.5\end{bmatrix}$,$\widetilde{B}=\begin{bmatrix}0.2 & 0.4\\0.1 & 0.1\end{bmatrix}$,$\widetilde{C}=\begin{bmatrix}0.4 & 0.6\\0.3 & 0.7\end{bmatrix}$,试求$(\widetilde{A}\cup\widetilde{B})\circ\widetilde{C}$。

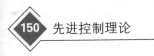

4-3 现有两输入一输出模糊控制器,已知输入 A,B 和输出 C 分别为

$$A=\frac{0.6}{x1}+\frac{0.5}{x2},\quad B=\frac{0.1}{y1}+\frac{0.5}{y2},\quad C=\frac{0.2}{z1}+\frac{0.3}{z2}$$

试确定"if A and B then C"所决定的模糊关系 R,以及输入为 $A_1=\frac{0.6}{x1}+\frac{0.2}{x2}$,$B_1=\frac{0.5}{y1}+\frac{0.2}{y2}$时的输出 C_1。

4-4 模糊控制器由哪几部分组成?各部分有什么作用?

4-5 试述设计基本模糊控制器的步骤。

4-6 已知某一水箱液位控制系统,要求水位保持在 1m 处。针对该控制系统有以下控制经验:

(1) 若水位低于 1m,则向内注水;差值越大,注水越快。

(2) 若水位高于 1m,则向外排水;差值越大,排水越快。

(3) 若水位等于 1m,则保持水位不变(既不注水,也不排水)。

设模糊控制器为一维控制器,输入语言变量为水位误差,输出为控制阀门开度。输入变量的量化等级为 7 级,输出变量的量化等级为 9 级、取 5 个模糊集。试设计隶属度函数误差变化划分表、控制电压变化划分表和模糊控制规则表。

第5章

神经网络控制

模糊控制通过计算机模拟人脑的感知、推理等智能行为，解决了智能控制中人类语言的描述和推理问题。然而模糊控制在处理数值数据、自学习能力等方面还远没有达到人脑的境界。人工神经网络从人脑的生理学和心理学出发，模拟人脑的工作机理实现机器的部分智能行为。人工神经网络（简称神经网络，NN）是由大量的人工神经元广泛互联成的网络，它在不同程度和层次上模仿人脑神经系统的结构及信息处理、存储和检索等功能，是模拟人类智能的一条重要途径，反映了人脑功能的若干基本特征，如并行信息处理、学习、联想、模式分类、记忆等。作为智能控制的一个的主要分支，人工神经网络为解决复杂的非线性、不确定、不确知系统的控制问题提出了一类重要的解决方法。

本章首先简要介绍神经网络的理论基础，然后详细阐述一些控制中常用的神经网络，最后讨论神经网络在控制系统中的应用。

5.1　神经网络理论基础

5.1.1　神经网络发展简史

对神经网络的最早研究可以追溯到1890年，W. James发表专著《心理学》，讨论了脑的结构和功能。神经网络这门学科是人们对大脑工作机制长期探索及研究的产物，神经网络发展至今已有半个多世纪的历史，概括起来经历了三个阶段。

20世纪40—60年代是发展初期，1943年，心理学家W. S. McCulloch和数学家

W. Pitts 提出了描述脑神经细胞动作的数学模型，即 M-P 模型。1949 年，心理学家 Hebb 实现了对脑细胞之间相互影响的数学描述，从心理学的角度提出了至今仍对神经网络理论有着重要影响的 Hebb 学习法则。1958 年，E. Rosenblatt 提出了描述信息在人脑中存储和记忆的数学模型，即著名的感知机模型。1962 年，Widrow 和 Hoff 提出了自适应线性神经网络，并提出了网络学习新知识的方法，即 δ 学习规则。

1970—1986 年为过渡期，受当时神经网络理论研究水平的限制，加之受到冯·诺依曼式计算机发展的冲击等因素的影响，神经网络的研究陷入低谷。但仍有一些学者继续着网络模型和学习算法的研究，提出了许多有意义的理论和方法。其中芬兰的 Kohonen 提出了线性神经网络模型和自组织映射理论，美国的 Grossberg 也提出了几个非线性动力系统结构。1982 年，美国物理学家 Hoppfield 提出了 Hoppfield 神经网络模型，用此模型成功地解决了旅行商路径优化问题，这一成果的取得使神经网络的研究取得了突破性进展。1986 年，Rumelhart 提出了具有较大影响力的误差反向传播神经网络(BP 网络)，并在此基础上提出了一系列 BP 学习算法，BP 网络是迄今为止应用最普遍的神经网络。

1987 年至今为发展期，在该阶段，国内外的许多组织及研究机构发起了对神经网络的广泛探讨，并举行了有代表意义的学术会议，这标志着神经网络的研究已在世界范围形成了又一个高潮。神经网络已从理论走向应用领域，出现了神经网络芯片和神经计算机。神经网络逐渐在模式识别与图像处理、控制与优化、预测与管理、通信等领域得到成功的应用。

5.1.2 神经网络原理

从系统观点看，人工神经元网络是由大量神经元通过极其丰富和完善的连接而构成的自适应非线性动态系统，故能够组成不同结构形态的神经网络系统。神经元是神经网络的基本单元，依据生物神经元的结构和功能，模拟生物神经元的基本特征建立了人工神经元模型。

1. 生物神经元

生物神经元是构成神经系统的基本功能单元，虽然神经元的形态有很大的差异，但基本结构相似，生物神经元结构如图 5-1 所示。

神经元由四部分组成：

(1) 细胞体(主体部分)：由细胞质、细胞膜和细胞核组成，神经细胞在受到电的、化学的、机械的刺激后能产生兴奋，此时细胞膜内外有电位差，即为细胞膜电位。

(2) 树突：神经元胞体上短而多分支的突起，相当于神经元的输入端，接收传入的神经冲动。

(3) 轴突：神经元胞体上最长枝的突起，也称神经纤维，端部有很多神经末梢，传出神经冲动。

(4) 突触：神经元之间的连接接口，每个神经元约有 $10^4 \sim 10^5$ 个突触。每个神经

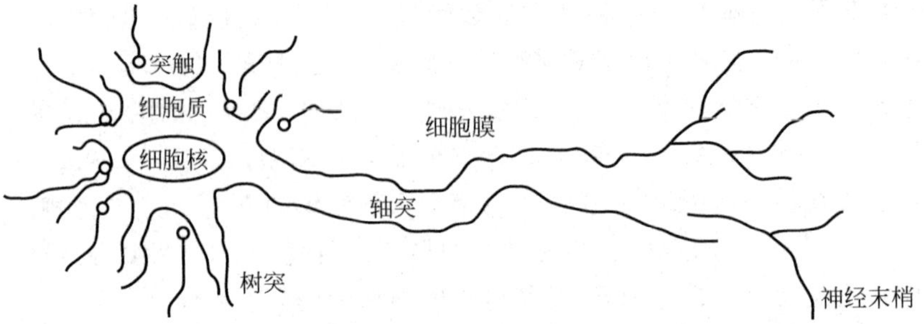

图 5-1　生物神经元

元通过自己的神经末梢经突触与另一个神经元的树突相连接，以传递信息。由于突触的信息传递特性是可变的，随着神经冲动传递方式的变化，传递作用强弱不同，形成了神经元之间连接的柔性，称为结构的可塑性。

神经元的树突通过突触接收来自其他神经元传递的信息，神经元的细胞体将接收到的所有信息进行简单的处理后，由轴突输出给其他神经元，轴突末端的许多神经末梢可以将信息同时传递给多个神经元。神经元具有如下功能：

(1) 兴奋与抑制：传入神经元的冲动经整合后使细胞膜电位升高，超过动作电位的阈值时即为兴奋状态，产生神经冲动，由轴突经神经末梢传出。传入神经元的冲动经整合后使细胞膜电位降低，低于阈值时即为抑制状态，不产生神经冲动。

(2) 学习与遗忘：由于神经元结构的可塑性，突触的传递作用可增强与减弱，因此神经元具有学习与遗忘的功能。

2. MP 模型

1943 年，美国心理学家 McCulloch 和数学家 Pitts 模拟生物神经元特征，共同提出人工神经元模型(即 M-P 模型)，如图 5-2 所示，它是一个多输入单输出的非线性信息处理单元。

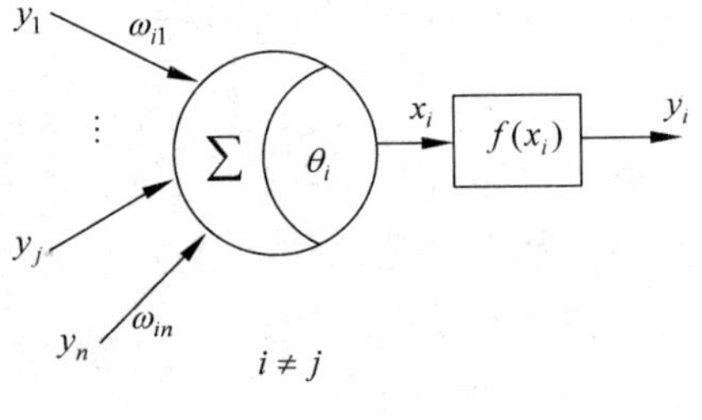

图 5-2　MP 神经元模型

神经元 i 的输出 y_i 可用数学表达式表示为

$$x_i = \sum_{j=1}^{n} w_{ij} u_j - \theta_i \tag{5-1}$$

$$y_i = f(x_i) \tag{5-2}$$

式中，w_{ij} 表示神经元 j 至神经元 i 的连接权值；θ_i 为神经元 i 的阈值；$u_j(j=1,2,\cdots,n)$ 为神经元 i 的输入；y_i 为神经元 i 的输出；$f(x_i)$ 为神经元 i 的非线性作用函数(Activation Function)，也称激发函数，一般有以下几种。

(1) 非对称型阶跃函数

$$y_i = f(x_i) = \begin{cases} 1, & x_i \geqslant 0 \\ 0, & x_i < 0 \end{cases} \tag{5-3}$$

（2）对称型阶跃函数

$$y_i = f(x_i) = \begin{cases} +1, & x_i \geqslant 0 \\ -1, & x_i < 0 \end{cases} \tag{5-4}$$

（3）非对称型 Sigmoid 函数，简称 S 型作用函数

$$y_i = f(x_i) = \frac{1}{1+\mathrm{e}^{-\beta x}}, \quad \beta > 0 \tag{5-5}$$

（4）对称型 Sigmoid 函数

$$y_i = f(x_i) = \frac{1-\mathrm{e}^{-\beta x}}{1+\mathrm{e}^{-\beta x}}, \quad \beta > 0 \tag{5-6}$$

利用人工神经元可以构成各种不同拓扑结构的人工神经网络，人工神经网络可由多个神经元通过一定的连接方式构成，网络的拓扑结构形式对网络的训练算法和网络性质起直接影响作用。目前已有近 40 种人工神经网络模型，其中典型的有多层误差反向传播网络（BP 网络）、径向基网络、Hopfield 网络、CMAC 小脑模型、ART 自适应共振理论、SOM 自组织网络、BAM 双向联想记忆网络、Blotzman 机网络等。神经网络的工作方式由学习期和工作期两个阶段组成。目前已建立的不同人工神经网络模型中有不同的学习规则，在学习期里，神经元之间的连接权值可由学习规则进行调整，搜索寻优以使目标函数达到最小，从而改善网络的自身性能。在工作期里，连接权值不变，由网络的输入推算得到网络的输出。

5.1.3 神经网络的学习算法

神经网络的学习（或训练）方法是决定网络性能的要素之一，采用不同的学习规则，自动调节网络的权值（包括偏置的权值），使网络获得要求的输入输出特性，这就是网络的训练。经过训练后的网络对训练模式以外的新输入量，应能正确地映射成希望的输出量，网络训练问题实际上是调整网络连接权值的问题。按照学习方式分为有导师的学习（也称监督学习）、无导师的学习（也称无监督学习）与再励学习（也称强化学习）三种。它们都是模拟人类适应环境的学习过程的一种机器学习模型，故具有学习能力的系统称为学习系统，或称学习机。

（1）有导师的学习（Supervised Learning）：如图 5-3(a)所示，在学习过程中，网络根据实际输出与期望输出的比较进行连接权系数的调整。将期望输出称为导师信号，它是评价学习的标准。该训练常用 δ 训练规则调整连接权值。

δ 训练规则是一种误差修正学习规则，一般形式为

$$w_{ij}(k+1) = w_{ij}(k) + \eta[d_i - y_i(k)]u_j(k) \tag{5-7}$$

式中，d_i 和 $y_i(k)$ 分别表示第 i 个神经元的期望输出与实际输出；$u_j(k)$ 表示第 j 个神经元的输入，它通过连接权输入给第 i 个神经元；η 是修正因子。

（2）无导师的学习（Nonsupervised Learning）：如图 5-3(b)所示，没有导师信号提供给网络，网络根据其特有的结构和学习规则进行连接权系数的调整。此时，网络的学习评价标准隐含于其内部。Hebb 学习规则是该学习方式中常用的一种。

Hebb 学习规则是 1949 年由 Hebb 提出的，该规则调整权值的算法是：若第 i 个神经元与第 j 个神经元同时处于兴奋状态，它们之间的连接应加强，即

$$w_{ij}(k+1)=w_{ij}(k)+\eta\cdot y_i(k)\cdot y_j(k) \tag{5-8}$$

式中，$w_{ij}(k+1)$ 为修正后的权值；$y_j(k)$ 和 $y_i(k)$ 分别表示 k 时刻第 i 个神经元和第 j 个神经元的输出；η 表示学习速率。

(3) 再励学习(Reinforcement Learning)：如图 5-3(c)所示，它把学习看作试探评价(奖或惩)过程，学习机选择一个动作(输出)作用于环境之后，使环境的状态改变，并产生一个再励信号 r_e(奖或惩)反馈至学习机。学习机依据再励信号与环境当前的状态选择下一动作作用于环境，选择的原则是使受到奖励的可能性增大。

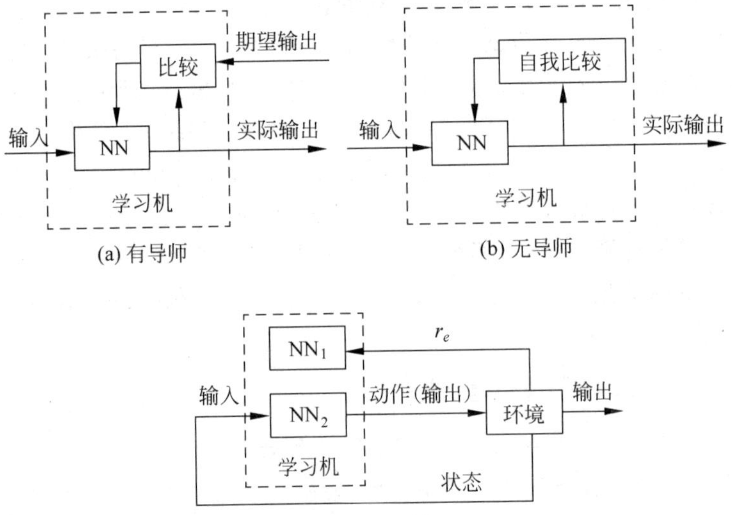

(a) 有导师 (b) 无导师 (c) 再励

图 5-3 学习方法

从总的方面讲，人工神经网络的连接方式主要分为前馈型、反馈型、自组织型与随机型四种。1943 年建立的第一个神经元模型——MP(模拟生物神经元)模型，为神经网络的研究与发展奠定了基础。进入 20 世纪 80 年代以来，人工神经网络在各个领域，特别是在信息工程和控制工程方面得到广泛的应用。人工神经网络之所以在控制领域中得到广泛应用，主要在于它具有如下特征：

(1) 能逼近任意 L_2 范数上的非线性函数。

(2) 信息的并行分布式处理与存储。

(3) 可以多输入、多输出。

(4) 便于用超大规模集成电路(VLSI)或光学集成电路系统实现，或用现有的计算机技术实现。

(5) 能进行学习，以适应环境的变化。

多年来，学者们建立了多种神经网络模型，然而无论哪种神经网络模型，都具备以

下体现其性能的三大要素：①神经元(信息处理单元)的特性；②神经元之间相互连接的形式——拓扑结构；③为适应环境而改善性能的学习规则。因而无论学习哪个神经网络模型,都应掌握决定其性能的三大要素。

5.2 典型神经网络

5.2.1 BP神经网络的模型

1986年D. E. Rumelhart提出了多层前馈网络(Multilayer Feedforward Neural Networks)的反向传播(Back Propagation,BP)学习算法,简称BP神经网络。它采用梯度下降法学习,是有导师的学习,通过增加隐含层和隐含层神经元数目,可以以很高精度逼近任意非线性函数,在系统辨识和控制中被广泛应用。迄今为止,在已提出的上百种神经网络模型中,BP神经网络是常用的模型之一。

1. BP神经网络结构

BP神经网络是多层前向网络,由输入层、隐含层和输出层组成。隐含层可以是一层,也可以是多层,前层神经元至后层神经元通过权连接。一个三层(含单隐层)的BP网络结构如图5-4所示。

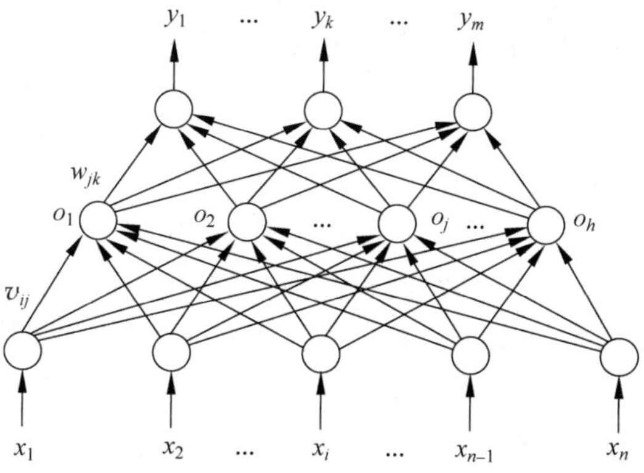

图5-4 三层BP网络结构

图5-4中,网络的输入向量$\boldsymbol{X}$是n维,输出向量$\boldsymbol{Y}$是m维,即输入层有n个神经元,隐含层有h个神经元；输出层有m个神经元；v_{ij}表示输入层第i个神经元($i=1,2,\cdots,n$)与隐含层第j个神经元($j=1,2,\cdots,h$)的连接权值；w_{jk}表示隐含层第j个神经元($j=1,2,\cdots,h$)与输出层第k个神经元($k=1,2,\cdots,m$)的连接权值。

2. BP神经网络的训练方法

训练BP网络的方法是将输入向量加到网络的输入端,得到网络的输出与期望的输出比较,将两者的误差根据梯度下降法调整网络中的连接权值,直到所有输入输出对的误差达到最小。

BP网络的训练由正向传播和反向传播组成。在正向传播中，输入信号从输入层经隐层传向输出层。若输出层的输出是期望输出，BP网络训练结束，否则，转至反向传播。反向传播是将误差信号（期望的输出与网络的输出之差）按原连接通路反向计算，由梯度下降法调整各层神经元的权值。

1）正向传播

假设网络训练集有 L 个样本对 $\{x_p, d_p\}, p=1,2,\cdots,L$。第 p 个样本对对网络进行训练。为书写方便，暂时将公式中样本 p 的记号略去。

（1）输入层：第 i 个神经元的输出等于输入 $x_i, i=1,2,\cdots,n$。

（2）隐含层：

$$\text{net}_j = \sum_{i=1}^{n} v_{ij} x_i \quad j = 1,2,\cdots,h \tag{5-9}$$

$$o_j = f(\text{net}_j) \tag{5-10}$$

其中，net_j 为隐含层第 j 个神经元的净输入；o_j 为隐含层第 j 个神经元的输出。

（3）输出层：

$$\text{net}_k = \sum_{j=1}^{h} w_{jk} o_j \quad k = 1,2,\cdots,m \tag{5-11}$$

$$y_k = f(\text{net}_k) \tag{5-12}$$

其中，net_k 为输出层第 k 个神经元的净输入；o_j 为隐含层第 j 个神经元的输出；$f(\text{net})$ 为神经元的激发函数，在此采用S型作用函数：

$$f(\text{net}) = \frac{1}{1+\mathrm{e}^{-\text{net}}} \tag{5-13}$$

该函数是连续可微的：

$$f'(\text{net}) = f(\text{net})[1 - f(\text{net})] \tag{5-14}$$

若网络输出与期望输出不一致，则将其误差信号从输出端反向传播，并在传播过程中对网络权值不断调整，使输出层神经元的输出尽可能接近期望输出。

2）反向传播

定义样本 p 的输入输出模式对的二次型误差函数为

$$E_p = \frac{1}{2}\sum_{k=1}^{m}(d_{pk} - y_{pk})^2 \tag{5-15}$$

所有样本的总误差为

$$E = \frac{1}{2}\sum_{p=1}^{L}\sum_{k=1}^{m}(d_{pk} - y_{pk})^2 \tag{5-16}$$

式中，L 为样本模式对数；m 为网络输出节点数。下面用梯度下降法调整连接权值以使误差函数 E 最小。为简便起见，略去下标 p，式(5-15)重写为

$$E = \frac{1}{2}\sum_{k=1}^{m}(d_k - y_k)^2 \tag{5-17}$$

连接权值按误差函数 E 梯度变化的反方向进行调整，使网络的输出接近期望的输出。

(1) 输出层权系数的调整，权系数的修正公式为

$$\Delta w_{jk}=-\eta\frac{\partial E}{\partial w_{jk}} \tag{5-18}$$

式中，η 为学习速率，$\eta>0$

$$\frac{\partial E}{\partial w_{jk}}=\frac{\partial E}{\partial \mathrm{net}_k}\frac{\partial \mathrm{net}_k}{\partial w_{jk}} \tag{5-19}$$

定义 δ_k 为反传误差信号

$$\begin{aligned}\delta_k&=-\frac{\partial E}{\partial \mathrm{net}_k}=\frac{-\partial E}{\partial y_k}\frac{\partial y_k}{\partial \mathrm{net}_k}\\&=(d_k-y_k)\frac{\partial}{\partial \mathrm{net}_k}f(\mathrm{net}_k)=(d_k-y_k)f'(\mathrm{net}_k)\\&=y_k(1-y_k)(d_k-y_k)\end{aligned} \tag{5-20}$$

$$\frac{\partial \mathrm{net}_k}{\partial w_{jk}}=\frac{\partial}{\partial w_{jk}}\left(\sum_{j=1}^{h}w_{jk}o_j\right)=o_j \tag{5-21}$$

则输出层的神经元连接权值的修正公式为

$$\Delta w_{jk}=\eta y_k(1-y_k)(d_k-y_k)o_j=\eta\delta_k o_j \tag{5-22}$$

(2) 隐含层连接权值的调整，计算权值的变化量为

$$\begin{aligned}\Delta v_{ij}&=-\eta\frac{\partial E}{\partial v_{ij}}=-\eta\frac{\partial E}{\partial \mathrm{net}_j}\frac{\partial \mathrm{net}_j}{\partial v_{ij}}\\&=-\eta\frac{\partial E}{\partial \mathrm{net}_j}x_i=-\eta\frac{\partial E}{\partial o_j}\frac{\partial o_j}{\partial \mathrm{net}_j}x_i\\&=\eta\left(-\frac{\partial E}{\partial o_j}\right)f'(\mathrm{net}_j)x_i=\eta\delta_j x_i\end{aligned} \tag{5-23}$$

式中$\dfrac{\partial E}{\partial o_j}$需通过中间量进行计算，即

$$\begin{aligned}-\frac{\partial E}{\partial o_j}&=-\sum_{k=1}^{m}\frac{\partial E}{\partial \mathrm{net}_k}\frac{\partial \mathrm{net}_k}{\partial o_j}=\sum_{k=1}^{m}\left(-\frac{\partial E}{\partial \mathrm{net}_k}\right)\frac{\partial}{\partial o_j}\left(\sum_{j=1}^{h}w_{jk}o_j\right)\\&=\sum_{k=1}^{m}\left(-\frac{\partial E}{\partial \mathrm{net}_k}\right)w_{jk}=\sum_{k=1}^{m}\delta_k w_{jk}\end{aligned} \tag{5-24}$$

则

$$\delta_j=\left(-\frac{\partial E}{\partial o_j}\right)f'(\mathrm{net}_j)=\left(\sum_{k=1}^{m}\delta_k w_{jk}\right)o_j(1-o_j) \tag{5-25}$$

从而隐含层的神经元连接权值的修正公式为

$$\Delta v_{ij}=\eta\left(\sum_{k=1}^{m}\delta_k w_{jk}\right)o_j(1-o_j)x_i=\eta\delta_j x_i \tag{5-26}$$

3. BP 学习算法的计算步骤

(1) 设置初始权值，通常取较小的随机非零值。

(2) 给定输入输出样本对，由式(5-10)至式(5-12)计算网络的输出。

(3) 由式(5-15)计算误差函数 E。若 $E\leqslant\varepsilon$(ε 是预先确定的正数)，算法结束；否则，至步骤(4)。

(4) 由式(5-20)计算输出层神经元误差信号 δ_k。

(5) 计算输入 $k+1$ 样本时，隐含层神经元 j 至输出层神经元 k 连接权新值

$$w_{jk}(k+1)=w_{jk}(k)+\Delta w_{jk} \tag{5-27}$$

(6) 由式(5-25)计算隐含层神经元误差信号 δ_j。

(7) 计算输入 $k+1$ 样本时，输入层神经元 i 至输出层神经元 j 连接权新值

$$v_{ij}(k+1)=v_{ij}(k)+\Delta v_{ij} \tag{5-28}$$

4. BP 学习算法的改进

BP 神经网络可实现从输入空间到输出空间的非线性映射。它所取的作用函数 $f(x)$ 在 x 的相当大的域为非零值，故 BP 网络是全局逼近网络。BP 学习算法采用了数学的优化算法中的梯度下降法，经迭代运算求解权值，使误差信号达到要求的程度。所以 BP 算法推导严谨、适用性强，被广泛采用。但它也存在一些不足，BP 算法收敛速度慢，网络中的连接权值容易陷入局部极小值，隐含层数和隐含层神经元数的确定缺乏理论指导。

为了克服 BP 算法收敛速度慢的缺点，有一些改进的 BP 算法。如变步长算法，改变学习速率 η 为 η/t(即 η 随时间 t 变化)。或者在权值调整算法中增加阻尼项，以便在增大学习速度的同时，防止权值反复振荡。具有阻尼项的权值调整算法如下：

$$w_{jk}(k+1)=w_{jk}(k)+\Delta w_{jk}+\beta[w_{jk}(k)-w_{jk}(k-1)] \tag{5-29}$$

式中，β 是阻尼系数，或称为平滑因子，$0<\beta<1$。

5.2.2 径向基函数神经网络

径向基函数(Radial Basis Function, RBF)神经网络是由 J. Moody 和 C. Darken 于 20 世纪 80 年代末提出的一种神经网络，它是具有单隐层的三层前馈网络。RBF 网络模拟了人脑中局部调整、相互覆盖接收域(或称感受域，Receptive Field)的神经网络结构，已证明 RBF 网络能以任意精度逼近任意连续函数。

RBF 网络的学习过程与 BP 网络的学习过程类似，两者的主要区别在于神经元的输出计算函数不同。BP 网络中隐层神经元使用的是 Sigmoid 函数，其值在输入空间中无限大的范围内为非零值，故是一种全局逼近的神经网络；而 RBF 网络中的作用函数是高斯函数，其值在输入空间中有限的范围内为非零值，故 RBF 网络是局部逼近的神经网络。多输入单输出的 RBF 神经网络结构如图 5-5 所示。

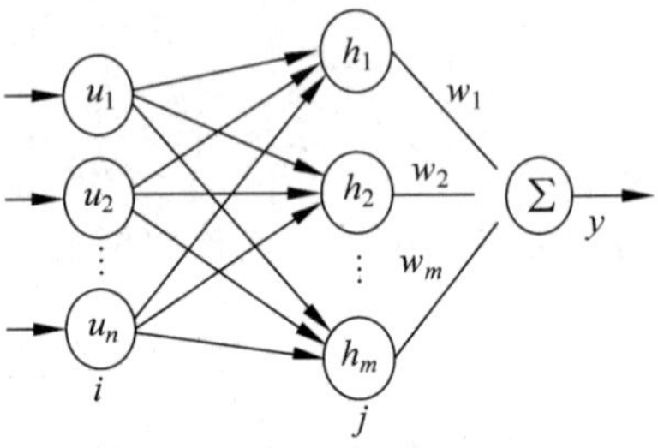

图 5-5　RBF 神经网络结构

1. RBF 神经网络输出计算

在 RBF 神经网络中，设 $\boldsymbol{u}=[u_1\ u_2\cdots\ u_n]^{\mathrm{T}}$ 为网络输入，y 为网络输出，输入输出样本对长度为 L。

RBF 网络隐含层第 i 个神经元的输出为

$$h_i=\exp\left(-\sum_{j=1}^{n}\frac{(u_j-c_{ij})^2}{b_{ij}^2}\right)\quad i=1,2,\cdots,m \tag{5-30}$$

式中，$\boldsymbol{c}_i=[c_{i1},c_{i2},\cdots,c_{in}]$为第 i 个隐含层神经元的中心点向量值；$\boldsymbol{b}_i=[b_{i1},b_{i2},\cdots,b_{in}]$为第 i 个隐含层神经元的宽度向量值。

显然此 RBF 网络隐含层神经元使用了高斯函数，体现了 RBF 网络的局部逼近的非线性映射能力。如果 RBF 神经网络为单输入，则隐含层第 i 个神经元的输出为

$$h_i=\exp\left(-\frac{(u-c_i)^2}{b_i^2}\right)\quad i=1,2,\cdots,m \tag{5-31}$$

如果 RBF 神经网络为双输入，则隐含层第 i 个神经元的输出为

$$h_i=\exp\left(-\frac{(u_1-c_{i1})^2}{{b_{i1}}^2}-\frac{(u_2-c_{i2})^2}{{b_{i2}}^2}\right)\quad i=1,2,\cdots,m \tag{5-32}$$

RBF 网络输出层神经元的输出为

$$y=w_1h_1+w_2h_2+\cdots+w_mh_m \tag{5-33}$$

式中，$\boldsymbol{w}=[w_1,w_2,\cdots,w_m]$为隐含层神经元与输出层神经元的连接权值。

2. RBF 神经网络的学习算法

设有 L 组输入输出样本对 u_p/d_p，$p=1,2,\cdots,L$，定义目标函数为

$$J=\frac{1}{2}\sum_{p=1}^{L}(d_p-y_p)^2 \tag{5-34}$$

式中 y_p 是在 u_p 输入下 RBF 网络的输出值。

RBF 网络的学习目的是使 $J\leqslant\varepsilon$。RBF 网络的学习算法由两部分组成：无导师学习、有导师学习。

1）无导师学习

无导师学习是对所有样本的输入进行聚类，在此对隐含层各神经元中心 c_i 的调整算法采用无导师学习。这里介绍用 k 均值聚类算法调整中心 c_i，算法步骤如下：

（1）给定各隐节点的初始中心 $c_i(0)$。

（2）计算欧氏距离并求出最小距离的节点

$$\begin{aligned}d_i(t)&=\|u(t)-c_i(t-1)\|,\quad 1\leqslant i\leqslant m\\ d_{\min}(t)&=\min(d_i(t))=d_r(t)\end{aligned} \tag{5-35}$$

（3）调整中心

$$\begin{aligned}c_i(t)&=c_i(t-1),\quad 1\leqslant i\leqslant m,i\neq r\\ c_r(t)&=c_r(t-1)+\beta[u(t)-c_r(t-1)]\end{aligned} \tag{5-36}$$

式中，β 为学习率，$0<\beta<1$。

(4) 计算第 r 个神经元的距离

$$d_r(t) = \| u(t) - c_r(t-1) \| \tag{5-37}$$

2) 有导师学习

有导师学习也称为监督学习。为隐含层神经元与输出层神经元的连接权值 w 采用有导师学习算法,在此采用梯度下降法调整连接权值 w 以使目标函数 J 最小。

$$w_j(t+1) = w_j(t) + \alpha \frac{\partial J}{\partial w_j} = w_j(t) + \alpha(d(t) - y(t))h_j \tag{5-38}$$

式中,α 为学习率,$0<\alpha<1$。当 $J(t) \leqslant \varepsilon$ 时,连接权值 w 的调整算法结束。

3. RBF 神经网络的相关问题

(1) 已证明 RBF 神经网络具有唯一最佳逼近的特性,且无局部最小。

(2) 确定 RBF 神经网络的隐含层神经元的中心 c_i 是个较困难的问题。

(3) 在此隐含层神经元的计算采用高斯函数,也可以采用其他径向对称函数。

(4) 采用高斯函数的 RBF 神经网络用于非线性系统辨识与控制,虽具有唯一最佳逼近的特性以及无局部极小的优点,但隐含层神经元的中心及宽度参数难以准确确定,这是该网络难以广泛应用的原因。

5.2.3 小脑模型神经网络

小脑模型神经网络也称小脑模型关节控制器(Cerebellar Model Articulation Controller, CMAC)。人的小脑是感知和控制运动的,由神经生理学的研究可知,它由含局部调整、相互覆盖接受域的神经元组成。基于这种思想,J. S. Albus 于 20 世纪 70 年代提出了 CMAC,它是模拟人的小脑的一种学习结构,是基于表格查询式输入输出的局部神经网络模型,显示出一种从输入到输出的多维非线性映射的能力。

1. CMAC 模型结构

在 CMAC 模型结构中,从每个神经元来看,其关系是一种线性关系,但从结构总体看,CMAC 是一种非线性的映射,而且这种模型从输入开始就存在一种推广(泛化)的能力。对一个输入样本进行学习后,可对其相邻的样本产生一定的效应,因此在输入空间中,相近的样本在输出空间中也比较相近,其中学习算法采用 δ 规则,它的收敛速度要比 BP 算法快得多,且不存在局部极小问题。特别是它把输入在一个多维状态空间的量,映射到一个比较小的有限区域,只要对多维状态空间中部分样本进行学习,就可达到轨迹学习的目的,得到控制的解。因此该网络特别适合于机器人的控制、非线性函数映射等领域。它具有自适应作用,虽然不同的初始权值,会影响其最后学得的权值,但并不影响其收敛性。它便于硬件实现,故正得到广泛的应用。

CMAC 已被公认为是一类联想记忆神经网络的重要组成部分,它能够学习任意多维非线性映射。CMAC 算法可有效地用于非线性函数逼近、动态建模、控制系统设计等。CMAC 较其他神经网络的优越性体现在:

(1) 它是基于局部学习的神经网络,它把信息存储在局部结构上,使每次修正的权很少，在保证函数非线性逼近性能的前提下，学习速度快，适合于实时控制。

(2) 具有一定的泛化能力，即所谓相近输入产生相近输出，不同输入给出不同输出。

(3) 输入量和输出量可以是连续模拟量。

(4) 寻址编程方式，在利用串行计算机仿真时，它可使回想速度加快。

(5) 作为非线性逼近器，它对学习数据出现的次序不敏感。

由于 CMAC 的这些优越性能，使它具有更好的非线性逼近能力，更适合于复杂动态环境下的非线性实时控制。CMAC 的结构如图 5-6 所示。

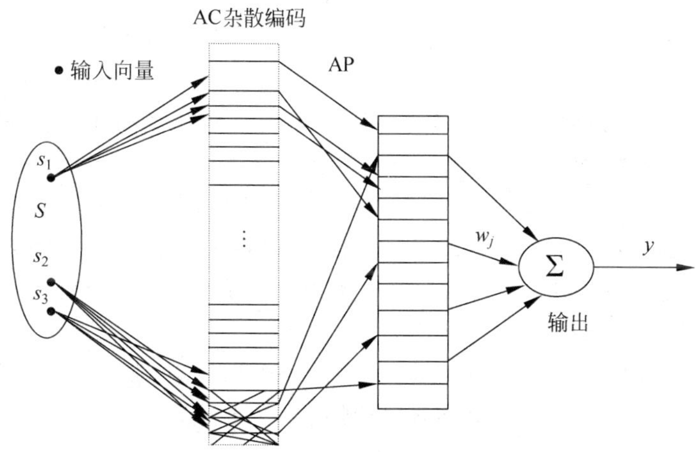

图 5-6　CMAC 结构图

CMAC 的工作过程是一系列映射，输入状态空间 S 的维数由对象决定，如果用于机器人关节控制，则通常输入是各关节角 θ 及其角速度 $\dot{\theta}$ 等。一般来说，如果输入是模拟量，需要进行量化，然后才能送入存储区 AC，状态空间中的每一点将同时激活 AC 中的 c 个单元，然后经过杂散编码，压缩存入实际存储器 AP，最后网络输出为 c 个对应单元中的值(即权 w_j)累加的结果。

2. 一种 CMAC 工作原理与学习算法

CMAC 网络由输入层、中间层和输出层组成。在输入层与中间层、中间层于输出层之间分别由设计者预先确定的输入层非线性映射和输出层权值自适应线性映射。

在输入层对 n 维输入空间进行划分。中间层由若干个基函数构成，对任意一个输入只有少数几个基函数的输出为非零值，称非零输出的基函数为作用基函数，作用基函数的个数为泛化参数 c，它规定了网络内部影响网络输出的区域大小。中间层基函数的个数用 M 表示，泛化参数 c 满足 $c \leqslant M$。在中间层的基函数与输出层的网络输出之间通过连接权进行连接，采用梯度下降法实现权值的调整。

CMAC 神经网络的设计主要包括输入空间的划分、输入层至输出层非线性映射的实现及输出层权值学习算法。CMAC 的输入与输出之间的非线性关系由两个基本映射实现。

1）概念映射（$U\rightarrow AC$）

概念映射(Conceptual Mapping)是从输入空间 U 至概念存储器 AC 的映射。假设网络输入是单输入 u，映射至 AC 中 c 个存储单元，采用如下线性化函数对输入状态进行量化，实现 CMAC 的概念映射

$$s_i(k)=\mathrm{round}\left((u(k)-x_{\min})\frac{M}{x_{\max}-x_{\min}}\right)+i \quad i=1,2,\cdots,c \tag{5-39}$$

式中，$x_{\min}$ 和 $x_{\max}$ 分别为输入 u 的最小值、最大值；M 为 $x_{\max}$ 量化后所对应的初始地址；round( )为 MATLAB 中四舍五入的函数。

由式(5-39)可见，当输入 $u(k)$ 为 $x_{\min}$ 时，$u(k)$ 映射地址为 $1,2,\cdots,c$，当输入 $u(k)$ 为 $x_{\max}$ 时，$u(k)$ 映射地址为 $M+1,M+2,\cdots,M+c$。映射原则是在输入空间中邻近的两个点在 AC 中有部分重叠单元被激励，距离越近，重叠越多，而距离远的点在 AC 中不重叠。这称为局部泛化，c 定义为泛化常数。

2）实际映射（$AC\rightarrow AP$）

实际映射(Practical Mapping)是指由概念存储器 AC 的 c 个单元用杂散编码技术映射到实际存储器 AP 的 c 个单元。c 个单元中存放相应的权值，则网络的输出为 AP 中 c 个单元的权值的和。

采用杂散编码技术中除留余数法实现 $AC\rightarrow AP$ 的实际映射。以元素值 $s_i(k)$ 除以整数 N 后所得余数$+1$ 作为杂凑地址，映射到 AP 中的单元，实现实际映射，即

$$ad(i)=(s_i(k)\ \mathrm{MOD}\ N)+1 \quad i=1,2,\cdots,c \tag{5-40}$$

式中 MOD( )为 MATLAB 中取余的函数。

如果 CMAC 是单输出，则输出为

$$y_n=\sum_{i=1}^{c}w(ad(i)) \tag{5-41}$$

CMAC 采用 δ 学习规则调整权值 w，定义目标函数为

$$J=\frac{1}{2}(y(t)-y_n(t))^2 \tag{5-42}$$

式中 $y(t)$ 为期望输出。

采用梯度下降法，权值按下式调整

$$w_j(t+1)=w_j(t)+\alpha\frac{\partial J}{\partial w_j}=w_j(t)+\alpha(y(t)-y_n(t)) \tag{5-43}$$

式中，α 为学习率，$0<\alpha<1$。当 $J(t)\leqslant\varepsilon$ 时，连接权值 w 的调整算法结束。

总之，CMAC 的特点是相近的输入产生相近的输出，不同的输入将产生不同的输出。CMAC 中杂散存储的一个缺点是会产生碰撞(或称冲突)，即 AC 中的多个联想单元被映射到 AP 的同一单元，这意味会有信息丢失。

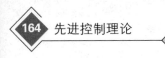

5.3　神经网络控制

人工神经网络是从微观结构与功能上对人脑神经系统的模拟而建立起来的一类模型，能够模拟人的部分智能的特性，具有非线性特性、学习能力和自适应性等智能特性。神经网络的智能处理能力与控制系统所面临的越来越严重的挑战是神经网络控制的发展动力。将神经网络应用于控制系统中做控制器(或辨识器)，是为了解决复杂的非线性、不确定、不确知系统，在不确定、不确知环境中的控制问题，使控制系统稳定性好、鲁棒性强，具有要求的动态、静态性能。神经网络控制能对变化的环境(如外加扰动、被控对象的时变特性等)具有自适应性，且成为基本上不依赖于被控对象模型的一类控制，因此神经网络控制已成为智能控制的一个分支。

5.3.1　神经网络控制的结构

随着神经网络理论研究的不断深入，对神经网络控制的研究也在迅猛发展。目前神经网络控制系统尚无统一的分类方法，一般可按神经网络控制系统的结构分为以下几类。

1. 神经网络直接逆控制

在神经网络直接逆控制系统中，将被控对象的神经网络逆模型作为前馈控制器，则期望输出与实际输出之间的传递函数为1，从而使被控对象的输出为期望输出。然而神经网络直接逆控制的有效性在相当程度上取决于逆模型的准确精度，由于缺乏反馈，这样简单连接的直接逆控制缺乏鲁棒性，为此，一般应使其具有在线学习能力，即作为逆模型的神经网络连接权能够在线调整。神经网络直接逆控制的两种结构如图5-7所示。在图5-7(a)中，NN1和NN2具有完全相同的网络结构，并采用相同的学习算法，分别实现对象的逆。在图5-7(b)中，神经网络NN通过评价函数进行学习，实现被控对象的逆控制。

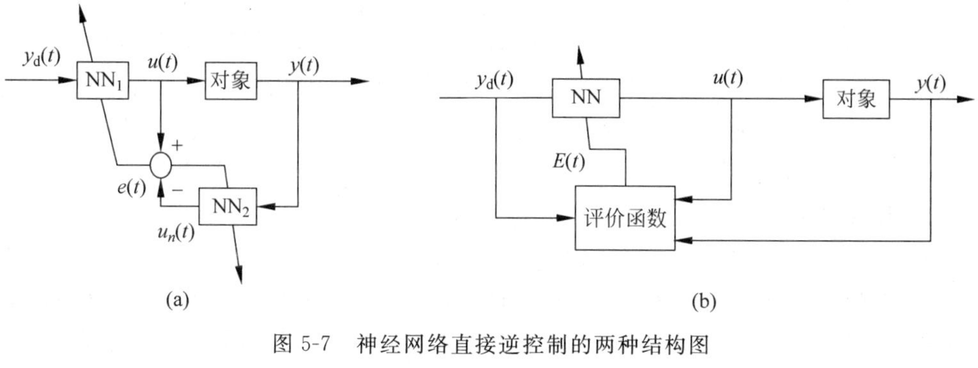

图5-7　神经网络直接逆控制的两种结构图

2. 神经网络监督控制

在神经网络监督控制系统中，神经网络控制器实际上是一个前馈控制器，它建立的是被控对象的逆模型。神经网络监督控制的结构如图 5-8 所示。神经网络控制器通过对传统控制器的输出进行学习，在线调整网络的权值，使反馈控制输入 $u_{\mathrm{p}}(t)$ 趋近于零，从而使神经网络控制器逐渐在控制作用中占据主导地位，最终取代反馈控制器。一旦系统出现干扰，反馈控制器会重新起作用。因此这种前馈加反馈的监督控制方法，不仅可以确保控制系统的稳定性和鲁棒性，而且能够有效提高系统的精度和自适应能力。

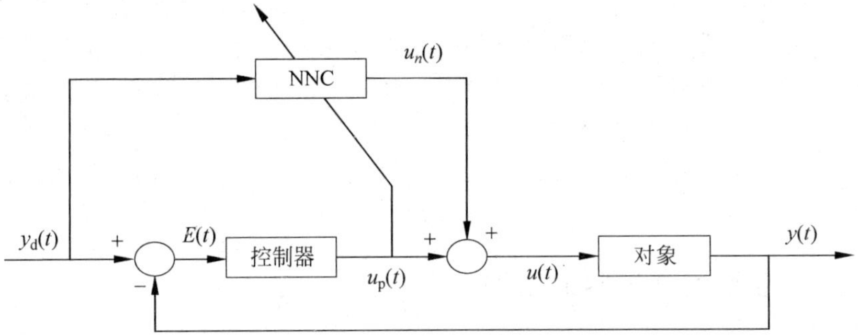

图 5-8　神经网络监督控制结构图

3. 神经网络自适应控制

与传统自适应控制相同，神经网络自适应控制也分为神经网络自校正控制和神经网络模型参考自适应控制两种。神经网络自校正控制又分为神经网络直接自校正控制和神经网络间接自校正控制，自校正控制根据对系统正向或逆模型的结果调节控制器内部参数，使系统满足给定的指标。神经网络模型参考自适应控制又分为直接模型参考自适应控制和间接模型参考自适应控制，闭环控制系统的期望性能由一个稳定的参考模型来描述。神经网络自适应控制结构及原理详见 5.3.3 节及 5.3.4 节。

4. 神经网络内模控制

经典的内模控制将被控系统的正向模型和逆模型直接加入反馈回路，系统的正向模型作为被控对象的近似模型与实际对象并联，两者输出之差被用做反馈信号，该反馈信号又经过前向通道的滤波器及控制器进行处理。控制器直接与系统的逆有关，通过引入滤波器来提高系统的鲁棒性。神经网络内模控制如图 5-9 所示，神经网络 NN1 做控制器，实现对象的逆，神经网络 NN2 辨识被控对象，做被控对象的正模型，实现对被控对象的逼近。

5. 神经网络预测控制

预测控制是 20 世纪 70 年代后期发展起来的一类新型计算机控制方法，该方法的特征是预测模型、滚动优化和反馈校正。神经网络预测控制如图 5-10 所示，神经网络预测器建立了非线性被控对象的预测模型，并能够在线进行学习修正。利用此预测模型，可以由当前的系统控制信息预测出在未来一段时间 $(t+k)$ 范围内的输出值 $\hat{y}(t+k)$。通过设计优化性能指标，利用非线性优化器可求出优化的控制作用 $u(t)$。

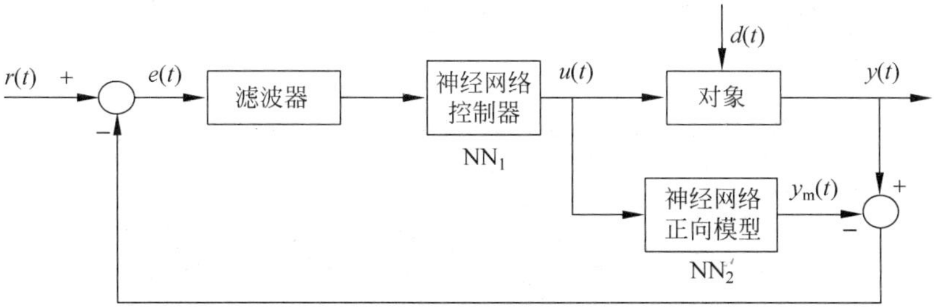

图 5-9 神经网络内模控制结构图

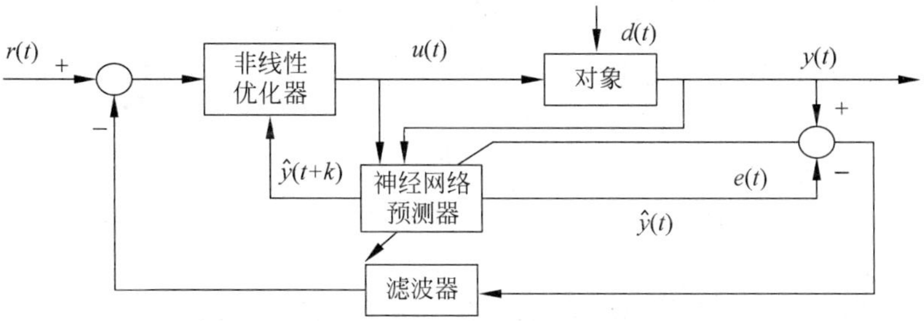

图 5-10 神经网络预测控制结构图

5.3.2 单神经元自适应控制

单神经元自适应控制是将增量式 PID 控制与单神经元相结合，采用单神经元形式实现增量式 PID 控制算法，将增量式 PID 控制算法中的三个系数（比例系数 k_p，积分系数 k_i，微分系数 k_d）用单神经元的权值来表示，从而借助于单神经元的自学习能力调整权值，实现 PID 控制算法中的三个系数的在线调整，实现自适应 PID 控制。

离散 PID 控制算法为

$$u(k)=k_p e(k)+k_i\sum_{j=0}^{k}e(j)+k_d\frac{e(k)-e(k-1)}{T} \tag{5-44}$$

$$u(k-1)=k_p e(k-1)+k_i\sum_{j=0}^{k-1}e(j)+k_d\frac{e(k-1)-e(k-2)}{T} \tag{5-45}$$

将式(5-44)减去式(5-45)得到增量式离散 PID 控制算法为

$$\begin{aligned}\Delta u(k)&=u(k)-u(k-1)\\&=k_p[e(k)-e(k-1)]+k_i e(k)+\frac{k_d}{T}[e(k)-2e(k-1)+e(k-2)]\end{aligned} \tag{5-46}$$

令增量式离散 PID 控制算法（即式(5-46)）中的三个系数（比例系数 k_p，积分系数 k_i，微分系数 k_d）为单神经元中的三个权值（w_1, w_2, w_3）即

$$w_1=k_i,\quad w_2=k_p,\quad w_3=\frac{k_d}{T} \tag{5-47}$$

则可设计单神经元自适应控制算法实现自适应 PID 控制。单神经元自适应控制结构如图 5-11 所示。

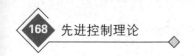

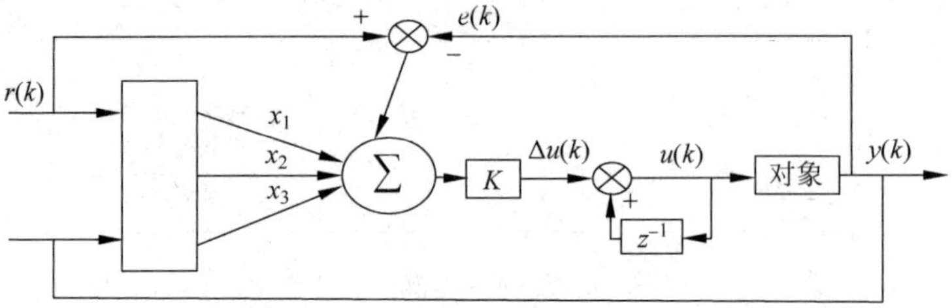

图 5-11 单神经元自适应控制结构图

单神经元自适应控制器是通过在线调整权值(w_1, w_2, w_3)来实现自适应功能的，控制算法为

$$u(k) = u(k-1) + K(w_1 x_1(k) + w_2 x_2(k) + w_3 x_3(k)) \tag{5-48}$$

式中，$x_1(k)=e(k)$，$x_2(k)=e(k)-e(k-1)$，$x_3(k)=e(k)-2e(k-1)+e(k-2)$；$K$ 为神经元的比例系数，$K>0$。

单神经元权值的调整按有监督的 Hebb 学习规则实现，在学习算法中加入监督项 $z(k)$，则单神经元权值的学习算法为

$$w_1(k) = w_1(k-1) + \eta z(k) u(k) x_1(k) \tag{5-49}$$

$$w_2(k) = w_2(k-1) + \eta z(k) u(k) x_2(k) \tag{5-50}$$

$$w_3(k) = w_3(k-1) + \eta z(k) u(k) x_3(k) \tag{5-51}$$

式中，$z(k)=e(k)$；η 为学习率，$0<\eta<1$。

比较式(5-48)和式(5-46)可知，单神经元自适应控制是用单神经元的形式实现了自适应增量式 PID 控制。其中神经元的比例系数 K 值的选择很重要。K 值越大，则系统的快速性越好，但超调量大，甚至可能引起系统不稳定。当被控对象时延增大时，K 值应适当减少，以保证系统稳定。K 值选择过小，会使系统的快速性变差。

5.3.3 神经网络模型参考自适应控制

将神经网络与模型参考自适应控制相结合，就构成了神经网络模型参考自适应控制。其系统的结构形式和线性系统的模型参考自适应控制系统是相同的，只是用人工神经网络代替传统的辨识器和控制器。根据结构的不同可分为直接与间接神经网络模型参考自适应控制两种类型。

1. 间接神经网络模型参考自适应控制

间接神经网络模型参考自适应控制系统由参考模型、神经网络控制器(NNC)、神经网络辨识器(NNI)和被控对象构成，其控制结构如图 5-12 所示。给定一个由输入输出对$\{u(k), y(k)\}$表征的被控对象 P，由输入输出对$\{r(k), y_M(k)\}$表征的稳定的参考模型 M，输入 r 是有界的，y_M 是被控对象的期望输出，控制的目的是确定控制序列

$u(k)$，使系统输出 $y(k)$ 能跟踪参考模型 M 的输出 y_M，即 $y(k)\to y_M$。

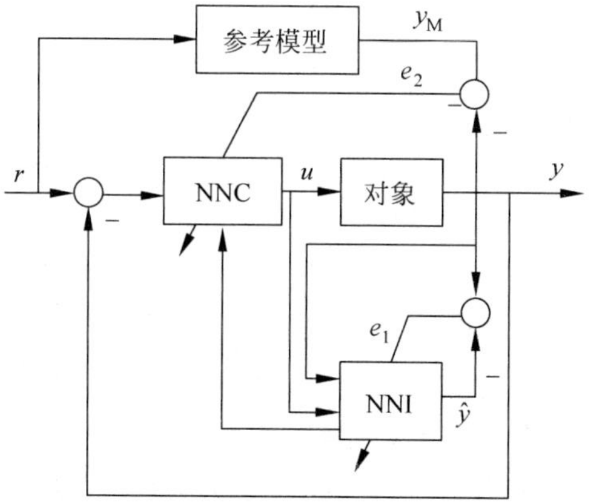

图 5-12　间接神经网络模型参考自适应控制系统结构示意图

神经网络辨识器的作用是利用当前及从前的对象输入输出数据，预报下一步对象的输出 $\hat{y}(k+1)$，它与实际的误差为

$$e_I(k+1)=\hat{y}(k+1)-y(k+1)$$

该误差被用来调整辨识网络权值，辨识周期内的总误差为

$$J_I=\sum_{i=0}^{T_I}\|e_I(k+i)\|$$

式中，T_I 为辨识周期。

神经网络控制器的目标是确定控制序列 $u(k)$，使得对象输出与参考模型输出之差在时间趋于无穷大时为零，即

$$\lim_{k\to\infty}\|y(k)-y_M(k)\|=0$$

故训练 NNC 的性能指标函数为

$$J_c=\sum_{i=0}^{T_c}\|e_c(k+i)\|^2=\sum_{i=0}^{T_c}\|y(k)-y_M(k)\|^2$$

式中，T_c 为控制周期，NNC 的权值每 T_c 步调整一次。从该式中可知 $y(k)$ 并不是 NNC 的输出，NNC 的输出为 $u(k)$，这将给 NNC 的权值修正带来困难。而被控对象处于 $u(k)$ 和 $y(k)$ 之间，故可通过辨识被控对象的 NNI 为 NNC 提供 e_c 或其梯度的反向传播通道，此时训练 NNC 的性能指标函数可近似为

$$J_c\approx\sum_{i=0}^{T_c}\|\hat{y}(k)-y_M(k)\|^2$$

从而解决了 NNC 的权值修正问题。所以在间接神经网络模型参考自适应控制中，NNI 首先离线辨识被控对象的正模型，直到 NNI 能模拟被控对象的外特性，然后用于间接神经网络模型参考自适应控制系统中，NNI 还可进行在线修正，同时为 NNC 提供信息，使 NNC 能在线调整权值，从而控制系统输出 $y(k)$ 能跟踪参考模型 M 的输出

y_M。当然在一些特殊情况下，如果已知被控对象的一些特性，且 $u(k)$ 能表示为被控对象的逆模型的显式函数，即

$$u(k)=g^{-1}[\hat{y}(k),y(k-1),\cdots,y(k-n);\ u(k-1),\cdots,u(k-m)]$$

则可将结果直接移植到 NNC 中，实现显式逆模型控制。

例 5-1 被控对象仿真模型为

$$y(k+1)=g[y(k)]+au(k)=0.8\sin[y(k)]+u(k)$$

参考模型 M 为：$y_M(k+1)=0.6y_M(k)+r(k)$，其中

$$r(k)=\begin{cases}\sin(2\pi k/25), & k<75\\ 0.2\sin(2\pi k/25)+0.8\sin(2\pi k/50), & k\geqslant 75\end{cases}$$

试设计间接神经网络模型参考自适应控制系统。

解：神经网络辨识器 NNI 选用三层 BP 网络 $N_{1,6,1}$，采用串并联结构，NNI 的输出为

$$\hat{y}(k+1)=Ng[y(k),W]+u(k) \tag{5-52}$$

由式(5-52)知，$u(k)$ 能表示为被控对象的逆模型的显式函数，故可将 NNI 的输出移植到 NNC 中，则 NNC 输出为

$$u(k)=-Ng[y(k),W]+\hat{y}(k+1)$$

再考虑稳定性要求，将 $\hat{y}(k+1)$ 换成具有参考模型特性的实际输出，则 NNC 采用的控制算法为

$$u(k)=-Ng[y(k),W]+0.6y(k)+r(k)$$

此时闭环系统的误差方程为

$$e_c(k)=y_M(k)-y(k)$$

则有

$$\begin{aligned}e_c(k+1)&=0.6y_M(k)+r(k)-g[y(k)]-u(k)\\&=0.6y_M(k)+r(k)-g[y(k)]+Ng[y(k)]-0.6y(k)-r(k)\\&=0.6e_c(k)+\{Ng[y(k)]-g[y(k)]\}\end{aligned}$$

由于参考模型是渐近稳定的，且辨识器网络经训练 $Ng[\cdot]\to g[\cdot]$，因此当 $k\to\infty$ 时，$e_c(k)\to 0$，系统输出 $y(k)$ 跟踪参考模型输出 $y_M(k)$。 □

间接神经网络模型参考自适应控制通常需采用辨识和控制两个网络，计算量较大并费时，而下面介绍的直接神经网络模型参考自适应控制通常只有一个神经网络。

2. 直接神经网络模型参考自适应控制

直接神经网络模型参考自适应控制系统由参考模型、神经网络控制器(NNC)和被控对象构成，其控制结构如图 5-13 所示。直接神经网络自适应控制就是根据对象信息直接调整神经网络控制器内部权系数值，使得对象

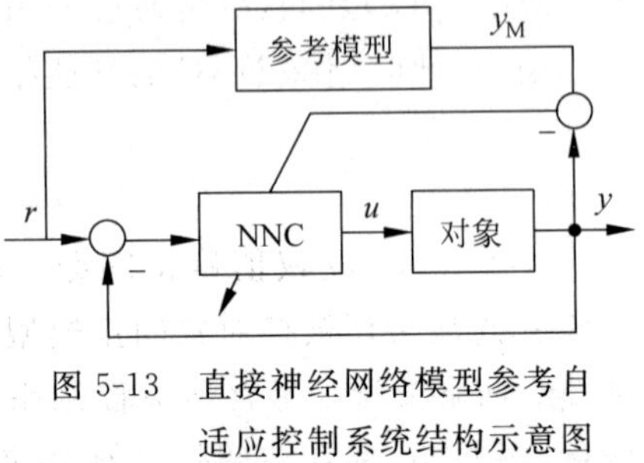

图 5-13 直接神经网络模型参考自适应控制系统结构示意图

输出与期望输出误差尽量小。NNC 训练算法采用基于梯度下降的 BP 算法,训练准则函数为

$$J[W(k),k]=\frac{1}{2}e^2(k)=\frac{1}{2}[y(k)-y_M(k)]^2$$

式中,$y(k)$和 $y_M(k)$分别为被控对象输出和参考模型输出。

利用上述准则函数可以调整 NNC 的网络连接权值 $W(k)$,权值的修正公式如下:

$$W(k+1)=W(k)-\eta(k)\frac{\partial J(k)}{\partial W(k)}=W(k)-\eta(k)e(k)\frac{\partial y(k)}{\partial u(k)}\frac{\partial u(k)}{\partial W(k)} \tag{5-53}$$

式中,$\eta(k)$为步长,可根据梯度大小适当调整,以加快收敛速度。因 $u(k)$是 NNC 的网络输出,$W(k)$为 NNC 的网络连接权值,故偏导$\frac{\partial u(k)}{\partial W(k)}$可根据 NNC 的网络结构直接推导得到。但偏导$\frac{\partial y(k)}{\partial u(k)}$是被控对象的输出对输入的偏导,根据是否已知被控对象的特性,有以下几种计算方法。

(1) 已知被控对象的特性,可直接根据被控对象计算偏导$\frac{\partial y(k)}{\partial u(k)}$。

(2) 当被控对象未知时,无法根据被控对象计算偏导$\frac{\partial y(k)}{\partial u(k)}$,此时有两种解决方法。

一是利用对象的定性信息,用符号替代偏导$\frac{\partial y(k)}{\partial u(k)}$进行反向传播权系数修正,

$$\frac{\partial y(k)}{\partial u(k)}\approx \mathrm{sgn}\,\frac{y(k)-y(k-1)}{u(k)-u(k-1)} \tag{5-54}$$

式中,sgn 是符号函数。

二是用一个辨识网络描述被控对象,用辨识网络的输出$\hat{y}(k)$代替对象输出 $y(k)$,在辨识网络中计算网络输出$\hat{y}(k)$对输入 $u(k)$的偏导,即

$$\frac{\partial y(k)}{\partial u(k)}\approx\frac{\partial\hat{y}(k)}{\partial u(k)}$$

5.3.4 神经网络自校正控制

自校正控制和模型参考自适应控制是自适应控制中的两种重要形式,它们的主要区别在于自校正控制没有参考模型,而依靠在线递推辨识估计系统未知的参数,以此来在线修正控制算法进行实时反馈控制。由于神经网络的非线性函数的映射能力,使得它可以在自校正控制系统中充当未知系统函数逼近器,为此在介绍神经网络自校正控制之前,需先介绍神经网络辨识。

1. *神经网络辨识*

神经网络辨识,即基于神经网络的系统辨识,就是用神经网络作为被辨识系统的正模型或逆模型,实现对线性与非线性系统、静态与动态系统进行离线或在线辨识。辨识过程是:当所选网络结构确定之后,在给定的被辨识系统输入输出观测数据情况下,网络通过学习(或称训练)不断地调整权系数,使得准则函数最优,从而网络实现希

望的映射。模型反映系统的动态特性，这种映射和反映隐藏在神经网络的内部，对外界不可知。用来充当系统辨识的多层网络一般有：BP 网络、时延网络、PID 网络和 Hopfield 网络，它们可以以任意精度逼近任意连续函数和非连续函数。

神经网络辨识比传统的辨识方法有一些优越性：神经网络作为系统辨识的模型，无须建立实际系统的结构模式，系统的动态特征隐含在网络内部的权值上；可以对本质非线性系统进行辨识，其结果是非算式的，用神经网络的外部特性模拟被辨识系统的输入输出特性；辨识不随系统的维数增大而复杂，辨识的收敛速度和精度只与神经网络的结构和算法有关。

神经网络辨识结构分为模型辨识与逆模型辨识两类，下面分别讨论这两类辨识结构。

1）正向建模

训练神经网络，使其能够描述前向通道的被控对象动态特性称作正向建模。从神经网络（模型 $\hat{p}$）的输入输出与被辨识对象 P 的输入输出的关系上，模型辨识又可分为并联型与串并联型两种辨识结构。

设被辨识对象 P 的非线性函数可用差分方程描述

$$y(k) = g[y(k-1),\cdots,y(k-n),u(k-1),\cdots,u(k-m)] \tag{5-55}$$

式中，n,m 分别为输出和输入的阶次；$g[\cdot]$表示非线性函数。

(1) 并联型。如图 5-14(a)所示，由于被辨识对象 P 的输入输出与神经网络（模型 $\hat{P}$）的输入输出是并联的，所以称为并联型辨识结构。神经网络的输入除了用过去控制的 u 外，还用神经网络过去的输出 $\hat{y}$，神经网络的输出为

$$\hat{y}(k) = Ng[\hat{y}(k-1),\cdots,\hat{y}(k-n),u(k-1),\cdots,u(k-m)]$$

式中，Ng 是神经网络 $g[\cdot]$的近似。并联模式的特点是较适合含有噪声的系统，由于网络的输入没有引入含有噪声的被辨识对象输出，从而避免了由于噪声而产生的偏差。

(2) 串并联型。由于 P 的输入与 $\hat{P}$ 并联，而 P 的输出串联至 $\hat{P}$ 的输入，所以称为串并联型辨识结构。神经网络的输入除了用过去控制的 u 外，还用被辨识对象过去的输出 y，网络的输出为

$$\hat{y}(k) = Ng[y(k-1),\cdots,y(k-n),u(k-1),\cdots,u(k-m)]$$

由于此型结构用被辨识对象 P 的输入输出作为辨识信息对网络进行训练，因此有利于保证辨识模型的收敛性和稳定性，故这种结构在系统辨识中应用较多。下面介绍在串并联结构中采用 BP 网络辨识单输入单输出非线性被控对象。

选由输入层、隐含层和输出层三层 BP 网络，网络结构按下面原则确定：

输入层：神经元个数大于等于 $n+m+1$。

隐含层：隐含层神经元个数的确定无明确的定理指导，个数越多，精度越高，同时计算量也越大，故需折中确定，通常大于输入层神经元个数。

输出层：神经元的个数为被辨识对象的输出个数，因这里是单输入单输出被控对

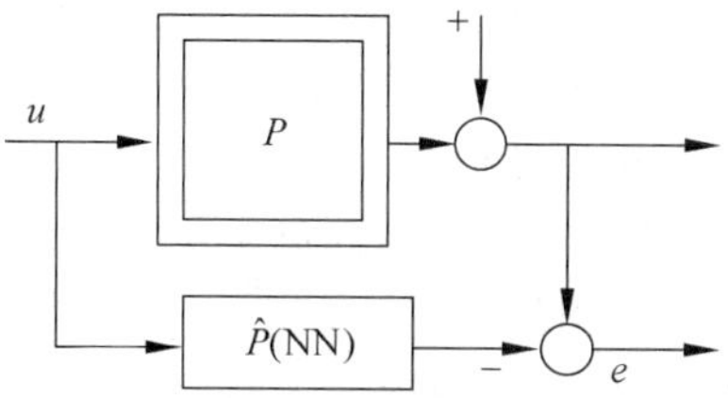

(a) 并联型

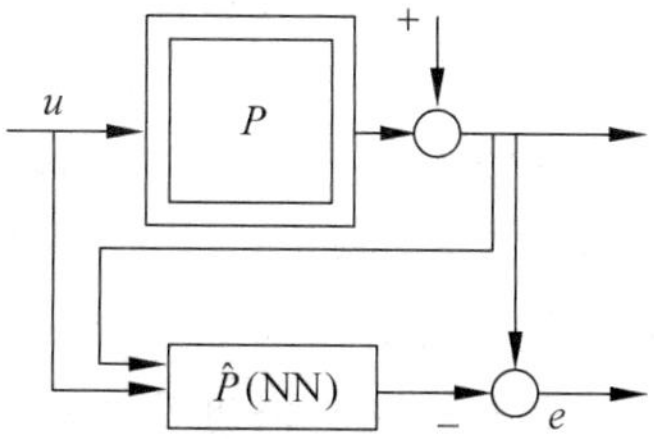

(b) 串-并联型

图 5-14 两种正向辨识结构

象，所以神经元个数为 1。

在被辨识对象阶次 n,m 已知的前提下，BP 网络输入向量为

$$x(k)=[y(k-1),\cdots,y(k-n),u(k),u(k-1),\cdots,u(k-m)] \tag{5-56}$$

若 n,m 不确定，可进行若干种 n 和 m 的组合，在比较性能指标大小的基础上，确定一组最优的 n 和 m。

辨识算法步骤如下：

(1) 初始化网络中的连接权值(输入层与隐含层之间连接权值、隐含层与输出层之间连接权值)为零附近的随机数。

(2) 选择输入信号 $u(k)$，加到式(5-55)，采集 $y(k)$。

(3) 由式(5-56)构成 BP 网络输入向量 $x(k)$。

(4) 由式(5-9)至式(5-12)计算 BP 网络输出 $\hat{y}(k)$。

(5) 由式(5-17)计算误差函数 E。如果辨识是离线进行的，若 $E\leqslant\varepsilon$(ε 是预先确定的正数)，则辨识结束，否则，至步骤(6)。

(6) 由式(5-22)和式(5-26)计算连接权值改变量，以及修正后的下一步权值；$k=k+1$，转至步骤(2)。

2) 神经网络逆模型辨识

神经网络逆模型辨识在非线性系统的辨识与控制中被广泛应用。从泛函的观点分析，一个系统相当于一个由输入空间 U 映射到输出空间 Y 的算子 T：$U\rightarrow Y$；反之，其逆相当于由 Y 映射到 U 的算子 $\overline{T}$：$Y\rightarrow U$。

设$\{u(k),y(k)\}$是给定系统 P 的输入输出时间序列，且系统有确定的初始条件或初始状态 X_0，则系统的输出 $y(k)(k\geqslant 0)$，由 $u(k)$ 与 X_0 唯一确定，记为：$y(k)=T[x_0,u(k)]$或 $y=Tu$。

系统 P 的逆 P^{-1} 是由 Y 到 U 的映射算子 $\overline{T}$，使之可由 P 的输出序列$\{y_d(k)\}$作为其输入，产生需加到系统 P 输入端的控制序列$\{u_d(k)\}$，以驱动系统产生希望的输出$\{y_d(k)\}$。用神经网络建立与原系统相反的系统模型 P^{-1}，它与原系统串联后，应能补偿原系统的作用。设有单输入单输出离散非线性系统

$$y(k+1)=g[y(k),\cdots,y(k-n+1);\ u(k),u(k-1),\cdots,u(k-m+1)]$$

式中，$y(k)$和 $u(k)$分别为系统的输出和输入，阶次分别为 n 和 m，且 $m\leqslant n$；$g[\cdot]$为

非线性函数,假设系统可逆,即存在 $g^{-1}[\cdot]$,则称

$$u(k)=Ng^{-1}[y(k),\cdots,y(k-n+1);\ y_r(k+1),u(k-1),\cdots,u(k-m+1)]$$

为逆模型。其中,$y_r(k+1)$为参考输入,这里用它代替了 $y(k+1)$,这是因为在 k 时刻,$y(k+1)$是未知的,$Ng^{-1}[\cdot]$是神经网络对逆系统非线性函数 $g^{-1}[\cdot]$的逼近,当它们的误差在可接受的范围之内时,可认为两者相等。

下面讨论由神经网络进行系统逆模型辨识的几种方法。

1) 直接逆模型辨识

图 5-15 是用串并联型结构辨识的示意图,神经逆模型辨识器 NNII 的输入是被辨识系统的输入 u,输出 y,其输出$\hat{u}$与 u 比较,因此是以输入误差

$$e(k)=u(k)-\hat{u}(k)$$

为误差准则,以优化准则函数

$$E(V(k),k)=\frac{1}{2}[u(k)-\hat{u}(k)]^2=\frac{1}{2}e^2(k)\leqslant\varepsilon$$

来训练神经逆模型辨识器的权系数值 V。采用上述结构的神经网络逆模型辨识器 P_d^{-1} 的表达式为

$$\hat{u}(k)=Ng^{-1}[y(k),\cdots,y(k-n+1);y_r(k+1),u(k-1),\cdots,u(k-m+1);V]$$

为了获得良好的逆动力学特性,以及逆模型有较好的精度,要求网络的输入信号有丰富的多样性。另一方面,如果系统非线性映射不是一一对应的,有时可能得不到正确的逆模型。此法虽然结构简单,但不易实现在线实时建模。

2) 模型辨识-逆模型辨识

如图 5-16 所示,采用该方法的逆模型辨识步骤如下:

(1) 模型辨识。由神经网络辨识器 NNI 得到系统 P 的(正)模型的估计$\hat{P}$,建议采用串并联型结构。

(2) 逆模型辨识。将$\hat{P}$作为被辨识系统的模型,用第一种直接逆辨识法由 NNII 得到$\hat{P}$的逆,作为 P 的逆的估计$\hat{P}^{-1}$。

可见,该方法可解决第一种逆辨识法实现上的难点。但由于需要辨识,增加了逆模型辨识的计算量,且逆模型辨识的精度与$\hat{P}$的精度有关。

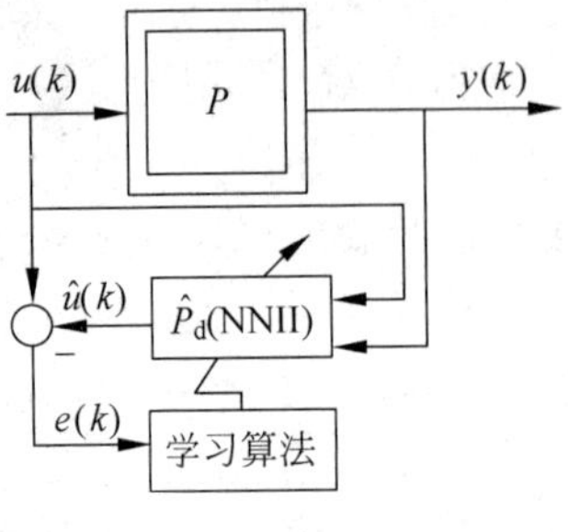

图 5-15 直接逆模型辨识示意图

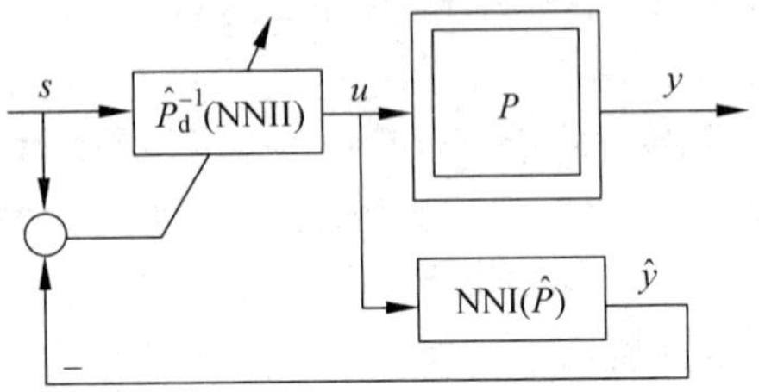

图 5-16 模型辨识-逆模型辨识示意图

3）系统-模型辨识-逆模型辨识

如图 5-17 所示，采用该方法的逆模型辨识步骤如下：

（1）由神经网络辨识器 NNI 得到系统 P 的估计$\hat{P}$。

（2）逆模型辨识：由逆模型的期望输入 s 与系统 P 输出 y 之差 $e=s-y$ 调整逆模辨识器 NNII 的权系数值 V。由于系统未知，由 P 的估计$\hat{P}$来代替，即 $e=s-\hat{y}$。

在对被控对象进行神经网络辨识后，才能设计神经网络自校正控制。神经网络自校正控制可分成间接控制和直接控制两种。

2. 直接神经网络自校正控制

在神经网络自校正控制中，可以用两个神经网络，也可以用一个神经网络，因此对应有两种方案，下面分别介绍。

方案一：此方案也称直接逆动态控制，是前馈控制，用两个神经网络，如图 5-18 所示，神经网络控制器 NNC 与被控对象串联，实现对象 P 的逆模型$\hat{P}^{-1}$，且能在线调整，可见，这种控制结构要求对象动态可逆。图 5-18 中所画神经逆模型辨识器 NNII 具有与 NNC 相同的结构和学习算法，输出 y 跟踪输入 r 的精度，取决于逆模型的精度。逆模型$\hat{P}^{-1}$的求取方法见本小节的 1，在此不再重述。这种方案的不足之处是，由于是开环控制结构，不能有效地抑制扰动，因此很少单独使用。

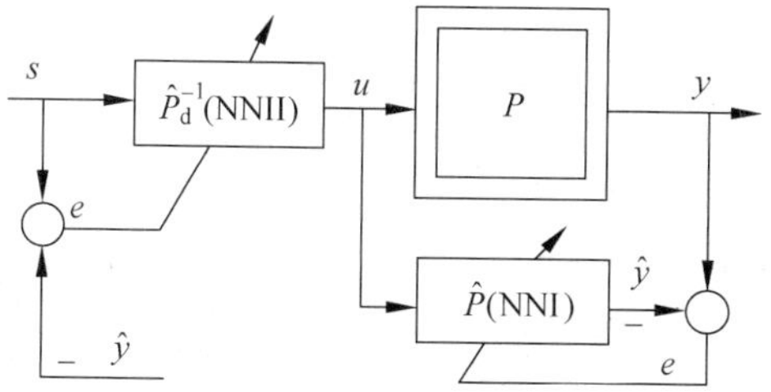

图 5-17　系统-模型辨识-逆模型辨识示意图

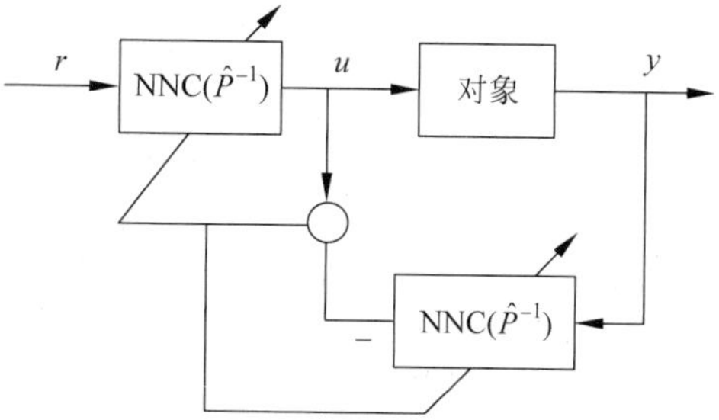

图 5-18　直接神经网络自校正控制方案一

方案二：此方案用一个神经网络，如图 5-19 所示。设非线性对象为

$$y(k+1)=f[y(k),\cdots,y(k-n+1),u(k),u(k),\cdots,u(k-m+1)]$$

式中，$u(k)$，$y(k)$分别为被控对象输入和输出；m，n 分别为其阶次。控制目标是使被控对象的输出 $y(k)$达到期望输出值 $y_r(k)$。为此作为控制器的神经网络的训练准则也应与控制目标一致。在此可将神经网络控制器（NNC）与被控对象视为一体，即一个具有更多层数的神经网络，网络的后半部是固定的，它描述被控对象。这样神经网络的训练准则可选择为

$$J=\frac{1}{2}[y_r(k+1)-y(k+1)]^2=\frac{1}{2}e^2(k+1)$$

选择 BP 网络作为神经网络控制器，则 NNC 中的连接权值 W 的调整可采用梯度法

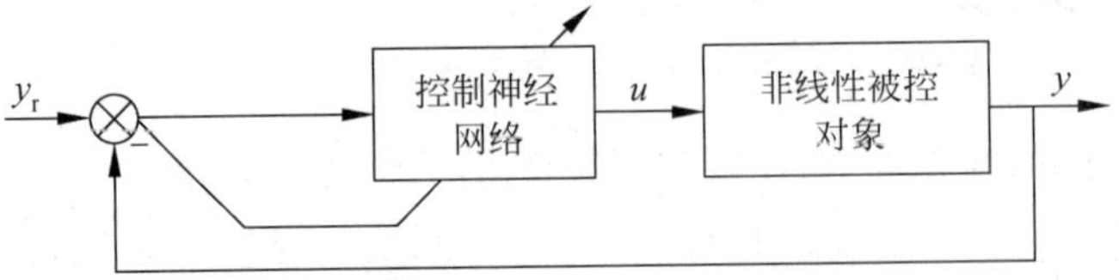

图 5-19　直接神经网络自校正控制方案二

$$W(k+1)=W(k)-\eta\frac{\partial J(k)}{\partial W(k)}=W(k)-\eta e(k)\frac{\partial y(k)}{\partial u(k)}\frac{\partial u(k)}{\partial W(k)} \tag{5-57}$$

式中，η为学习率，也称步长。式(5-57)与式(5-53)相似，故式(5-57)的计算方法可参见5.3.3节中2的计算步骤，在此不再重述。

3. 间接神经网络自校正控制器

间接神经网络自校正控制器结构图如图5-20所示，它由辨识器将对象参数进行在线估计，用控制器实现参数的自动整定。可用于结构已知而参数未知但恒定的随机系统，也可用于结构已知而参数缓慢时变的随机系统。传统的自校正控制是将被控对象用线性或线性化模型进行辨识，对于复杂的非线性系统的自校正控制难以实现，因此具有一定的局限性。本节阐述将神经网络用于非线性系统的自校正控制。

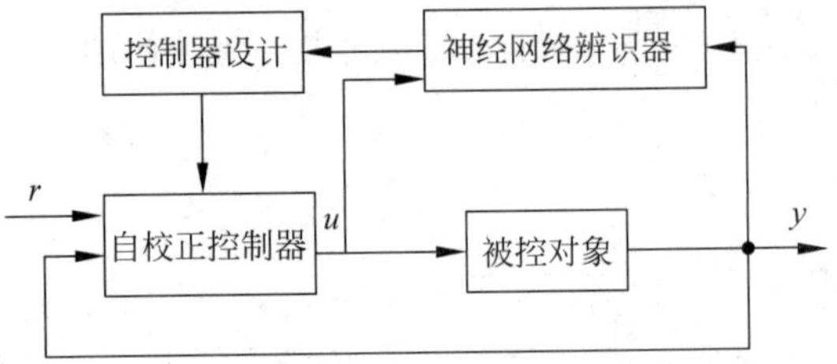

图 5-20　间接神经网络自校正控制框图

设非线性被控对象为

$$\begin{aligned}y(k+1)=&g[y(k),\cdots,y(k-n+1);u(k),\cdots,u(k-m+1)]+\\&\varphi[y(k),\cdots,y(k-n+1);u(k),\cdots,u(k-m+1)]u(k)\end{aligned} \tag{5-58}$$

式中，$u(k)$，$y(k+1)$分别是对象的输入、输出；$g[\cdot]$，$\varphi[\cdot]$是非零函数。

当$g[\cdot]$，$\varphi[\cdot]$已知时，根据确定性等价原则，控制器的控制算法为

$$u(k)=\frac{-g[\cdot]}{\varphi[\cdot]}+\frac{y_d[k+1]}{\varphi[\cdot]} \tag{5-59}$$

此时，控制系统的输出$y(k+1)$能精确地跟踪期望输出$y_d(k+1)$。

当$g[\cdot]$，$\varphi[\cdot]$未知时，NNI可采用神经网络通过学习算法逼近这两个函数，并重新校正控制规律。为简单起见，设被控对象为一阶系统：

$$y(k+1)=g[y(k)]+\varphi[y(k)]u(k) \tag{5-60}$$

神经网络辨识器可选用两个单隐含层组成的三层BP网络分别逼近函数$g[\cdot]$，$\varphi[\cdot]$，实现对象模型，则神经网络模型的输出为

$$\hat{y}(k+1)=N\hat{g}[y(k);W(k)]+N\hat{\varphi}[y(k);V(k)]u(k) \tag{5-61}$$

式中，W,V 为两个网络的权系数：

$$W(k)=[w_0,w_1(k),w_2(k),\cdots,w_{2p}(k)]$$

$$V(k)=[v_0,v_1(k),v_2(k),\cdots,v_{2p}(k)]$$

其中 p 是隐含层节点数，且有

$$w_0=Ng[0,W],\quad v_0=N\varphi[0,V]$$

相应的控制律为

$$u(k)=\frac{-N\hat{g}[y(k);W(k)]}{N\hat{\varphi}[y(k);V(k)]}+\frac{y_d[k+1]}{N\hat{\varphi}[y(k);V(k)]} \tag{5-62}$$

将式(5-62)代入式(5-60)，可得

$$y(k+1)=g[y(k)]+\varphi[y(k)]\left\{\frac{-N\hat{g}[y(k);W(k)]}{N\hat{\varphi}[y(k);V(k)]}+\frac{y_d[k+1]}{N\hat{\varphi}[y(k);V(k)]}\right\} \tag{5-63}$$

设准则函数为

$$E(k)=\frac{1}{2}e^2(k+1)=\frac{1}{2}[y_d(k+1)-y(k+1)] \tag{5-64}$$

神经网络辨识器的训练过程，即权系数的调整过程为

$$W(k+1)=W(k)+\Delta W(k),\quad V(k+1)=V(k)+\Delta V(k)$$

用 BP 学习算法：

$$\Delta w_i(k)=-\eta_w\frac{\partial E(k)}{\partial w_i(k)},\quad \Delta v_i(k)=-\eta_v\frac{\partial E(k)}{\partial v_i(k)}$$

将式(5-63)、式(5-64)代入得

$$\Delta w_i(k)=-\eta_w\frac{\varphi[y(k)]}{N\varphi[y(k);V(k)]}\left\{\frac{\partial Ng[y(k);W(k)]}{\partial w_i(k)}\right\}e(k+1) \tag{5-65}$$

$$\Delta v_i(k)=-\eta_v\frac{\varphi[y(k)]}{N\varphi[y(k);V(k)]}\left\{\frac{\partial N\varphi[y(k);V(k)]}{\partial v_i(k)}\right\}e(k+1)u(k) \tag{5-66}$$

$\varphi[y(k)]$未知，设其符号已知，记为 $\mathrm{sgn}\{\varphi[y(k)]\}$，将其代替式(5-65)、式(5-66)中的 $\varphi[y(k)]$，则有

$$w_i(k+1)=w_i(k)-\eta_w\frac{\mathrm{sgn}\{\varphi[y(k)]\}}{N\varphi[y(k);V(k)]}\left\{\frac{\partial Ng[y(k);W(k)]}{\partial w_i(k)}\right\}e(k+1) \tag{5-67}$$

$$v_i(k+1)=v_i(k)-\eta_v\frac{\mathrm{sgn}\{\varphi[y(k)]\}}{N\varphi[y(k);V(k)]}\left\{\frac{\partial N\varphi[y(k);V(k)]}{\partial v_i(k)}\right\}e(k+1)u(k) \tag{5-68}$$

式中，$\eta_w>0,\eta_v>0$，它们决定神经网络辨识器收敛于被控对象的速度。

综上所述，式(5-60)描述的非线性被控对象的间接神经自校正控制系统如图 5-21 所示。

5.3.5 PID 神经网络控制

PID 控制器结构简单，易于实现，且能对相当一些工业对象(或过程)进行有效的

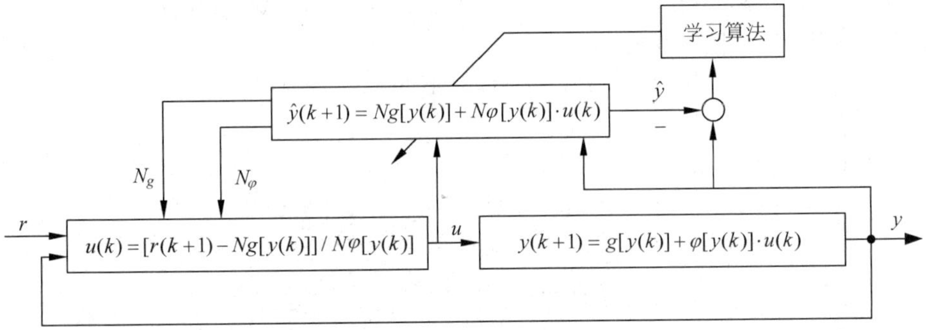

图 5-21　神经网络自校正控制框图

控制，故 PID 控制是工业领域中最常用的控制方法。然而常规 PID 控制对于具有复杂非线性特性的对象很难获得精确的 PID 控制参数，且由于对象和环境的不确定性，往往难以达到满意的控制效果。这主要是因为 PID 控制要取得较好的控制效果，就必须通过调整好比例、积分和微分三种控制作用，形成控制量中既相互配合又相互制约的关系。这种关系特别对于复杂非线性被控对象不是简单的“线性组合”，而可从变化无穷的非线性组合中找出最佳参数。神经网络所具有的任意非线性表达能力，可通过对系统性能的学习来实现具有最佳组合的 PID 控制。故 PID 神经网络是解决上述困难的有效途径之一。

1. PID 神经网络

PID 神经网络是三层前向神经网络，具有非线性特性。它是将 PID 控制规律融入神经网络构成的，其隐层节点分别为比例(P)、积分(I)、微分(D)单元，采用反向传播(BP)学习算法。PID 神经网络的结构如图 5-22 所示，输入层有 2 个神经元，隐层有 3 个神经元，输出层有 1 个神经元。

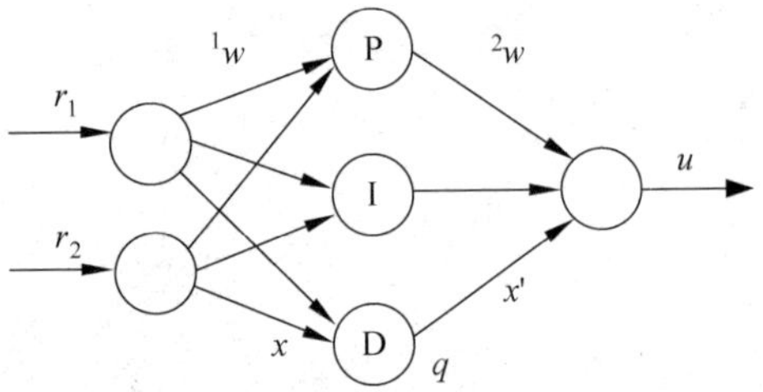

图 5-22　PID 神经网络结构图

(1) 输入层

设输入层神经元的输入 $R(k)=[r_1(k)\quad r_2(k)]$，其输出与输入相等。

(2) 隐层

隐层的三个神经元分别为比例、积分、微分神经元，其输入为 $x_i(k)$，输出为 $q_i(k)$，$i=1,2,3$

$$x_i(k)=\sum_{j=1}^{2}{}^1w_{ij}r_j(k),\quad i=1,2,3 \tag{5-69}$$

式中，${}^1w_{ij}$ 是输入层第 j 个神经元至隐层第 i 个神经元的权值。

比例：
$$q_1(k)=\begin{cases}x_1(k), & -1\leqslant x_1(k)\leqslant 1\\ 1, & x_1(k)>1\\ -1, & x_1(k)<-1\end{cases} \tag{5-70}$$

积分：
$$q_2(k)=\begin{cases}q_2(k-1)+x_2(k), & -1\leqslant q_2(k)\leqslant 1\\ 1, & q_2(k)>1\\ -1, & q_2(k)<-1\end{cases} \tag{5-71}$$

微分：
$$q_3(k)=\begin{cases}x_3(k)-x_3(k-1), & -1\leqslant q_3(k)\leqslant 1\\ 1, & q_3(k)>1\\ -1, & q_3(k)<-1\end{cases} \tag{5-72}$$

(3) 输出层

输出层神经元的输出是隐层各神经元输出的加权和

$$u(k)=\sum_{i=1}^{3}{}^{2}w_i q_i(k) \tag{5-73}$$

式中，${}^2w_i$ 是隐层第 i 个神经元至输出层神经元的权值。

将上述 PID 神经网络用于单变量控制系统中其结构如图 5-23 所示，用 PID 神经网络作控制器，其输入分别是期望输出 $r(k)$ 和被控对象 P 的输出 $y(k)$，即 $R(k)=[r(k)\quad y(k)]$，$v(k)$是作用于输出端的扰动。

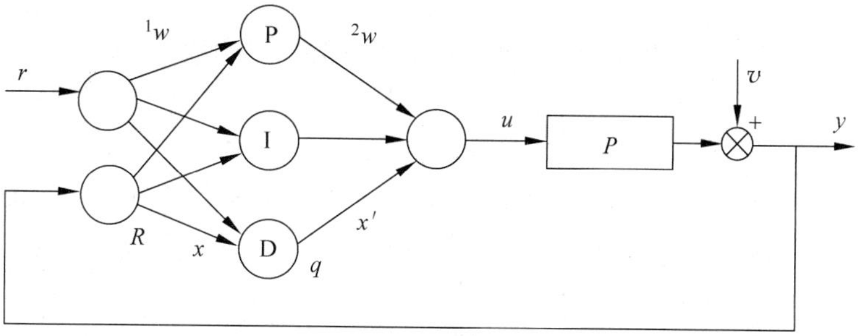

图 5-23　PID 神经网络控制系统结构图

2. PID 神经网络控制器学习算法

在此，将 PID 神经网络控制器与被控对象一起作为广义网络，采用反向传播学习算法在线训练，目标是使准则函数在要求的限度之内。进行在线训练，准则函数为

$$E(k)=\frac{1}{2}[r(k)-y(k)]^2=\frac{1}{2}e^2(k) \tag{5-74}$$

采用误差反向传播算法调整 PID 神经网络控制器的权值 ${}^1w_{ij}$，${}^2w_i$。

(1) 经 k 步训练后，隐层至输出层权值调整算法为

$${}^2w_i(k+1)={}^2w_i(k)-\eta_2\frac{\partial E(k)}{\partial\, {}^2w_i(k)} \tag{5-75}$$

式中，η_2 是学习步长，且

$$\frac{\partial E}{\partial^2 w_i}=\frac{\partial E}{\partial y}\frac{\partial y}{\partial u}\frac{\partial u}{\partial^2 w_i}=-[r(k)-y(k)]\frac{\partial y}{\partial u}q_i(k) \tag{5-76}$$

由于对象特性未知，式中的$\frac{\partial y}{\partial u}$不能直接计算，因此用 y 与 u 的相对变化量的符号函数

$$\operatorname{sgn}\frac{y(k)-y(k-1)}{u(k)-u(k-1)} \tag{5-77}$$

近似代替，其正负可以确定该项在计算过程中对收敛方向所起的作用。将式(5-76)和式(5-77)代入式(5-75)得

$${}^2w_i(k+1)={}^2w_i(k)+\eta_2[r(k)-y(k)]\operatorname{sgn}\frac{y(k)-y(k-1)}{u(k)-u(k-1)}q_i(k) \tag{5-78}$$

(2) 经 k 步训练后，输入层至隐层权值调整算法为

$${}^1w_{ij}(k+1)={}^1w_{ij}(k)-\eta_1\frac{\partial E(k)}{\partial^1 w_{ij}(k)} \tag{5-79}$$

式中，η_1 是学习步长，且

$$\frac{\partial E}{\partial^1 w_{ij}}=\frac{\partial E}{\partial y}\frac{\partial y}{\partial u}\frac{\partial u}{\partial^1 w_{ij}}=-[r(k)-y(k)]\operatorname{sgn}\frac{y(k)-y(k-1)}{u(k)-u(k-1)}\frac{\partial u}{\partial^1 w_{ij}} \tag{5-80}$$

式中，

$$\frac{\partial u}{\partial^1 w_{ij}}=\frac{\partial u}{\partial q_i}\frac{\partial q_i}{\partial x_i}\frac{\partial x_i}{\partial^1 w_{ij}}={}^2w_i\frac{\partial q_i}{\partial x_i}r_j \tag{5-81}$$

其中，$r_1=r$，$r_2=y$，$\frac{\partial q_i}{\partial x_i}$可用 q_i 与 x_i 的相对变化量的符号函数

$$\operatorname{sgn}\frac{q_i(k)-q_i(k-1)}{x_i(k)-x_i(k-1)} \tag{5-82}$$

近似代替，其正负可以确定该项在计算过程中对收敛方向所起的作用。将式(5-80)、式(5-81)和式(5-82)代入式(5-79)得

$$\begin{aligned}{}^1w_{ij}(k+1)&={}^1w_{ij}(k)+\\&\eta_1[r(k)-y(k)]\operatorname{sgn}\left[\frac{y(k)-y(k-1)}{u(k)-u(k-1)}\right]{}^2w_i\operatorname{sgn}\frac{q_i(k)-q_i(k-1)}{x_i(k)-x_i(k-1)}r_j\end{aligned} \tag{5-83}$$

3. PID 神经网络控制系统仿真

PID 神经网络是由具有广义 Sigmoid 函数特性的处理单元组成的三层前馈网络，从输入到输出具有在 L_2 意义上的任意非线性映射能力，在以误差反向传播算法进行学习训练的过程中，按准则函数 $E\to E_{\min}$ 的要求，完成包括被控对象在内的控制从输入到输出的映射。故用 PID 神经网络作为控制器，不需辨识复杂的非线性被控对象，可以对其进行有效的控制。

例 5-2 设非线性被控对象模型为

$$y(k+1)=0.8\sin(y(k))+1.2u(k)$$

系统输入为单位阶跃信号

$$r(k)=1(k)$$

输出端有阶跃干扰

$$v(k)=0.1,\quad k>40$$

用 PID 神经网络对非线性被控对象进行控制

解：控制器输出计算见式(5-78)和式(5-83)，控制器的输入为

$R(k)=[r_1(k)\quad r_2(k)]=[r(k)\quad y(k)]$，控制器 PID 神经网络权值的训练按式(5-78)和式(5-83)进行，取 $\eta_1=\eta_2=0.08$。控制系统的仿真结果如图 5-24 所示，其中图 5-24(a)为被控对象输出 $y(k)$；图 5-24(b)为控制器输出量 $u(k)$；图 5-24(c)为准则函数 E；图 5-24(d)为隐层至输出层的 3 个权值的调整过程 ${}^2w_1, {}^2w_2, {}^2w_3$。可见 PID 神经网络控制被控对象既能跟踪输入 $r(k)$，又能有效抑制干扰 $v(k)$。 □

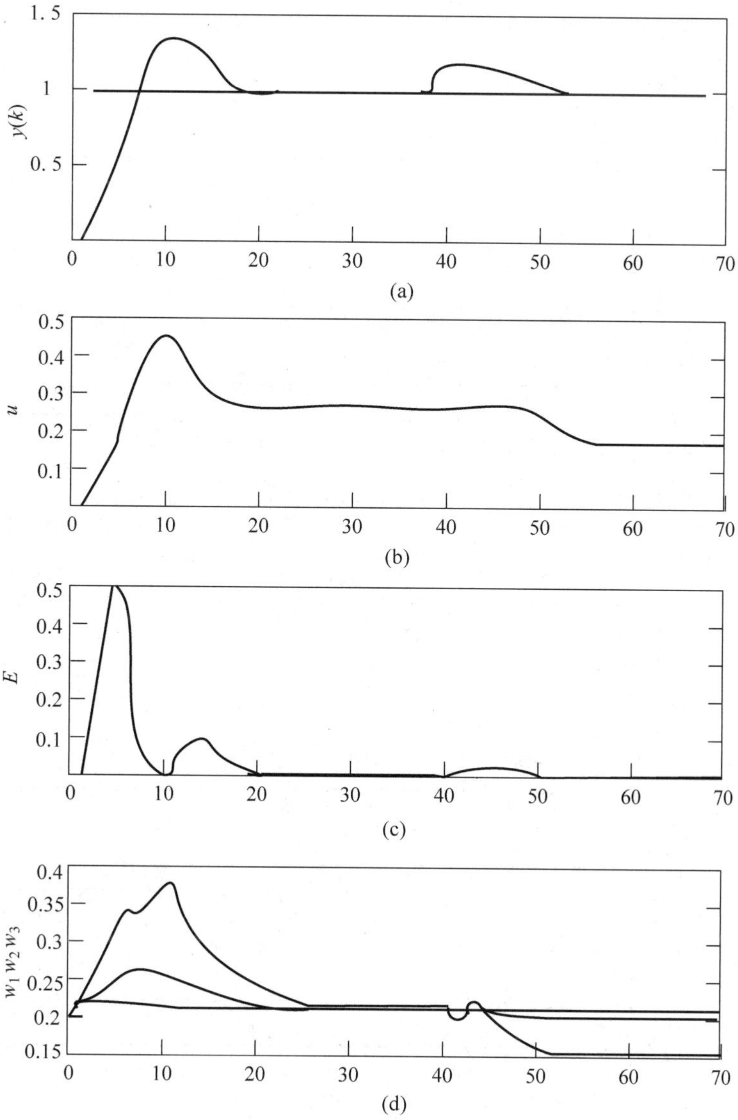

图 5-24　PID 神经网络控制系统仿真结果

例 5-3 设非线性被控对象模型为

$$y(k+1)=0.8\sin(y(k))+1.2u(k)\begin{cases}y(k+1)=0.8\sin(y(k))+1.2u(k), & k<40\\ y(k+1)=\sin(0.4y(k))+1.2u(k), & k\geqslant 40\end{cases}$$

系统输入单位阶跃信号

$$r(k)=1(k)$$

试用 PID 神经网络对时变非线性被控对象进行控制

解：控制器计算与例 1 相同，取 $\eta_1=\eta_2=0.08$。控制系统的仿真结果如图 5-25 所示，其中图 5-25(a)～图 5-25(d)中符号意义与图 5-24 相同。可见，当对象特性变化($k\geqslant40$)时，由于 PID 神经网络控制器权值的不断调整，使控制量 $u(k)$ 变化，从而系统的输出经过一段时间后仍能跟踪输入。 □

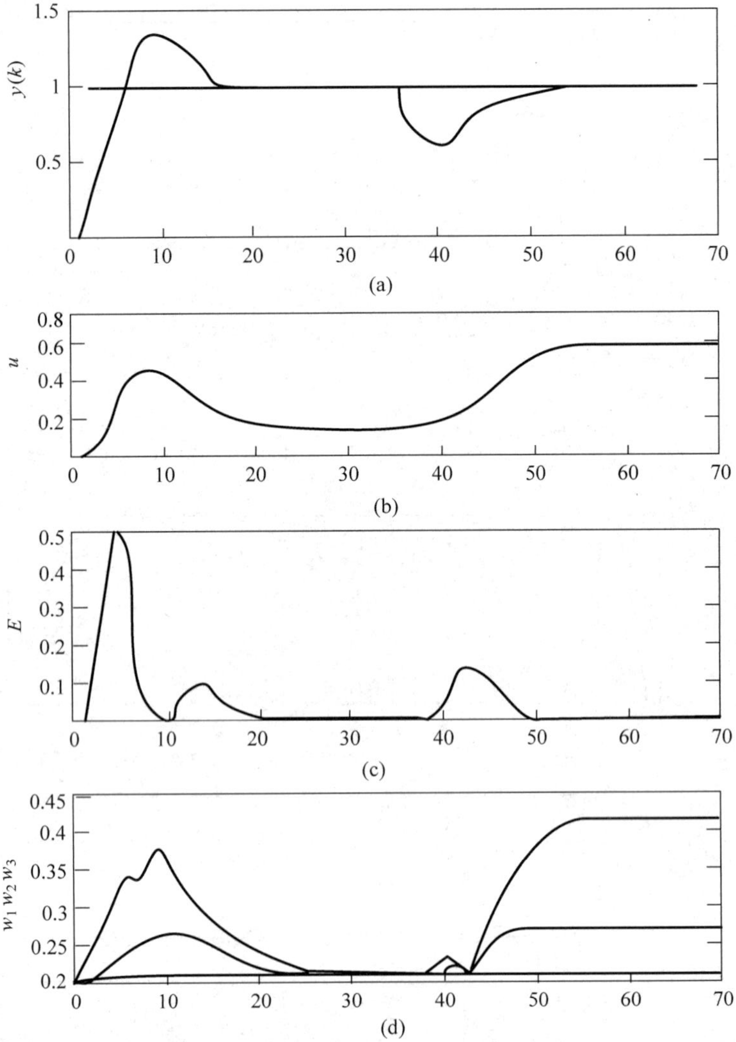

图 5-25 PID 神经网络控制系统仿真结果

从上两例可看出，由于PID神经网络控制器与被控对象一起作为广义网络，不需要进行系统辨识。控制器能实时训练，调整其权值，故能有效地控制被控对象。

5.3.6 神经网络控制系统的实现

在工程实际中，控制算法一般在计算机或DSP中实现，神经网络控制系统中用作控制器或辨识器的神经网络也是用数字计算机由程序实现的，因此也是计算机控制系统。

1. 神经网络控制系统的组成

与一般计算机控制系统相同，神经网络控制系统由硬件与软件两部分组成。

1）硬件部分

神经网络控制系统的硬件主要由如下几部分组成。

（1）连续被控对象：含驱动装置或称执行机构，工作于连续状态，输入输出是连续量。

（2）神经控制器：工作于离散状体，输入输出是数字量，由数字计算机实现神经控制功能。

（3）模拟输入通道：由采样开关、A/D转换器两个环节组成，完成由模拟量到数字量的转换。

（4）模拟输出通道：由D/A转换器、保持器两个环节组成，完成由数字量到模拟量的转换。

（5）实时时钟：产生脉冲序列，定时控制采样开关的闭合，控制D/A转换器的输出。

（6）传感器：检测控制系统的输出。

以单输入单输出系统为例，神经网络控制系统硬件框图如图5-26所示。对于多输入多输出神经控制，可配置多路模拟输入输出通道，由一台计算机进行分时控制。

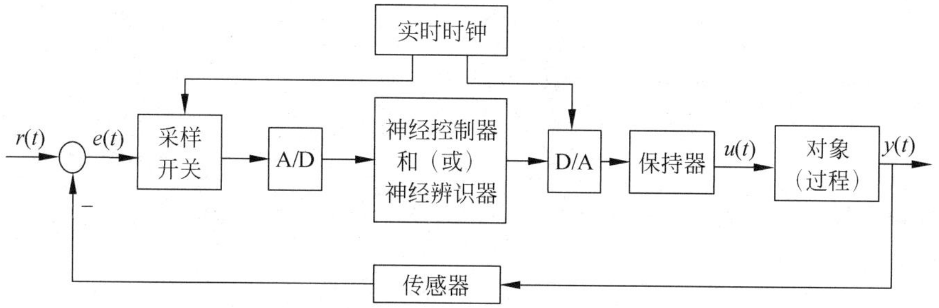

图5-26 神经网络控制系统硬件框图

2）软件部分

控制软件流程如图5-27所示。计算机通过软件实现所设计的算法，软件主要由主程序和控制子程序组成。

（1）主程序的功能是进行系统初始化设置。

（2）控制子程序：主要是实现神经控制算法，若设计了既有控制器又有辨识器的控制结构,则还要实现神经辨识算法。

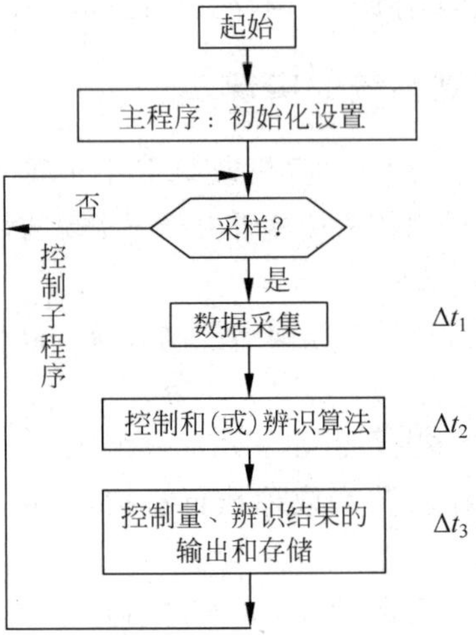

图 5-27 神经网络控制软件流程图

2. 实时控制

神经网络控制系统应该是实时工作,即控制器和辨识器要在一个采样周期 T 时间内完成一个控制步的操作,操作是由程序实现的,程序是由若干条指令组合而成,任何一条指令的运行都是需要时间的。

在单输入单输出系统中,需要完成一个控制步的操作如下:

(1) 数据采集:采集一个输入通道的数据,需经信号采样,A/D 转换后,数字量输入到计算机中,设需要时间 Δt_1。

(2) 按照所设计的控制规律和(或)辨识算法,由程序求得控制量和(或)辨识量,设需要时间 Δt_2。

(3) 控制量的输出和存储,和(或)辨识量的输出,设需要时间 Δt_3。

单输入单输出系统实现实时控制的条件为

$$T \geqslant \Delta t_1 + \Delta t_2 + \Delta t_3$$

多输入多输出系统,实现实时控制的条件为(设 n 个输入,n 个输出)

$$T \geqslant \sum_{i=1}^{n} (\Delta t_{i1} + \Delta t_{i2} + \Delta t_{i3})$$

5.4 神经网络控制的展望

人工神经网络是从机理上对人脑生理系统进行结构模拟的一种智能控制方法。人工神经网络具有并行机制、模式识别、记忆和自学习能力的特点,它能充分逼近任意复杂的非线性系统,能够学习与适应不确定系统的动态特性,具有很强的鲁棒性和容错性。将神经网络用于控制领域，已取得了如下几方面的进展。

1. 基于神经网络的系统辨识

将神经网络作为被辨识系统的模型，可在已知常规模型结构的情况下，估计模型的参数。利用神经网络的线性、非线性特性，可建立线性、非线性系统的静态、动态、逆动态及预测模型，在控制系统中实现系统的建模与辨识。

2. 神经网络控制器

神经网络作为控制器，可对不确定、不确知系统及扰动进行有效的控制，使控制系统达到所要求的动态、静态特性。

3. 神经网络与其他算法相结合

将神经网络与专家系统、模糊逻辑、遗传算法、小波理论等相结合，可设计高性能的智能控制系统。

4. 优化计算

在常规控制系统设计中，常遇到求解约束优化问题，神经网络为这类问题提供了有效的途径。

5. 控制系统的故障诊断

随着对控制系统安全性、可靠性、可维护性要求的提高，对系统的故障检测与诊断问题的研究不断深入，近年来，神经网络在这方面的应用研究取得了相应的进展。

目前神经网络控制解决了一些复杂的非线性、不确定、不确知系统在不确定环境中的控制问题。神经网络控制已经在多种控制结构中得到应用，如PID控制、自适应控制、前馈反馈控制、内模控制预测控制等。然而神经网络控制在理论与实践上，还存在一些问题有待进一步研究和探讨。

(1) 神经网络的稳定性与收敛性问题。

(2) 在逼近非线性函数问题上，神经网络的现有理论只解决了存在性问题。

(3) 神经网络的学习速度一般比较慢，为满足实时控制的需要，必须予以解决。

(4) 对于控制器及辨识器，如何选择合适的神经网络模型及确定模型的结构，尚无理论指导。

(5) 引入神经网络的控制系统，在稳定性和收敛性的分析方面增加了难度，研究成果较少，有待于进一步探讨。

对于上述问题，一方面，有待于神经网络研究的不断进展；另一方面，随着非线性理论及优化方法的进一步发展，可与控制相结合予以解决。

习题

5-1 试述神经网络的三种学习方式，并举例说明。

5-2 试设计三层BP神经网络逼近函数 $y=\sin x_1 \sin x_2$，画出网络的结构，写出逼近准则及网络各层节点的数学表达式。

5-3　已知 $y(u)=e^{-1.9u}\cos(6u)$，试设计 CMAC 神经网络逼近函数 $y(u)$，画出网络的结构，写出逼近准则及网络各层节点的数学表达式。

5-4　试述神经网络模型参考自适应控制的原理。

5-5　试述神经网络自校正控制的原理。

5-6　PID 神经网络控制的特点是什么？它与基本 PID 控制有什么区别？

参考文献

[1] 章卫国. 先进控制理论与方法导论[M]. 西安：西北工业大学出版社，2000

[2] 葛宝明，林飞，李国国. 先进控制理论及其应用[M]. 北京：机械工业出版社，2007

[3] 董景新，吴秋平. 现代控制理论与方法概论[M]. 2 版. 北京：清华大学出版社，2007

[4] [美] Katsuhiko Ogata. 现代控制工程[M]. 卢伯英，于海勋，等译. 4 版. 北京：电子工业出版社，2003

[5] [美] Richard C. Dorf，Robret H. Bishop 著. 现代控制系统[M]. 谢红卫，邹逢兴，张明，等译. 8 版. 北京：高等教育出版社，2004

[6] 吴麒，王诗宓，杜继宏. 自动控制原理(上、下册)[M]. 2 版. 北京：清华大学出版社，2006

[7] 胡寿松. 自动控制原理[M]. 5 版. 北京：国防工业出版社，2007

[8] 郑大钟. 线性系统理论[M]. 2 版. 北京：国防工业出版社，2002

[9] 刘豹，唐万生. 现代控制理论[M]. 北京：机械工业出版社，2006

[10] 张晓华，薛定宇. 系统建模与仿真[M]. 北京：清华大学出版社. 2006

[11] 谭民，徐德，侯增广. 先进机器人控制[M]. 北京：高等教育出版社，2007

[12] 黄琳. 稳定性与鲁棒性的理论基础[M]. 北京：科学出版社，2003

[13] 李清泉. 自适应控制系统理论、设计与应用[M]. 北京：科学出版社，1990

[14] Karl John Åström，Björn Wittenmark. Adaptive control(second Edition)[M]. Science Press and Pearson Education North Asia Limited，2003

[15] Willems，J. C.，The Analysis of Feedback Systems [M]. MIT Press，Cambridge，Mass，1970

[16] 方崇智，萧德云. 过程辨识[M]. 北京：清华大学出版社，1988

[17] 潘立登，潘仰东. 系统辨识与建模[M]. 北京：化学工业出版社，2004

[18] Lennart Ljung. System identification Theroy for the User (Second Edition)[M]. Prentice Hall PTR，1987

[19] 郭尚来. 随机控制[M]. 北京：清华大学出版社，1999

[20] Karl John Åström，Björn Wittenmark. Adaptive control(second Edition)[M]. Science Press and Pearson Education North Asia Limited，2003

[21] 刘兴堂. 应用自适应控制[M]. 西安：西北工业大学出版社，2003

[22] [法]朗道 ID. 自适应控制——模型参考方法[M]. 吴百凡，译. 北京：国防工业出版社，1985

[23] 韩曾晋. 自适应控制[M]. 北京：清华大学出版社，1995

[24] 刘小河，管萍，刘丽华. 自适应控制理论及应用[M]. 北京：科学出版社，2011

[25] 张云生，祝晓红. 自适应控制器设计及应用[M]. 北京：国防工业出版社，2005

[26] 徐湘元. 自适应控制理论与应用[M]. 北京：电子工业出版社，2007

[27] 孙优贤，褚健. 工业过程控制技术——方法篇[M]. 北京：化学工业出版社，2006

[28] 解新民，丁锋. 自适应控制系统[M]. 北京：清华大学出版社，2002

[29] [美]Jean-Jacques E. Slotine，Weiping Li. 应用非线性控制[M]. 程代展，等译. 北京：机械工业出版社，2006

[30] [美] Hassan K. Khalil. 非线性系统[M]. 朱义胜，等译. 北京：电子工业出版社，2005.
[31] [意]Alberto Isidori. 非线性控制系统[M]. 王奔，庄圣贤，译. 3 版. 北京：电子工业出版社，2005
[32] 洪奕光，程代展. 非线性系统的分析与控制[M]. 北京：科学出版社，2005
[33] 梅生伟，申铁龙，刘康志. 现代鲁棒控制理论与应用[M]. 北京：清华大学出版社，2003
[34] 冯纯伯，张侃健. 非线性系统的鲁棒控制[M]. 北京：科学出版社，2004
[35] 刘小河. 非线性系统分析与控制引论[M]. 北京：清华大学出版社，2008
[36] 刘小河，王永社. 数字模型参考自适应控制算法的电弧炉电极控制的仿真[J]. 系统仿真学报，17(3)，2006. 03，85-687，692
[37] 刘小河，刘思嘉，张耀辉，基于反馈线性化的单相电弧炉电极调节系统输出跟踪控制[J]. 冶金自动化，Vol. 32，No. 5，p16-19，2008 年 9 月
[38] 张香芝，刘小河. 电弧炉电极调节系统的鲁棒模型参考自适应控制[J]. 自动化与仪表，2005(6)，4-8，2005. 12
[39] 吴正澜，刘小河. Robust control of regulator system of arc furnace based on feedback linearization[C]. proceedings 2009 third international symposium on intelligent information technology applications workshops，2009，11
[40] 刘小河，管萍，张耀辉. 三相电弧炉电机调节系统的鲁棒自适应控制[J]. 北京信息科技大学学报，2009(4)，2009. 12
[41] 刘小河，王永社，殷杰. Digital Model Reference Adaptive Control for Electrode Regulator System of Arc Furnace Based on Inherit Algorithm[C]. Proceeding of WCICA2004，2004. 6
[42] 李友善，李军. 模糊控制理论及其在过程控制中的应用[M]. 北京：国防工业出版社，1993
[43] 刘金琨. 智能控制[M]. 北京：电子工业出版社，2005
[44] 王立新. 模糊系统与模糊控制教程[M]. 北京：清华大学出版社，2003
[45] 徐丽娜. 神经网络控制[M]. 北京：电子工业出版社，2003
[46] Chen Y C，Teng C C. A model reference control structure using a fuzzy neural network. [J]. Fuzzy Sets and Systems，1995，73:291-312
[47] J. Wang，A. B. Rad，P. T. Chen. Indirect adaptive fuzzy sliding mode control：Part I：fuzzy switching[J]. Fuzzy Sets and Systems，2001，122:21-30
[48] 李士勇. 模糊控制、神经控制和智能控制论[M]. 哈尔滨：哈尔滨工业大学出版社，1998
[49] 管萍，刘小河. 模糊神经控制在电弧炉电极调节系统中的应用[C]. 第六届全球智能控制与自动化会议论文集，2006：7756-7760